普通高等教育"十二五"规划教材

计算机基础与应用
（第二版）

段新昱　陈卫军　刘凌霞　主编

科学出版社

北　京

内 容 简 介

本书根据教育部高等学校计算机基础课程教学指导委员会"关于进一步加强高等学校计算机基础教学的意见",并紧密结合高等院校非计算机专业学生的培养目标和计算机软、硬件技术的最新发展编写而成。

全书共 9 章,分别介绍了计算机基础知识、计算机操作系统、计算机网络、常用工具软件、文字处理系统 Word 2010、电子表格处理系统 Excel 2010、演示文稿系统 PowerPoint 2010、高级语言程序设计基础、多媒体基础等内容。附录部分编写了与学生能力培养密切相关的配套实验指导内容。

本书以 21 世纪对信息技术的应用需求为目标,突出学生自学能力、创新能力及综合能力的培养,强调技能型应用训练。配套实验指导把实验分成基本实验和进阶实验两个层次,学生在掌握理论知识的基础上,可以方便快捷地提高实践技能。

本书既可作为公共信息技术基础的课程教材,也可作为全国计算机等级考试的培训教材和计算机爱好者的自学参考书。

图书在版编目(CIP)数据

计算机基础与应用/段新昱,陈卫军,刘凌霞主编. —2 版. —北京:科学出版社,2013

普通高等教育"十二五"规划教材
ISBN 978-7-03-037561-2

Ⅰ. ①计 Ⅱ. ①段… ②陈… ③刘… Ⅲ. ①电子计算机-基本知识 Ⅳ. ①TP3

中国版本图书馆 CIP 数据核字(2013)第 109749 号

责任编辑:潘斯斯　张丽花／责任校对:李　影
责任印制:徐晓晨／封面设计:迷底书装

科学出版社出版
北京东黄城根北街 16 号
邮政编码:100717
http://www.sciencep.com

北京虎彩文化传播有限公司 印刷
科学出版社发行　各地新华书店经销

*

2009 年 9 月第　一　版　开本:787×1092 1/16
2013 年 6 月第　二　版　印张:18
2020 年 10 月第十五次印刷　字数:460 000

定价:59.00 元

(如有印装质量问题,我社负责调换)

前　言

随着计算机和网络技术的快速发展，信息技术在人类社会全方位渗透和深层次应用，许多领域面貌焕然一新，并正在形成一种新的文化形态——信息时代的计算机文化。

本书根据教育部高等学校计算机基础课程教学指导委员会"关于进一步加强高等学校计算机基础教学的意见"，并紧密结合高等院校非计算机专业学生的培养目标和计算机软、硬件技术的最新发展编写而成，涵盖了计算机技术、办公自动化技术、网络技术和多媒体技术四个方面的基础内容。

全书共9章，分别介绍了计算机基础知识、计算机操作系统、计算机网络、常用工具软件、文字处理系统Word 2010、电子表格处理系统Excel 2010、演示文稿系统PowerPoint 2010、高级语言程序设计基础、多媒体基础等内容。附录部分编写了与学生能力培养密切相关的配套实验指导内容。

本书充分考虑了当前计算机技术的最新发展和学生应用计算机水平的现状，合理安排理论与应用、深度与广度方面的内容。本书以提高学生计算机文化素质为方向，突出学生自学、自练、自用能力的培养；配套实验指导把实验分成基本实验和进阶实验两个层次，在教学中可以根据实际情况选择安排。

本书由段新昱、陈卫军、刘凌霞任主编，负责全书的策划、编审与定稿工作。各章的编写分工如下：陈卫军、马晓珺编写第1、6、7章，贾伟峰编写第2、8章，汤伟、赵红波编写第3、4章以及附录部分，刘凌霞编写第5章，谷保庆编写第9章。

在本书编写过程中，参阅了国内外许多专家、同行的著作、论文和研究成果，科学出版社的领导和编辑付出了大量心血，作者所在单位安阳师范学院的领导给予了积极支持，在此一并致谢。

由于时间仓促以及水平有限，书中疏漏之处在所难免，敬请广大读者批评指正。

作　者

2013年3月

目　　录

前言

第1章　计算机基础知识 ……………… 1
1.1　计算机的发展与应用 …………… 1
1.1.1　计算机的发展概况 ………… 1
1.1.2　计算机的分类 ……………… 5
1.1.3　计算机的应用 ……………… 7
1.1.4　计算机与信息社会 ………… 8
1.2　微型计算机的组成 ………………… 9
1.2.1　微型计算机系统的基本组成 … 9
1.2.2　微型计算机的硬件系统 …… 10
1.2.3　微型计算机的软件系统 …… 16
1.2.4　微型计算机的主要技术指标 … 17
1.2.5　微型计算机的发展和特点 … 18
1.2.6　平板电脑与智能手机 ……… 19
1.3　数据在计算机中的表示 …………… 20
1.3.1　进位记数制及相互转换 …… 21
1.3.2　数据在计算机中的表示 …… 27
1.3.3　数据的单位 ………………… 31
习题 …………………………………… 32

第2章　计算机操作系统 ……………… 34
2.1　计算机操作系统概述 ……………… 34
2.1.1　操作系统的概念 …………… 34
2.1.2　操作系统的功能 …………… 35
2.1.3　操作系统的分类 …………… 36
2.1.4　典型操作系统概述 ………… 37
2.2　Windows 7操作系统概述 ………… 37
2.2.1　Windows 7操作系统的特点 … 38
2.2.2　Windows 7操作系统的运行
　　　环境 ………………………… 39
2.3　Windows 7操作系统的界面及
　　操作 ………………………………… 39
2.3.1　桌面操作 …………………… 39

2.3.2　窗口操作 …………………… 46
2.3.3　菜单操作 …………………… 49
2.4　文件的组织与管理 ………………… 50
2.4.1　文件和文件夹的定义 ……… 50
2.4.2　文件和文件夹的操作 ……… 51
2.5　应用程序的组织与管理 …………… 55
2.5.1　应用程序的基本操作 ……… 55
2.5.2　任务管理器 ………………… 56
2.6　Windows 7的系统设置和维护 …… 57
2.6.1　Windows 7的系统设置 …… 57
2.6.2　Windows 7的系统维护 …… 59
习题 …………………………………… 61

第3章　计算机网络 …………………… 63
3.1　计算机网络基础 …………………… 63
3.1.1　计算机网络的基本概念 …… 63
3.1.2　计算机网络的发展和前景 … 67
3.1.3　计算机网络的分类 ………… 68
3.1.4　计算机网络的体系结构 …… 68
3.2　局域网 ……………………………… 70
3.2.1　局域网的基本概念 ………… 70
3.2.2　局域网的拓扑结构 ………… 71
3.2.3　局域网常用技术 …………… 72
3.3　国际互联网Internet ………………… 74
3.3.1　Internet基础 ………………… 74
3.3.2　IP地址 ……………………… 78
3.3.3　域名系统 …………………… 80
3.3.4　Internet Explorer浏览器的使用
　　　方法 ………………………… 82
3.3.5　Internet常用服务 …………… 84
3.3.6　Internet的应用 ……………… 85
3.3.7　电子邮箱的申请和使用 …… 85

3.4 计算机网络安全 ································ 88
3.4.1 计算机网络互联 ······················ 88
3.4.2 计算机网络安全概述 ··············· 89
3.4.3 计算机病毒与木马 ···················· 90
3.4.4 防火墙技术简介 ······················· 93
习题 ··· 94

第4章 常用工具软件 ································ 95
4.1 下载软件 ······································ 95
4.2 压缩和解压缩软件 ······················ 98
4.3 播放软件 ···································· 101
4.4 阅读软件 ···································· 103
4.5 翻译软件 ···································· 108
4.6 杀毒软件 ···································· 111
习题 ·· 114

第5章 文字处理系统 Word 2010 ········· 116
5.1 Word 2010 简介 ························· 116
5.1.1 Word 2010 的功能区 ············ 116
5.1.2 Word 2010 的启动与退出 ···· 118
5.1.3 Word 2010 的工作界面 ········ 118
5.2 文档的基本操作 ························ 120
5.2.1 创建新文档 ·························· 120
5.2.2 保存及保护文档 ·················· 122
5.2.3 打开和关闭文档 ·················· 123
5.3 文档的基本编辑 ························ 125
5.3.1 输入文本 ······························ 125
5.3.2 编辑文本 ······························ 125
5.3.3 查找与替换 ·························· 128
5.3.4 撤销与恢复 ·························· 130
5.4 文档的格式化 ···························· 130
5.4.1 页面格式的设置 ·················· 130
5.4.2 字符格式的设置 ·················· 133
5.4.3 段落格式的设置 ·················· 135
5.4.4 项目符号和编号的设置 ······ 136
5.4.5 边框和底纹的设置 ·············· 138
5.4.6 格式刷的使用 ······················ 139
5.5 表格编辑 ···································· 139
5.5.1 创建表格 ······························ 139
5.5.2 编辑表格 ······························ 140
5.5.3 表格内数据的处理 ·············· 142
5.6 各种对象的处理 ························ 144
5.6.1 插入与编辑图片 ·················· 144
5.6.2 插入与编辑文本框 ·············· 146
5.6.3 插入与编辑艺术字 ·············· 147
5.6.4 绘制与编辑图形 ·················· 147
5.6.5 插入与编辑公式 ·················· 149
5.6.6 插入与编辑 SmartArt 图形 ········ 150
5.7 文档的打印 ································ 153
5.7.1 打印预览 ······························ 153
5.7.2 打印设置 ······························ 153
5.8 Word 2010 的高级功能 ············· 154
5.8.1 脚注和尾注的插入 ·············· 154
5.8.2 样式的设置 ·························· 155
5.8.3 级别的设置 ·························· 157
5.8.4 目录的制作 ·························· 157
习题 ·· 159

第6章 电子表格处理系统 Excel 2010 ································ 164
6.1 Excel 2010 简介 ·························· 164
6.1.1 Excel 2010 的功能区 ··········· 164
6.1.2 Excel 2010 的启动和退出 ··· 166
6.1.3 Excel 2010 的工作界面 ······· 166
6.1.4 工作簿的基本操作 ·············· 168
6.2 工作表的建立与编辑 ················ 170
6.2.1 输入数据 ······························ 170
6.2.2 自动填充数据 ······················ 173
6.2.3 编辑工作表 ·························· 175
6.3 工作表的格式化 ························ 179
6.3.1 设置单元格格式 ·················· 179
6.3.2 调整行高和列宽 ·················· 183
6.3.3 使用条件格式与格式刷 ······ 184
6.3.4 套用表格格式 ······················ 185
6.3.5 工作表的页面设置与打印 ········ 185
6.4 公式和函数 ································ 186
6.4.1 使用公式 ······························ 187

| 6.4.2 使用函数 ·················· 187
| 6.4.3 单元格的引用 ············ 188
| 6.4.4 错误值的综述 ············ 189
| 6.5 数据处理 ·························· 190
| 6.5.1 数据排序 ··················· 190
| 6.5.2 数据筛选 ··················· 192
| 6.5.3 数据汇总 ··················· 193
| 6.6 数据图表的创建与编辑 ···· 194
| 6.6.1 创建图表 ··················· 194
| 6.6.2 修饰图表 ··················· 194
| 6.6.3 格式化图表 ··············· 195
| 习题 ··· 199

第 7 章 演示文稿系统 PowerPoint 2010 ············ 201
| 7.1 PowerPoint 2010 简介 ········ 201
| 7.1.1 PowerPoint 2010 的功能区 ··· 201
| 7.1.2 PowerPoint 2010 的启动与退出 ······················ 203
| 7.1.3 PowerPoint 2010 的工作界面 ··············· 203
| 7.1.4 PowerPoint 2010 的视图模式 205
| 7.2 演示文稿的基本操作 ········ 206
| 7.2.1 演示文稿的打开 ········ 206
| 7.2.2 演示文稿的创建 ········ 206
| 7.3 幻灯片的编辑 ···················· 209
| 7.3.1 幻灯片的基本操作 ···· 209
| 7.3.2 文本的基本操作 ········ 211
| 7.3.3 SmartArt 图形的编辑 ···· 212
| 7.3.4 声音和影片的编辑 ···· 214
| 7.4 演示文稿的美化 ················ 215
| 7.4.1 使用母版 ··················· 215
| 7.4.2 设置幻灯片背景 ········ 216
| 7.4.3 设置主题 ··················· 217
| 7.5 幻灯片的动态效果设置 ···· 218
| 7.5.1 幻灯片的切换 ············ 218
| 7.5.2 动画效果的设置 ········ 219
| 7.5.3 超链接 ························ 220

7.6 演示文稿的放映、打包与打印 ······························ 221
    7.6.1 演示文稿的放映设置 ··· 221
    7.6.2 演示文稿的打包 ········· 222
    7.6.3 将演示文稿创建为视频文件 ························· 223
    7.6.4 演示文稿的打印 ········· 225
习题 ··· 226

第 8 章 高级语言程序设计基础 ··· 229
8.1 高级语言程序设计简介 ···· 229
    8.1.1 程序设计语言的发展 ···· 229
    8.1.2 算法及其描述 ············· 231
    8.1.3 程序编译和链接过程 ···· 232
8.2 数据类型、运算符与表达式 ··· 233
    8.2.1 数据类型的概念 ········· 233
    8.2.2 常量 ····························· 234
    8.2.3 变量 ····························· 235
    8.2.4 运算符及其优先级和结合性 ························· 236
    8.2.5 表达式的概念、分类和求值运算 ······················· 237
8.3 程序控制结构 ······················ 239
    8.3.1 程序的三种基本结构 ···· 239
    8.3.2 数据的输入输出 ········· 240
    8.3.3 条件控制语句 ············· 242
    8.3.4 循环控制语句 ············· 244
    8.3.5 结构化程序设计思想 ···· 246
习题 ··· 246

第 9 章 多媒体基础 ··················· 249
9.1 多媒体技术的概念 ·············· 249
    9.1.1 媒体与多媒体 ············· 249
    9.1.2 多媒体的信息类型 ····· 250
    9.1.3 多媒体的特性 ············· 252
    9.1.4 多媒体的关键技术 ····· 253
    9.1.5 多媒体技术的应用 ····· 254
9.2 多媒体信息处理基础 ········· 254
    9.2.1 音频信息 ····················· 254

9.2.2 图形和图像……………………256
9.2.3 视频信息………………………259
9.2.4 多媒体压缩技术………………260
习题…………………………………………260

参考文献………………………………………262

附录……………………………………………263
    实验 1 计算机基础知识……………263
    实验 2 操作系统的使用……………264
    实验 3 计算机网络应用……………267
    实验 4 常用软件的使用……………273
    实验 5 文字处理系统 Word 2010……274
    实验 6 电子表格处理系统
              Excel 2010……………………276
    实验 7 演示文稿系统
              PowerPoint 2010………………279

第 1 章　计算机基础知识

计算机是一种能够自动、高速、精确地存储和加工信息的电子设备。它是 20 世纪人类最伟大的发明之一，它的出现和发展使人类文明向前迈进了一大步。随着社会的发展和科技的进步，计算机已经成为现代人类社会活动中不可或缺的工具。

计算机对人类的生产活动和社会活动产生了极其重要的影响，并以强大的生命力飞速发展。它的应用领域从最初的军事科研应用扩展到社会的各个领域，已形成了规模巨大的计算机产业，带动了全球范围的技术进步，由此引发了深刻的社会变革。计算机已遍及学校、企事业单位，进入寻常百姓的家庭，成为信息社会中必不可少的工具。它是人类进入信息时代的重要标志之一。

1.1　计算机的发展与应用

1.1.1　计算机的发展概况

自从人类文明形成，人类就不断地追求先进的计算工具。早在古代，人们为了计数和计算的需要发明了算筹和算盘。

17 世纪 30 年代，英国人威廉·奥特瑞发明了计算尺。1642 年，法国数学家莱斯·帕斯卡发明了机械计算器。机械计算器用纯粹机械代替了人类的思考和记录，标志着人类已经向自动计算工具迈进了一步。

19 世纪初，英国人查尔斯·巴贝奇设计了差分机和分析机。其设计的理论和现代电子计算机的理论类似，为现代计算机设计思想的发展奠定了基础。在计算机发展史上，机械式的差分机和分析机占有重要的地位。机械计算机在程序控制、系统结构、输入输出和存储等方面为现代计算机的产生奠定了技术基础。

1854 年，英国逻辑学家、数学家乔治·布尔设计了一套符号，表示逻辑理论中的基本概念，并规定了运算法则，把形式逻辑归结成一种代数运算，从而建立了逻辑代数。应用逻辑代数可以从理论上解决两种电状态的电子管作为计算机的逻辑器件问题，为现代计算机采用二进制奠定了理论基础。

1936 年，英国数学家图灵发表了《论可计算数及其在判定问题中的应用》，给出了现代电子计算机的数学模型，从理论上论证了通用计算机产生的可能性。

1945 年，美籍匈牙利数学家冯·诺依曼首先提出在计算机中"存储程序"的概念，奠定了现代计算机的结构基础。

20 世纪 40 年代，随着火箭、导弹等现代武器装备的发展，需要解决一些十分复杂的数学问题，原有的计算工具已无法满足需要。同时，电子学和自动控制技术等领域所取得的技术成就，也为研制电子数字计算机(以下简称计算机)提供了物质及技术基础。

1946年，美国宾夕法尼亚大学成功地研制了世界上第一台由程序控制的电子数字计算机，名为 ENIAC(Electronic Numerical Integrator And Computer)。该计算机最初是为了分析和计算炮弹的轨迹而研制的。1942年，宾夕法尼亚大学的莫克利(John Mauchly,1907～1980年)在莫尔电气工程学院任教期间，被委派负责弹道的计算工作。他提出了研制新型计算机的建议，并于1943年6月开始实施。历经两年多的时间，ENIAC终于研制成功。ENIAC共用了18000个电子管，1500个继电器，耗电150kW/h，运算5000次/秒，占地170m^2，重量达30t。用它计算弹道只要3s，比机械计算机快1000倍，比人工计算快20万倍。也就是说炮弹打出去还没有落地，弹道就可计算出来。ENIAC尽管还存在许多缺点，还没有真正使用程序控制，但是它的研制成功，是计算机发展史上的里程碑，标志着计算机时代的真正到来。

1949年5月，英国剑桥大学实验室根据冯·诺依曼的思想，研制成电子延迟存储计算机(Electronic Delay Storage Automatic Calculator，EDSAC)，这是一台带有存储程序结构的计算机。

计算机发展到今天，无论从数量还是从质量上都有了很大的飞跃。计算机从以前的单纯数字计算发展到了现在的信息处理，发生了质的变化。从第一台计算机诞生到现在，它的发展已经历了四代，下面就这四个时代进行简单介绍。

1. 电子管计算机(1946～1957年)

电子管计算机主要特点是：逻辑元件采用电子管；主存储器采用延迟线，辅助存储器采用纸带、卡片、磁鼓等；软件主要使用机器语言和汇编语言；应用以科学计算为主。第一代计算机运算速度很慢，每秒钟只有几千次到几万次，其体积大、耗电多、价格昂贵且可靠性低。第一代的电子管计算机奠定了计算机发展的技术基础。

2. 晶体管计算机(1958～1964年)

晶体管计算机的主要特点是：逻辑元件采用晶体管；主存储器采用磁芯，辅助存储器已开始使用磁盘；软件开始使用操作系统及高级程序设计语言；其用途除科学计算外，已用于数据处理及工业生产的自动控制方面。第二代计算机的运算速度为100万次/秒，内存容量扩大到几十万字节。新的职业，如程序员、分析员和计算机系统专家，与整个软件产业由此诞生。

3. 集成电路计算机(1965～1970年)

集成电路计算机的特点是：逻辑元件采用小规模集成电路；主存储器仍以磁芯存储器为主；机种系列化；外部设备不断增多并同通信设备结合起来；软件逐渐完善，操作系统、多种高级程序设计语言都有新的发展；其应用领域日益扩大。第三代计算机的运算速度已达到1000万次/秒，它的体积小，功能增加，可靠性进一步提高。这一时期的发展还包括使用了操作系统，使得计算机在中心程序的控制协调下可以同时运行许多不同的程序。

4. 大规模集成电路计算机(1971年至今)

大规模集成电路计算机的特点是：计算机的逻辑元件和主存储器都采用了大规模集成

电路其至超大规模集成电路；微型计算机蓬勃发展，它的体积更小、耗电量少、可靠性更高、其价格大幅度下降；其应用范围已扩大到国民经济各个部门和社会生活等领域，并进入以计算机网络为特征的时代。第四代计算机无论从硬件还是软件来看，比第三代计算机都有很大发展，它的运算速度已达到每秒钟数万亿次，而其价格每年以30%的幅度下降。

现在，计算机的通信产业已经成为新型的高科技产业。计算机网络的出现，改变了人们的工作方式、学习方式、思维方式和生活方式。计算机技术的发展主要有以下四个特点。

1. 多极化

如今，个人计算机已席卷全球，但由于计算机应用的不断深入，对巨型机、大型机的需求也稳步增长，巨型机、大型机、小型机、微型机各有自己的应用领域，形成了一种多极化的形势。例如，巨型机主要应用于天文、气象、地质、核反应、航天飞机和卫星轨道计算等尖端科学技术领域和国防事业领域，它标志一个国家计算机技术的发展水平。

2. 智能化

智能化使计算机具有模拟人的感觉和思维过程的能力，使计算机成为智能计算机。这也是目前正在研制的新一代计算机要实现的目标。智能化的研究包括模式识别、图像识别、自然语言的生成和理解、博弈、定理自动证明、自动程序设计、专家系统、学习系统和智能机器人等。目前，已研制出多种具有人的部分智能的机器人。

3. 网络化

网络化是计算机发展的又一个重要趋势。从单机走向联网是计算机应用发展的必然结果。所谓计算机网络化，是指用现代通信技术和计算机技术把分布在不同地点的计算机互联起来，组成一个规模大、功能强，可以互相通信的网络结构。网络化的目的是使网络中的软件、硬件和数据等资源能被网络上的用户共享。目前，大到世界范围的通信网，小到实验室内部的局域网已经很普及，因特网(Internet)已经连接包括我国在内的150多个国家和地区。由于计算机网络实现了多种资源的共享和处理，提高了资源的使用效率，因而深受广大用户的欢迎，得到了越来越广泛的应用。

4. 多媒体

多媒体计算机是当前计算机领域中最引人注目的高新技术之一。多媒体计算机就是利用计算机技术、通信技术和大众传播技术来综合处理多种媒体信息的计算机。这些信息包括文本、视频图像、图形、声音、文字等。多媒体技术使多种信息建立了有机联系，并集成为一个具有人机交互性的系统。多媒体技术真正改善了人机界面，使计算机朝着人类接收和处理信息的最自然的方式发展。

目前，世界上科学技术先进的国家正在研制新一代计算机。而未来的计算机有以下几个发展方向。

1. 量子计算机

量子计算机是一类遵循量子力学规律进行高速数学和逻辑运算、存储和处理的量子物理设备，当某个设备是由量子元件组装，处理和计算的是量子信息，运行的是量子算法时，它就是量子计算机。

2. 神经网络计算机

人脑总体运行速度相当于 1000 万亿次/秒的计算机功能，可把生物大脑神经网络看做一个大规模并行处理的、紧密耦合的、能自行重组的计算网络。从大脑工作的模型中抽取计算机设计模型，用许多处理机模仿人脑的神经元结构，将信息存储在神经元之间的联络中，并采用大量的并行分布式网络，就构成了神经网络计算机。

3. 化学、生物计算机

在运行机理上，化学计算机以化学制品中的微观碳分子作为信息载体，来实现信息的传输与存储。DNA 分子在酶的作用下可以从某基因代码通过生物化学反应转变为另一种基因代码，转变前的基因代码可以作为输入数据，转变后的基因代码可以作为运算结果，利用这一过程可以制成新型的生物计算机。生物计算机最大的优点是生物芯片的蛋白质具有生物活性，能够跟人体的组织结合在一起，特别是可以和人的大脑和神经系统有机的连接，使人机接口自然吻合，免除了烦琐的人机对话，这样，生物计算机就可以听人指挥，成为人脑的外延或扩充部分，还能够从人体的细胞中吸收营养来补充能量，不要任何外界的能源，由于生物计算机的蛋白质分子具有自我组合的能力，从而使生物计算机具有自调节能力、自修复能力和自再生能力，更易于模拟人类大脑的功能。如今科学家已研制出了许多生物计算机的主要部件——生物芯片。

4. 光计算机

光计算机是用光子代替半导体芯片中的电子，以光互连来代替导线制成数字计算机。与电的特性相比光具有无法比拟的各种优点：光计算机是"光"导计算机，光在光介质中以许多个波长不同或波长相同而振动方向不同的光波传输，不存在寄生电阻、电容、电感和电子相互作用问题，光器件有无电位差，因此光计算机的信息在传输中畸变或失真小，可在同一条狭窄的通道中传输数量大得难以置信的数据。

我国从 1956 年开始研制计算机，1958 年第一台电子计算机问世，1965 年研制成晶体管计算机，1970 年研制成集成电路计算机。1997 年我国的"银河Ⅲ"运算速度达到了 130 亿次/秒，1999 年研制出运算速度 3840 亿次/秒的计算机。2001 年的"曙光"机运算速度达到 4032 亿次/秒。2002 年 9 月 28 日中科院计算所宣布中国第一个可以批量投产的通用 CPU "龙芯 1 号"芯片研制成功。其指令系统与国际主流系统 MIPS 兼容，定点字长 32 位，浮点字长 64 位，最高主频可达 266MHz。此芯片的逻辑设计与版图设计具有完全自主的知识产权。采用该 CPU 的曙光"龙腾"服务器同时发布。2003 年 12 月 9 日联想承担的国家网格主节点"深腾 6800"超级计算机正式研制成功，其实际运算速度达到 4.183 万亿次/秒。2012 年国际 TOP500 组织公布了最新的全球计算机 500 强名单，我国超级计算机"天河一号"名列第五，超级计算机"星云"排名第十，其运算速度分别为 2570 万亿次/秒和 1270 万亿次/秒。

1.1.2 计算机的分类

计算机的种类很多，可以按其不同的标志进行分类。从原理上讲计算机可以分为两大类：电子模拟计算机(Analogue Computer)和电子数字计算机(Digital Computer)。按照计算机的用途可将其划分为专用计算机(Special Purpose Computer)和通用计算机(General Purpose Computer)。专用计算机具有单纯、使用面窄甚至专机专用的特点，它是为了解决一些专门的问题而设计制造的。因此，它可以增强某些特定的功能，而忽略一些次要功能，使得专用计算机能够高速度、高效率地解决某些特定的问题。模拟计算机通常都是专用计算机。在军事控制系统中，广泛使用了专用计算机。通用计算机具有功能多、配置全、用途广、通用性强等特点，人们通常所说的以及本书所介绍的就是指通用计算机。

在通用计算机中，人们又按照计算机的运算速度、字长、存储容量、软件配置等多方面的综合性能指标将计算机分为巨型机、大型机、小型机、工作站、微型机等几类。分类的标准只是粗略划分，也只能就某一时期而言，下面仅举几例加以说明。

1. 巨型机

研制巨型机是现代科学技术，尤其是国防尖端技术发展的需要。核武器、反导弹武器、空间技术、大范围天气预报、石油勘探等都要求计算机有很高的速度和很大的容量，一般大型通用机远远不能满足要求。很多国家竞相投入巨资开发速度更快、性能更强的超级计算机。巨型机的研制水平、生产能力及其应用程度已成为衡量一个国家经济实力和科技水平的重要标志。这种计算机使研究人员可以研究以前无法研究的问题，例如研究更先进的国防尖端技术、估算100年以后的天气、更详尽地分析地震数据以及帮助科学家计算毒素对人体的作用等。

在实践中，有些科学技术题目需要并行计算。20世纪80年代中期以来，超并行计算机的发展十分迅速，这种超并行巨型计算机通常是指由100台以上的处理器所组成的计算机网络系统，它是用成百上千甚至上万台处理器同时解算一个课题，以达到高速运算的目的。这类大规模并行处理的计算机将是巨型计算机的重要发展方向。截止到2012年6月，世界上运算速度最快的超级计算机是由IBM为美国劳伦斯·利弗莫尔国家实验室研发的Sequoia，它每秒能完成1.6亿亿次运算。

2. 大型机

"大型机"是对一类计算机的习惯称呼，本身并无十分准确的技术定义。其特点表现在通用性强、具有很强的综合处理能力、性能覆盖面广等，主要应用在公司、银行、政府部门、社会机构和制造厂家等，通常人们称大型机为"企业级"计算机。

在信息化社会里，随着信息资源的剧增，带来了信息通信、控制和管理等一系列问题，而这正是大型机的特点。未来将赋予大型机更多的使命，它将覆盖"企业"所有的应用领域，如大型事务处理、企业内部的信息管理与安全保护、大型科学与工程计算等。

大型机研制周期长，设计技术与制造技术非常复杂，耗资巨大，需要相当数量的设计师协同工作。大型机在体系结构、软件、外设等方面又有极强的继承性。因此，国外只有少数公司能够从事大型机的研制、生产和销售工作。美国的 IBM、DEC，日本的富士通、日立等都是大型机的主要厂商。

3. 小型机

小型机机器规模小、结构简单、研制周期短，便于及时采用先进工艺。这类机器由于可靠性高，对运行环境要求低，易于操作且便于维护，用户使用机器不必经过长期的专门训练。因此，小型机对广大用户具有吸引力，加速了计算机的推广普及。

小型机应用范围广泛，如用在工业自动控制、大型分析仪器、测量仪表、医疗设备中的数据采集、分析计算等，也用于大型、巨型计算机系统的辅助机，并广泛运用于企业管理以及大学和研究所的科学计算等。

近年来，随着基础技术的进步，小型机的发展引人注目，特别是在体系结构上采用精简指令集(Reduce Instruction Set Computing，RISC)技术，即计算机硬件只实现最常用的指令集，复杂指令由软件来实现，从而使其具有更高的性能价格比。

4. 工作站

工作站是一种高档的微机系统。它具有较高的运算速度，既具有大、小型机的多任务、多用户能力，又兼具微型机的操作便利和良好的人机界面。它可连接多种输入、输出设备，其最突出的特点是图形性能优越，具有很强的图形交互处理能力，因此在工程领域、特别是在计算机辅助设计领域得到了广泛运用。人们通常认为工作站是专为工程师设计的机型。由于工作站出现较晚，一般都带有网络接口，采用开放式系统结构，即将机器的软、硬件接口公开，并尽量遵守国际工业界流行标准，以鼓励其他厂商、用户围绕工作站开发软、硬件产品。目前，多媒体等各种新技术已普遍集成到工作站中，使其更具特色。它的应用领域也已从最初的计算机辅助设计扩展到商业、金融、办公领域。

5. 微型机

微型计算机，又称 PC(Personal Computer)，指个人计算机。PC 主要有台式机和便携式机两种，广泛用在办公室和家庭当中。便携式机便于在流动性的工作中使用，小巧轻便，功能齐全。

目前，PC 是应用最为广泛的计算机。由于网络的发展以及群集技术的出现，PC 将进一步发挥更大作用(详见 1.2.5 节)。

6. 网络计算机

当计算机最初用于信息管理时，信息的存储和管理是分散的。这种方式的弱点是数据的共享程度低，数据的一致性难以保证，于是以数据库为标志的一代信息管理技术发展起来，同时以大容量磁盘为手段、以集中处理为特征的信息系统也发展起来。20 世纪 80 年代 PC 的兴起冲击了这种集中处理的模式，而计算机网络的普及更加剧了这一变化。数据库技术也相当延伸到了分布式数据库，客户机—服务器的应用模式出现了。当然，这不是向分散处理的简单回归，而是螺旋式的上升。随着 Internet 的迅猛发展，网络安全、软件维护与更新、多媒体应用等迫使人们再次权衡集中与分散的问题：是否可以把需要共享和需要保持一致的数据相对集中地存放,把经常更新的软件比较集中地管理,而把用户端的功能仅限于用户界面与通信功能呢?这就是网络计算机(Network Computer,NC)的由来。

从 NC 的角度来看,可以把整个网络看成是一个巨大的磁盘驱动器,而 NC 可以通过网络从服务器上下载大多数乃至全部应用软件。这就意味着作为 PC 的使用者,从此可以不再为 PC 的软硬件配置和文件的保存煞费苦心。由于应用软件和文件都是存储在服务器而不是各自的 PC 上,因此无论是数据还是应用软件,用户总能获得最新的版本。目前,NC 的发展还没有达到预期的规模,但其中的一些思想值得我们借鉴。

1.1.3 计算机的应用

计算机最初是为适应科学计算的要求,提高计算的精度与速度而设计的。但近几十年的发展表明,计算机的应用远远超出了科学计算的范围,在文字处理、信息收集与加工、数据库管理、自动控制等各方面显示了惊人的能力。归纳起来,主要应用于以下几个方面。

1. 科学计算(数值计算)

科学计算就是指数值计算,是计算机最重要的也是最初的应用领域之一。例如,在天文学、核物理学、生物工程、国防军事科学、工农业生产、建筑等领域都有大量的数值计算课题。

2. 数据处理(信息处理)

数据处理是指在计算机上管理、操纵各种形式的数据资料。例如,企业管理、物资管理、报表统计、账务计算、信息情报检索等都是数据处理。此外,将微机与仪器仪表结合,充分利用微机的数据处理能力,实现数据采集、处理、存储的自动化,可大大提高仪器仪表测量的精确度和自动化程度。

3. 过程控制(实时控制)

过程控制是指利用计算机对连续的工业生产过程进行控制。微型机在工业控制方面的应用,大大促进了自动化技术的普及和提高,并且可以节省劳动力,减轻劳动强度,提高生产效率,降低生产成本。例如,用微机进行机床和其他生产设备的控制,可完成生产过程的数据采集,实现自动检测、自动调节和自动控制。

4. 计算机通信

现代通信技术与计算机技术相结合,构成联机系统和计算机网络,这是微型机具有广阔前途的一个应用领域。计算机网络的建立,不仅解决了一个地区、一个国家中计算机之间的通信和网络内各种资源的共享,还可以促进和发展国际间的通信和各种数据的传输与处理。

5. 计算机辅助设计、辅助制造、辅助测试和辅助教学

计算机辅助设计(CAD)是指利用计算机来帮助设计人员进行工程设计,以提高设计工作的自动化程度,节省人力和物力。

计算机辅助制造(CAM)是指利用计算机来进行生产设备的管理、控制和操作生产过程，以提高产品质量，缩短生产周期，降低劳动强度。

计算机辅助测试(CAT)是指利用计算机来帮助测试。在今天，使用计算机辅助测验，测验的构成与传统测验的构成是一样的，但整个过程得到相当大的简化和改进。计算机能够按要求随机构成试卷，无论是题型的搭配、分值的分配，还是时间的确定，都是十分精确的。

计算机辅助教学(CAI)是指利用计算机来辅助学生学习的自动系统。它将教学内容、教学方法以及学生学习情况存储于计算机内，使学生能够从CAI系统中学到所需要的知识。

6. 人工智能

人工智能是利用计算机模拟人类某些智能行为(如感知、思维、推理、学习等)的理论和技术。它是在计算机科学、控制论等基础上发展起来的边缘学科，包括专家系统、机器翻译、自然语言理解等。

计算机的应用范围非常广泛，从航空航天到日常生活，从科学计算到儿童玩具都有计算机的踪影。但应该认识到，计算机是人设计制造的，要靠人来使用和维护，它不能代替人脑的一切活动。人们只有提高计算机方面的知识水平，才能充分发挥计算机的作用。

1.1.4 计算机与信息社会

1. 信息社会概述

计算机是20世纪最伟大的发明之一。自1946年第一台电子计算机诞生至今，已经经历了60多年。在计算机刚刚出现的时候，它的用途只是进行数字运算。随着科学技术的发展，计算机不仅可以科学计算，而且还可以处理文字、图像和声音等各种各样的信息。例如，计算机技术带来办公自动化，节约了人力和物力的开销，提高了办事质量和效率；计算机给各行各业带来了信息管理系统，使信息安全共享，数据维护更加方便；计算机技术的发展带动了多媒体技术的发展，而多媒体技术的引入，大大增强了人们获取信息的效果；计算机和通信的结合带来了计算机网络，带来了"信息高速公路"，从而改变了人们的生活方式。

当今社会是一个信息社会。在信息社会中，越来越多的人从事信息工作，而信息的收集、处理、存储和发布需要各种信息技术的支持。事实上，现代社会中的所有信息工作往往和计算机应用和网络技术息息相关。

2. 计算机文化

计算机从诞生之日起，就立即成为社会生产力的代表，它极大地增强了人类认识和改造自然的能力。计算机技术作为信息社会的关键技术，给社会带来了深远的影响，但是，计算机不仅是一种传统意义上的技术。作为人脑智力的延伸，它包含了很多人性的、人文的内容，并且在发展过程中广泛渗透到人类社会的各个领域。

计算机的文化性主要包括以下几个方面：

（1）计算机作为一种知识、技术、能力、修养已成为人类必须掌握和必须具备的一种文化。如果没有基本的计算机知识和应用能力，在信息社会里就无法处理和使用各种信息，换而言之，就是信息社会的文盲。

（2）在信息社会的网络环境中，计算机已经和人密不可分。它已不仅仅是一种工具，而是完全融入人类的生活，包括生活、思维和教育方式，这就是计算机文化。

（3）计算机网络技术的发展给学习者带来了跨地区、跨行业的知识资源，使传统的教育模式受到冲击。人们可以利用计算机网络获取大量的知识，从而促进文化的传播。

（4）媒体对人们的影响力非常大，而现代媒体技术和计算机已密不可分。正是由于计算机软件技术的日益发展，以及计算机的越来越智能化、人性化，才使得今天的媒体更加多样化和个性化，这很大一部分应该归功于"计算机是一种文化"意识发展的结果。

（5）计算机理论及其技术对自然科学、社会科学的广泛渗透表现出极其丰富的文化内涵。例如，计算机技术和生物技术相结合，产生了一门崭新的交叉学科——生物信息技术；计算机与社会学、法律等相结合，形成了信息安全学科。

由此可见，计算机文化是当今一种极具影响力的文化形态，这就要求人们不仅仅要关注计算机技术，更应该关注计算机技术飞速发展而形成的那种特有的文化内涵，只有这样，才能真正掌握计算机技术，才能跟上时代前进的步伐，以适应社会的需要。

1.2　微型计算机的组成

1.2.1　微型计算机系统的基本组成

微型计算机系统包括硬件系统和软件系统，如图 1-1 所示。硬件系统即构成计算机的电子元器件，是看得见、摸得着的实体部分；而软件系统是为了更好地利用计算机而编写的程序及文档。它们之间的关系犹如一个人的躯体和思想一样，躯体相当于微型计算机的硬件，思想则相当于微型计算机的软件。

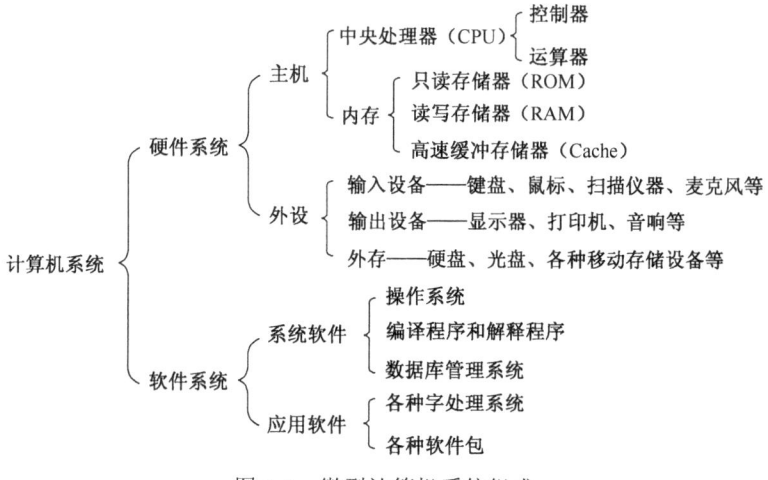

图 1-1　微型计算机系统组成

几乎所有的微型计算机都把主机部分、硬盘驱动器及电源等封装在主机箱内。从外观上看，有卧式、立式和笔记本式等几种机型。

计算机硬件的基本功能是接收计算机程序的控制，并实现数据输入、运算、数据输出等一系列的操作。虽然计算机制造技术已经发生了很大的变化，但在基本的硬件结构方面，却一直沿袭着冯·诺依曼的传统框架，即计算机硬件系统由运算器、控制器、存储器、输入设备、输出设备五大基本部件构成。图 1-2 列出了一个计算机系统的基本硬件结构。图中，实线代表数据流，虚线代表指令流，计算机各部件之间的联系就是通过这两股信息流来实现的。原始数据和程序通过输入设备送入存储器，在运算处理过程中，数据从存储器读入运算器进行运算，运算的结果存入存储器，必要时再经输出设备输出。指令(计算机可执行的命令=操作码+操作数)也以数据形式存于存储器中，运算时指令由存储器送入控制器，由控制器控制各部件的工作。

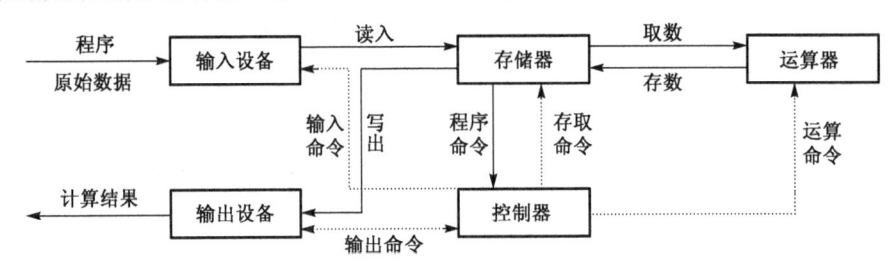

图 1-2 计算机系统基本硬件结构

由此可见，输入设备负责把用户的信息(包括程序和数据)输入到计算机中；输出设备负责将计算机中的信息(包括程序和数据)传送到外部媒介，供用户查看或保存；存储器负责存储数据和程序，并根据控制命令提供这些数据和程序，它包括内存(内存储器)和外存(外存储器)；运算器负责对数据进行算术运算和逻辑运算(即对数据进行加工处理)；控制器负责对程序所规定的指令进行分析，控制并协调输入、输出操作或对内存的访问。

1.2.2 微型计算机的硬件系统

随着计算机技术的飞速发展，微型计算机硬件的种类越来越多，功能也越来越齐全。下面就常见的硬件进行简单介绍。

1. 主板

主板(Mainboard)又名主机板、母板等，是微型计算机系统中的核心部件，它的上面布满了各种插槽(可连接声卡、显卡和 Modem 等)、接口(可以连接鼠标和键盘等)、电子元件，并把各种周边设备连接在一起。它不但是整个现代微型计算机系统平台的载体，而且还承担着中央处理器(CPU)与内存、存储设备和其他输入/输出(I/O)设备的信息交换以及进程的控制任务等，如图 1-3 所示。

图 1-3 主板

主板性能的好坏对微机的总体性能指标将产生举足轻重的影响。主板的设计是基于总线技术的，其平面是一块 PCB 印刷线路板，分为四层板和六层板。四层板分为主信号层、接地层、电源层和次信号层；而六层板则增加了辅助电源层和中信号层。六层 PCB 的主板抗电磁干扰能力更强，主板也更加稳定。主板上集成了 CPU 插座、南北桥芯片、BIOS、内存插槽、AGP 插槽、PCI 插槽、IDE 接口、其他芯片、电阻、电容、线圈、BIOS 电池以及主板边缘的串口、并口、PS/2、USB 接口等元器件。当主机加电时，电流会在瞬间通过主板上的印刷电路流遍 CPU 及所有元器件，其中 BIOS（基本输入/输出系统）将对系统进行自检，导入基本输入/输出系统后，再进入主机安装的操作系统，发挥出支持系统平台工作的功能。

2. 中央处理器

中央处理器简称 CPU（Central Processing Unit），它是计算机硬件系统的核心，中央处理器包括运算器和控制器两个部件。运算器是对数据进行加工处理的部件，它不仅可以实现基本的算术运算，还可以进行基本的逻辑运算，实现逻辑判断的比较及数据传递、移位等操作。控制器是负责从存储器中取出指令，确定指令类型，并译码，按时间的先后顺序，向其他部件发出控制信号，统一指挥和协调计算机各器件进行工作的部件，它是计算机的"神经中枢"。中央处理器是计算机的心脏，CPU 品质的高低直接决定了计算机系统的档次。能够处理的数据位数是 CPU 的一个最重要的品质标志。

在 PC 中，人们通常把 CPU 集中在一小块硅片上，称为微处理器（Micro Processor），简称 MPU，如图 1-4 所示。

(a) 微处理器的外观　　　　　(b) 与主板连接的针脚

图 1-4　微处理器

由于处理器在计算机中具有非常重要作用，在日常工作和生活中，人们往往用处理器的名称代替计算机的称呼。

3. 内存储器

内存又称为主存，它和 CPU 一起构成了计算机的主机部分。在微型计算机中，它的形状如图 1-5 所示，俗称内存条。内存由半导体存储器组成，存取速度较快，一般容量较小。内存中含有很多的存储单元，每个单元可以存放 1 个 8 位的二进制数，即 1 字节（Byte，简称"B"）。通常 1 字节可以存放 0~255 之间的 1 个无符

图 1-5　内存条示意图

号整数或 1 个字符的代码，而对于其他大部分数据，可以用若干个连续字节按一定规则进行存放。内存中的每个字节各有一个固定的编号，这个编号称为地址。CPU 在存取存储器中的数据时是按地址进行的操作。存储器容量即指存储器中所包含的字节数，通常用 GB 作为存储器容量单位。

内存储器按其工作方式的不同，可以分为随机存储器(RAM)、只读存储器(ROM)和高速缓冲存储器(Cache)三种。

（1）RAM 是一种读写存储器，其内容可以随时根据需要读出，也可以随时重新写入新的信息。这种存储器可以分为静态 RAM 和动态 RAM 两种。静态 RAM 的特点是，只要存储单元上加有工作电压，它上面存储的信息就保持。动态 RAM 由于是利用 MOS 管极间电容保存信息的，因此随着电容的漏电，信息会逐渐丢失，为了补偿信息的丢失，要每隔一定时间对存储单元的信息进行刷新。无论是静态 RAM 还是动态 RAM，当电源电压去掉时，RAM 中保存的信息都将全部丢失。

（2）ROM 是一种内容只能读出而不能写入和修改的存储器，其存储的信息是在制作该存储器时就被写入的。在计算机运行过程中，ROM 中的信息只能被读出，而不能写入新的内容。计算机断电后，ROM 中的信息不会丢失，即在计算机重新加电后，其中保存的信息依然是断电前的信息，仍可被读出。它主要用于检查计算机系统的配置情况并提供最基本的输入/输出控制程序。

（3）Cache 简称快存，是为了解决 CPU 和主存之间速度匹配问题而设置的。如图 1-6 所示，M_1 就是 Cache，它是介于 CPU 与主存之间的小容量存储器，但存取速度比内存快，有了快存，就能高速地向 CPU 提供指令和数据，从而加快了程序执行的速度。快存可以看成内存的缓冲存储器，它通常由高速的双极型半导体存储器或 SRAM 组成，即快存的功能全部由硬件实现，并对程序员透明。

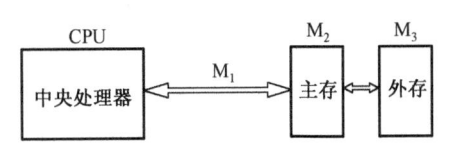

图 1-6　CPU 与存储器系统的关系

从 CPU 来看，在计算机中增加一个快存的目的，就是在性能上要使主存储器的平均读出时间尽可能接近于快存的读出时间，从而提高计算机的整体性能。

4. 外存储器

外存储器又称为辅助存储器，它的容量一般都比较大，而且大部分可以移动，便于在不同计算机之间进行信息交流。在微型计算机中，常用的外存有传统硬盘、固态硬盘、光盘和 USB 存储设备四种。

1）传统硬盘存储器

硬盘存储器是由电机和硬盘组成的，一般置于主机箱内。硬盘是涂有磁性材料的磁盘组件，用于存放数据。根据容量，一个机械转轴上串有若干个盘片，每个盘片的上下两面各有一个读/写磁头，硬盘的磁头不与磁盘表面接触，它们"飞"在离磁盘面百万分之一英寸的气垫上。硬盘是一个非常精密的机械装置，磁道间只有百万分之几英寸的间隙，磁头传动装置必须把磁头快速而准确地移到指定的磁道上。图 1-7 和图 1-8 所示为硬盘示意图。

一个硬盘由多个盘片组成，所有的盘片串在一根轴上，两个盘片之间仅留出安置磁头的距离。柱面是指磁盘的所有盘片具有相同编号的磁道。硬盘的容量取决于硬盘的磁头数、柱面数及每个磁道的扇区数，由于硬盘均有多个盘片，所以用柱面这个参数来代替磁道。每个扇区的容量为512B，硬盘容量为：磁头数×柱面数×每道扇区数×512×B。

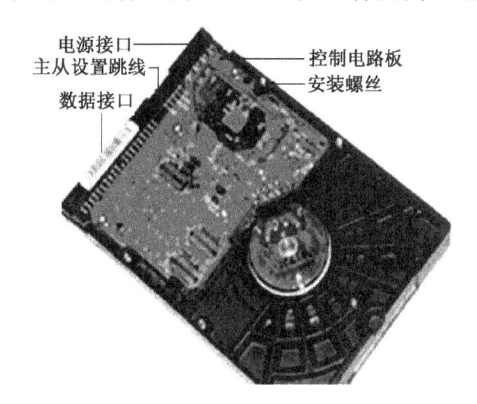

图1-7 硬盘的背面

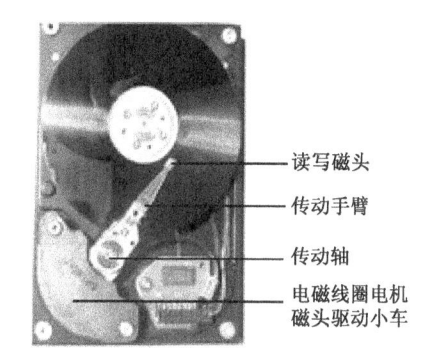

图1-8 硬盘的内部

不同型号的硬盘其容量、磁头数、柱面数及每道扇区数均不同，主机必须知道这些参数才能正确控制硬盘的工作，因此安装新磁盘后，需要对主机进行硬盘类型的设置。

目前的传统硬盘有两种，一种为固定式，另一种为抽取式。所谓固定式硬盘，就是固定在主机箱内，容量为几百吉字节(GB)左右，甚至更大；抽取式硬盘移动起来比较方便，类似于移动硬盘。

2) 固态硬盘

传统硬盘在近年来除了容量的大幅度提升外，传输速度没有质的飞跃。其中一个重要的因素就是其内部是采用机械结构原理制成的，转速是影响硬盘速度的重要因素，由于成本限制，目前普通民用级的还是10年前推出的7200r/min，使得硬盘的传输速度不能有革命性的提升。因此，便有了固态硬盘(Solid State Disk，SSD)的诞生。固态硬盘由控制芯片和存储芯片(FLASH芯片或DRAM芯片)组成，它采用了新的结构与传统机械硬盘采用的磁盘体、磁头、马达等机械零件截然不同。简单来说，固态硬盘与闪存盘、闪存卡较为相似，具有速度快、防震、体积小、零噪声等优点。图1-9所示为传统机械硬盘与固态硬盘的外观对比，固态硬盘内部结构如图1-10所示。

(a)传统硬盘　　(b)固态硬盘

图1-9 传统硬盘与固态硬盘外观对比

图1-10 固态硬盘内部图示

固态硬盘相比传统机械硬盘，有以下优点：

(1) 存取速度快。这也是固态硬盘最大的优点，固态硬盘没有磁头，采用快速随机读取，读延迟极小，无论是启动系统还是运行大型软件，固态硬盘的速度相比传统的机械硬盘有了质的飞跃。

（2）防震抗摔。固态硬盘内部不存在任何机械活动部件，不会发生机械故障，也不怕碰撞、冲击、振动。这样即使在高速移动甚至伴随翻转倾斜的情况下也不会影响到正常使用，而且在笔记本电脑发生意外掉落或与硬物碰撞时能够将数据丢失的可能性降到最小。

（3）发热低、零噪声。由于没有机械马达，闪存芯片发热量小，工作时噪音值为 0dB，闪存芯片发热量小。

（4）体积小。相比传统的机械硬盘，固态硬盘体积更小，重量更轻，方便携带。

虽然固态硬盘有众多优点，但也不是十全十美，目前还存在以下缺点：

（1）成本高、容量小。相比机械硬盘，一般的固态硬盘容量小得多，目前容量较大的固态硬盘也只有几百吉字节。价钱方面，目前一个固态盘的价钱是机械硬盘的 3~5 倍。目前，500GB 的 SSD 固态硬盘的价格在 3000 元左右。

（2）写入速度相对慢。固态硬盘在数据读取上优势明显，但在数据写入上比传统硬盘要慢，而且容易产生碎片。

（3）寿命相对短。一般闪存的固态硬盘写入寿命为 1 万~10 万次，特制的可达 100 万~500 万次，这对 U 盘或其他数码产品来说不算什么，但固态硬盘在系统上的写入速度会很容易超过这个数量。

（4）可靠性相对低。如果固态硬盘数据损坏后难以修复，目前的数据修复技术基本不可能在损坏的芯片中恢复数据，而机械硬盘还能挽回一些数据。

3）光盘

光盘的存储介质不同于磁盘，它属于另一类存储器，通常称为 CD 和 DVD。光盘的容量大、存取速度较快、不易受干扰。光盘根据其制造材料和记录信息方式的不同一般分为四类：只读光盘、一次写入型光盘、可擦写光盘和蓝光光碟。

（1）只读光盘是生产厂家在制造时根据用户要求将信息写到盘上，用户不能抹除，也不能写入，只能通过光盘驱动器读出光盘中的信息。只读光盘以一种凹坑的形式记录信息。光盘驱动器内装有激光光源，光盘表面以凹坑的形式记录的信息，可以反射出强弱不同的光线，从而使记录的信息被读出。CD-ROM 的存储容量约为 650MB。

（2）一次写入型光盘可以由用户写入信息，但只能写一次，不能抹除和改写（像 Prom 芯片一样）。信息的写入通过特制的光盘刻录机进行，它是用激光使记录介质熔融蒸发穿出微孔或使非晶膜结晶化，改变原材料特性来记录信息。这种光盘的信息可多次读出，读出信息时使用只读光盘用的驱动器即可。

（3）可擦写光盘可由用户自己写入信息，也可对已记录的信息进行抹除和改写，可以反复使用。它用激光照射在记录介质上（不穿孔），利用光和热引起介质可逆性变化来进行信息记录。可擦写光盘需插入特制的光盘驱动器进行读写操作，它的存储容量一般为几百兆字节至几吉字节。

（4）蓝光光碟（Blu-ray Disc，BD）是 DVD 之后的下一代光盘格式之一，用以存储高品质的影音以及高容量的数据存储。蓝光光碟的命名是由于其采用波长 405nm 的蓝色激光光束来进行读写操作(DVD 采用 650nm 波长的红光读写器，CD 则是采用 780nm 波长)。一个单层的蓝光光碟的容量为 25GB 或是 27GB，足够录制一个长达 4h 的高解析影片。2008 年 2 月 19 日，随着 HD DVD 领导者东芝宣布在 3 月底退出所有 HD DVD 相关业务，持续多年的下一代光盘格式之争正式画上句号，最终由 SONY 主导的蓝光光碟胜出。

4) USB 设备

USB 的英文缩写是 Universal Serial Bus，翻译成中文就是"通用串行总线"，也称通用串联接口。USB 是一个使计算机周边设备连接标准化、单一化的接口。USB 的规格由 Intel、NEC、Compaq、DEC、IBM、Microsoft、Northern Telecom 联合制定。

随着计算机硬件飞速发展，外围设备日益增多，键盘、鼠标、调制解调器、打印机、扫描仪早为人所共知，数码相机、优盘、移动硬盘、MP3、MP4 等设备接踵而至。这些设备都可以通过 USB 标准接口和计算机相连接。其中优盘、移动硬盘、MP3、MP4 等都可以作为非常方便快捷的移动存储设备。

USB 有一个显著优点就是支持热插拔，也就是说在开机的情况下，可以安全地连接或断开 USB 设备，达到真正的即插即用。自从有了 USB 即插即用接口，人们便不断地开发新产品。目前，USB 设备的数量急剧增加，为人们的工作和生活带来了极大帮助。

5. 输入、输出设备

输入设备是外界向计算机传送信息的装置。在微型计算机系统中，最常用的输入设备是键盘和鼠标。此外，还有光电笔、数字化仪、图像扫描仪等。也可以用硬盘、光盘和 USB 等存储设备进行输入。

输出设备的作用是将计算机中的数据信息传送到外部媒介，并转化成某种为人们所认识的表示形式。在微型计算机中，最常用的输出设备有显示器和打印机。此外，还有绘图仪等，也可以通过硬盘、光盘和 USB 等存储设备输出。

6. 总线和接口

1) 总线

计算机中传输信息的公共通路称为总线(BUS)。一次能够在总线上同时传输的二进制位数被称为总线宽度。CPU 是由若干基本部件组成的，这些部件之间的总线被称为内部总线；而连接系统各部件间的总线称为外部总线，也称为系统总线。

按照总线上传输信息的不同，总线可以分为数据总线(DB)、地址总线(AB)和控制总线(CB)三种。

(1) 数据总线：用来传输数据信息，主要连接了 CPU 与各个部件，是它们之间交换信息的通路。数据总线是双向的，而具体的传送方向由 CPU 控制。

(2) 地址总线：用来传送地址信息。CPU 通过地址总线中传送的地址信息访问存储器。通常地址总线是单向的。同时，地址总线的宽度决定可以访问的存储器容量大小，如 20 条地址总线可以控制 1MB 的存储空间。

(3) 控制总线：用来传送控制信号，以协调各部件之间的操作。控制信号包括 CPU 对内存储器和接口电路的读写控制信号、中断响应信号，也包括其他部件传送给 CPU 的信号，如中断申请信号、准备就绪信号等。

2）接口

不同的外围设备与主机相连都必须根据不同的电气、机械标准，采用不同的接口来实现。主机与外围设备之间的信息通过两种接口传输：一种是串行接口，如鼠标；另一种是并行接口，如打印机。串行接口按机器字的二进制位，逐位传输信息，传输速度较慢，但准确率高；并行接口一次可以同时传输若干个二进制位的信息，传输速度比串行接口快。现在的微型机上都配备了串行接口和并行接口。

1.2.3 微型计算机的软件系统

1. 计算机软件的概念

计算机软件是相对硬件而言的，一般是指计算机程序和对该程序的功能、结构、设计思想以及使用方法等整套文字资料的说明(即文档)。软件也可以看做是在硬件基础上对硬件的完善和扩充。从对计算机影响的意义上来讲，软件和硬件的作用是一样的。

只有硬件而没有安装任何软件的计算机称为裸机，裸机在安装了各种软件之后才能为用户所使用。

2. 软件系统的分类

软件系统通常分为系统软件和应用软件两大类。系统软件一般是指计算机设计制造者提供的为使用和管理计算机而配备的软件，计算机运行这些软件，以便为其他程序建立良好的运行环境，从而提供可靠的运行结果。应用软件是程序设计人员为解决用户特定的问题而设计的程序或购买的程序，其功能在某一领域内较强，但运行时一般应在系统软件(如操作系统)的支持下运行。

系统软件包括操作系统、语言处理系统、常用服务程序和数据库管理系统等几部分。操作系统是管理和指挥计算机运行的一种大型软件系统。在操作系统外面的是能够翻译各种程序设计语言的语言处理系统。在操作系统、数据库管理系统和常用服务程序的支持下，用户可以用它来编制各种应用程序。

3. 系统软件

1）操作系统

操作系统是管理和控制计算机系统的软件、硬件和数据资源的大型程序，是用户和计算机之间的接口，它提供了软件开发和应用的环境。操作系统是最基本的系统软件，它直接运行在裸机(未安装任何软件的计算机)之上，是对计算机硬件系统的第一次扩充(详见第 2 章)。

2）计算机语言

计算机语言是人和计算机进行信息交流的媒介。所有的计算机都可以配有一种或多种计算机语言，按照与硬件的联系程度，可以将计算机语言分成两种，即低级语言和高级语言。低级语言主要有两种，即机器语言和汇编语言。

程序设计语言是人与计算机进行信息交换的一组符号构成的集合,它的外在体现是程序。程序设计语言从最低级的机器语言逐步发展到高级语言,并且在不断地发展之中。

(1) 机器语言。人和计算机打交道必须使用计算机指令系统的指令。指令是计算机能够识别的一般由二进制数码构成的集合,而这些指令的集合就是该计算机的机器语言,也就是计算机能理解的语言。计算机能直接识别和执行的程序是由机器语言编写的程序。

(2) 汇编语言。用机器语言编写程序的缺点是:难编、难记、难交流。于是人们用指令的助记符、符号地址、标号等符号来书写程序,这种书写程序的语言称为汇编语言。

汇编语言是程序设计自动化第一阶段的语言。它是低级语言,实际上它是机器语言的一种符号表示。其主要特点是可以使用符号来表示机器指令的操作码、地址码、常量和变量,程序员不必为程序(代码和数据)在存储器中的物理位置进行具体的安排。

(3) 高级语言。高级程序设计语言,非常接近人类的自然语言和数学语言,程序中所用的各种运算符号、运算表达式及运算规则和人们常用的数学公式和数学规则差不多。用高级语言编写的程序可读性好,表达直观,而且与具体的计算机设备无关,易于移植,提高了程序员的工作效率。

3) 语言处理系统

用汇编语言和高级语言编写的程序(称为源程序),计算机并不能直接识别,更不能直接执行,必须把这种程序翻译成计算机可以理解的机器语言程序(即目标程序),然后才可以让计算机执行。而承担这种翻译工作的就是语言处理系统。

语言处理系统一般可以分成三类:汇编程序、解释程序和编译程序。汇编程序是把用汇编语言编写的源程序翻译成机器语言程序。解释程序是把用交互会话式语言编写的源程序翻译成机器语言程序。编译程序是把用高级语言编写的源程序翻译成目标语言程序。

4) 数据库系统

数据库技术是当前发展最快、应用最广的一个领域。数据库系统由数据库、数据库管理系统和管理者构成。数据库技术体现了当代先进的数据管理方法,获得了社会的广泛认可,并使计算机应用真正渗透到国民经济各部门,在数据处理领域发挥越来越大的作用。

4. 应用软件

软件系统中应用软件种类很多,数量也很多,主要可以分为压缩和解压缩软件、下载软件、播放软件、翻译软件和杀毒软件等几大类,将在第 4 章对常见应用软件进行详细介绍。

1.2.4 微型计算机的主要技术指标

1. 字长

字长是指一台计算机所能处理的二进制代码的位数。微型计算机的字长直接影响到它的精度、功能和速度。字长越长,能表示的数值范围就越大,计算结果的有效位数也就越多;字长越长,能表示的信息就越多,机器的功能就更强。但是,字长又受到器件及制造工艺等的限制。目前常用的是 32 位和 64 位字长的微型计算机。人们通常所说的 32 位机、

64 位机就是指 CPU 可同时处理 32 位、64 位的二进制数据。在未来的计算机领域 64 位机将会占据主导地位。

2. 运算速度

运算速度是指计算机每秒钟所能执行的指令条数，一般用 MIPS(Million of Instructions Per Second，即每秒百万条指令)为单位。由于不同类型的指令执行时间长短不同，因而运算速度的计算方法也不同。

3. 主频

主频是指计算机 CPU 的时钟频率，它在很大程度上决定了计算机的运算速度。一般时钟频率越高，运算速度就越快。主频的单位一般是 GHz(吉赫)，如英特尔酷睿 2 双核处理器的主频为 3.5GHz。

4. 内存容量

内存容量是指内存储器中能够存储信息的总字节数，一般以 GB 为单位。内存容量反映了内存储器存储数据的能力。目前微型机中主流采用的内存容量为 2GB 或 4GB 等。有的微型机的内存可以达到 4GB 以上。

5. 外设配置

外设是指计算机的输入/输出设备以及外存储器，如键盘、显示器、打印机、磁盘驱动器、音箱、鼠标等。其中，键盘的质量反映在每一个按键的反应灵敏度与手感是否舒适；鼠标有机械式和光电式两种，现在以光电式鼠标作为主流；显示器有 CRT 和 LED 之分，现在以 LED 显示器作为主流；打印机有针式、喷墨和激光三种类型，现在以喷墨打印机和激光打印机最为常见。

6. 软件配置

软件配置包括操作系统、计算机语言、数据库管理系统、网络通信软件、汉字软件及其他各种应用软件等。由于目前微型机的种类很多，特别是兼容机种类繁多，因此在选购微型机时应以软件兼容比较好的微型机为主。一般微型机之间的兼容性包括接口、硬件总线、键盘形式、操作系统和 I/O 规范等方面。

以上只是微型机的一些主要性能指标。对于微型机的优劣不能根据一两项指标来评定，而是需要综合考虑经济合理、使用效率及性能价格比等多方面因素，以满足最终的应用需求为目的。

1.2.5 微型计算机的发展和特点

1971 年，美国的 Intel 公司成功地在一个芯片上实现了中央处理器的功能，研制了世界上第一片 4 位微处理器 MPU(microprocessing unit)，也称 Intel 4004，并由它组成了第一台微型计算机 MCS-4，由此揭开了微型计算机大普及的序幕。随后，许多公司，如 Motorola、Zilog 等也争相研制微处理器，相继推出了 8 位、16 位、32 位和 64 位微处理器。芯片内的主频和集成度也在不断提高,芯片的集成度几乎每 18 个月就提高一倍,而由它们构成的微型计算机在功能上也不断完善,这就是著名的摩尔定律。在计算机家族的发展中,微型计算机(Microcomputer)的出现较晚但发展却很快。随着计算机技术的发展,今天的微机性能已超过了早期的大型机。微型计算机的出现、发展与推广对当今社会的发展具有划时代的意义。

目前,世界上几家著名的微处理机芯片和制造厂商已开发和制造出 64 位结构的微处理机芯片,如 DEC 公司推出的 Alpha 21164 微处理机芯片,IBM、Motorola、Apple 三家公司联合推出的 Power-PC 体系结构的 64 位微处理机芯片,以及 Intel 公司正在开发的新一代 64 位微处理机芯片等。随着技术的不断发展,64 位计算机体系结构将逐渐取代 32 位体系结构。

随着社会信息化进程的加快,强大的计算能力对于每一个生活在现代化环境中的人来说都是必不可少的,移动办公将成为一种重要的办公方式。因此,一种比台式微机更小、更轻,并可随身携带的"便携机"应运而生,笔记本电脑就是典型产品之一。它具有适于移动和外出使用的优点,因此深受用户欢迎。

当前,PC 已渗透到各行各业和千家万户。它既可以用于日常信息处理,又可用于科学研究,并协助人脑思考问题。人们随身持一部"便携机",便可通过网络随时随地与世界上任何一个地方实现信息交流与通信。原来保存在桌面和书柜里的部分信息系统将存入随身携带的笔记本电脑中。人走到哪里,以个人机(特别是便携机)为核心的移动通信系统就跟到哪里,人类向着信息化的自由王国又迈进了一大步。

PC 的出现使得计算机真正面向人,真正成为大众化的信息处理工具。而 PC 机联网之后,用户又可以通过 PC 使用网络上的各种软硬件资源。

微型机具有一般计算机的特点,即运算速度快、计算精度高、程序控制、具有记忆和存储功能和逻辑判断功能。此外,还具有一般计算机无法相比的一些特点,它们是:线路设计先进、软件设计丰富、功能齐全、价格低、体积小、功耗低、可靠性高、操作方便,以及对环境要求不高等。

1.2.6 平板电脑与智能手机

1. 平板电脑

平板电脑(Tablet Personal Computer)是 PC 家族新增加的一名成员,其外观和笔记本电脑相似。但不是单纯的笔记本电脑,它可以被称为笔记本电脑的浓缩版。其外形介于笔记本电脑和掌上电脑(Pocket PC)之间,但其处理能力大于掌上电脑。比之笔记本电脑,它除了拥有其所有功能外,还支持手写输入或者语音输入,移动性和便携性都更胜一筹。平板电脑有两种规格,一种为专用手写板可外接键盘、屏幕等当做一般 PC 用;另一种为笔记型手写板,可像笔记本电脑一般开合。平板电脑是一种小型、方便携带的个人计算机,以触摸屏作为基本的输入设备。它拥有的触摸屏也称为数位板技术,允许用户通过触控笔或数字笔来进行作业,而不用传统的键盘或鼠标。平板电脑集移动商务、移动通信和移动娱乐为一体,具有手写识别和无线网络通信功能,被称为笔记本电脑的终结者。苹果的

iPad(见图1-11)和三星的Galaxy Tab等是其典型代表。它们分别使用iOS和Android操作系统。

2. 智能手机

智能手机(Smartphone),是指"像个人计算机一样,具有独立的操作系统,可以由用户自行安装软件、游戏等第三方服务商提供的程序,通过此类程序来不断对手机的功能进行扩充,并可以通过移动通信网络来实现无线网络接入的这样一类手机的总称"。

智能手机的诞生,是掌上电脑演变而来的。最早的掌上电脑是不具备手机的通话功能,随着用户对于掌上电脑的个人信息处理功能的依赖的提升,又不习惯于随时携带手机和PPC两个设备,所以厂商将掌上电脑的系统移植到了手机中,于是出现了智能手机。

自苹果公司2007年推出第一代iPhone,以及谷歌Android开源平台发布开始,世界智能手机市场格局发生了翻天覆地的变化。如今的"智能手机"市场格局十分稳定,基本被谷歌、苹果、三星牢牢掌控。特别是苹果公司,2012年推出的iPhone5(见图1-12)尤其令人关注。可以预见,未来手机市场的竞争一定会更加残酷和激烈。

图1-11 苹果公司的iPad4平板电脑　　图1-12 苹果公司的iPhone5手机

1.3 数据在计算机中的表示

计算机是处理信息的工具。日常生活中,人们往往要面对各种各样的信息,包括文本、数字、图片、声音等,这些数据在计算机中如何表示是本节内容要探讨的问题。计算机发展过程中,冯·诺依曼根据电子元件双稳工作的特点提出了二进制思想,并把这种思想应用到了EDVAC的设计中。二进制的"0"和"1"两个数码,可以采用电信号的两个状态(如电压的高低、脉冲的有无)进行表示。二进制的逻辑运算很容易实现,因此在后来的计算机体系结构中被广泛采用。现在的计算机都是基于二进制的。各种信息都必须转换成二进制的形式,才可以被计算机接受。也就是说,所有的信息在计算机中都转换成了"0"和"1"。

1.3.1 进位记数制及相互转换

人们习惯使用十进制进行计数，而现实生活中还有很多的计数制，如用于计算时间的六十进制，用于计算物品数量的十二进制等。这些进制都是为了满足人们的某种需要而产生的。在计算机内部，计算机只认识二进制数据，那么就需要对非二进制数据进行转换，下面来讨论相关的问题。

1. 进位计数制

所谓进位计数制，就是按进位的方法进行计数。在计算机中，常用的是二进制、八进制和十六进制等。

1）十进制数制

十进制数使用 0、1、2、3、4、5、6、7、8、9 十个有序的数字符号及一个小数点符号，并且是"逢十进一"，即各相邻位的"权"之比都固定为"10"。

权，指的是在进位计数制中，为了确定一个数位的实际数值必须乘上的因子。

例 1 888.88 这个十进制数中，其各位的权为：10^2　10^1　10^0　10^{-1}　10^{-2}

因此这个数可以写成：$888.88 = 8 \times 10^2 + 8 \times 10^1 + 8 \times 10^0 + 8 \times 10^{-1} + 8 \times 10^{-2}$

通常，将等式左边的表示称为十进制数的并列表示法或位置记数法，而将等式右边的表示称为多项式表示法或按权展开式。

一般地说，一个任意的十进制数可以表示为

$$(D)_{10} = (D_{n-1}D_{n-2}\cdots D_1D_0.D_{-1}D_{-2}\cdots D_{-m})_{10}$$
$$= D_{n-1} \times 10^{n-1} + D_{n-2} \times 10^{n-2} + \cdots + D_1 \times 10^1 + D_0 \times 10^0 + D_{-1} \times 10^{-1} + D_{-2} \times 10^{-2} + \cdots + D_{-m} \times 10^{-m}$$
$$= \sum_{i=-m}^{n-1} D_i \times 10^i$$

其中，n 为整数部分的位数，m 为小数部分的位数，D_i 为第 i 位的数码，可以是 0～9 十个数字符号中的任何一个。

2）二进制数制

一个二进制数具有两个不同的数字符号 0 和 1 及一个小数点符号，并且是"逢二进一"，各相邻位的"权"之比为"2"。

例 2 二进制数 1111.11 各位的权为：2^3　2^2　2^1　2^0　2^{-1}　2^{-2}

这个二进制数的值可以用它的按权展开式来表示，即

$$(1111.11)_2 = 1 \times 2^3 + 1 \times 2^2 + 1 \times 2^1 + 1 \times 2^0 + 1 \times 2^{-1} + 1 \times 2^{-2} = (15.75)_{10}$$

与十进制数一样，一个任意的二进制数可表示为

$$(B)_2 = (B_{n-1}B_{n-2}\cdots B_1B_0 . B_{-1}B_{-2}\cdots B_{-m})_2$$
$$= B_{n-1} \times 2^{n-1} + B_{n-2} \times 2^{n-2} + \cdots + B_1 \times 2^1 + B_0 \times 2^0 + B_{-1} \times 2^{-1} + B_{-2} \times 2^{-2} + \cdots + B_{-m} \times 2^{-m}$$
$$= \sum_{i=-m}^{n-1} B_i \times 2^i$$

其中，n 为整数部分的位数，m 为小数部分的位数，B_i 为第 i 位的数码，其值只能为 0 或者 1。

3) 十六进制数制

十六进制计数制中，数码用 0、1、2、3、4、5、6、7、8、9、A、B、C、D、E、F 表示，基数为 16，是"逢十六进一"的计数制，各数位的权是以 16 为底的幂。

例 3　$(56EA)_{16}=5\times16^3+6\times16^2+14\times16^1+10\times16^0=(22250)_{10}$

$(356.25)_{16}=3\times16^2+5\times16^1+6\times16^0+2\times16^{-1}+5\times16^{-2}$

$=(854.14453125)_{10}$

十六进制数是计算机中常用的一种计数方法，以弥补二进制数书写位数长的不足。

除上述三种计数制外，计算机中还用到八进制数，其规定与上述类似。

由上述讨论可见，进位计数制有如下特点：

（1）某种进位制中有序数字符号的个数就是其基数。例如，十进制数有 0～9 十个数字符号，基数为 10；二进制数有 0 和 1 两个数字符号，基数为 2。

（2）这些数字符号是有序的。例如，十进制为 0～9，二进制为 0 和 1。

（3）每个数字符号依据它在数中所处的位置，乘以该位的权，就是它所表示的数值。

（4）进位时"逢基数进一"。例如，十进制"逢十进一"，二进制"逢二进一"。

2. 数制间的转换

同一个数在不同的进位制中表示的形式是不同的。由于各种进位制都有自己的特点，在实际使用中，同一个数有时需要以这种数制表示，有时则需要以另一种数制表示，这就需要将数在不同数制间进行转换。将一个数从一种进位计数制表示转换成另一种进位计数制表示，就称为数制转换。

1) 非十进制数转换为十进制数

非十进制数转换成十进制数方法是采用按权展开成多项式，然后求和的方法，这种方法也称为多项式替代法。

例 4　$(1001.11)_2=1\times2^3+0\times2^2+0\times2^1+1\times2^0+1\times2^{-1}+1\times2^{-2}$

$=8+1+0.5+0.25=(9.75)_{10}$

例 5　$(1CB.D8)_{16}=1\times16^2+12\times16^1+11\times16^0+13\times16^{-1}+8\times16^{-2}$

$=256+192+11+0.8125+0.03125=(459.84375)_{10}$

2) 十进制数转换为非十进制数

十进制数转换为非十进制数，要把整数部分和小数部分分别转换，然后再相加即可。

（1）整数部分的转换——基数除法。

这种方法是用要转换成的进制的基数不断地去除被转换的十进制数，直至商为 0。然后将所得的各次余数，以最后余数为最高数位，依次排列，就是转换的结果。

例 6　把十进制数 215 转换成二进制数，十进制数 58506 转换成十六进制数。其计算过程分别为

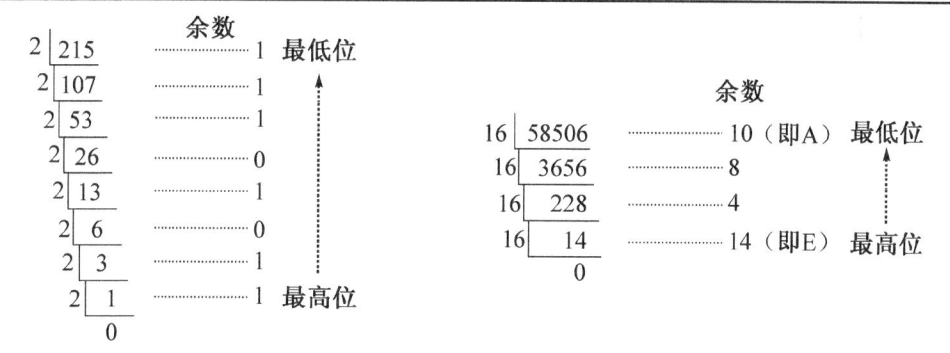

```
 2 | 215                  余数
 2 | 107  ············· 1    最低位
 2 |  53  ············· 1         ↑
 2 |  26  ············· 1         |
 2 |  13  ············· 0         |
 2 |   6  ············· 1         |
 2 |   3  ············· 0         |
 2 |   1  ············· 1         |
     0                ············· 1    最高位
```
```
                            余数
 16 | 58506  ············· 10（即A）  最低位
 16 |  3656  ············· 8              ↑
 16 |   228  ············· 4              |
 16 |    14  ············· 14（即E） 最高位
         0
```

所以：$(215)_{10}=(11010111)_2$　　　　　$(58506)_{10}=(E48A)_{16}$

（2）小数部分的转换——基数乘法

这种方法是用需要转换成的进制的基数不断地去乘被转换的十进制小数，直至满足所要求的精确度或小数部分等于 0 为止。把每次乘积的整数部分，以最初整数为最高位，依次排列，就是要转换的结果。

例 7　把十进制数 0.75 转换成二进制数为

```
                              0.75
         整数        ×          2
最高位     1     ············  1.50
                              0.50
                     ×          2
最低位     1     ············  1.00
```

所以：$(0.75)_{10}=(0.11)_2$

对于既有整数部分又有小数部分的十进制数，要将整数部分和小数部分分别转换，中间用小数点连接即可。

这种基数乘除法，同样适用于十进制数转换为其他任何进制数。

3）二进制数转换为八进制数或十六进制数

由于二进制与八进制、十六进制本身的特点，它们间的转换十分方便。八进制共有 0、1、2、3、4、5、6、7 八个数字符号，基数为 8。十六进制共有 0、1、2、3、4、5、6、7、8、9、A、B、C、D、E、F 十六个数字符号，基数为 16。二进制数基数 $2=2^1$，八进制数基数 $8=2^3$，而十六进制数基数 $16=2^4$，所以每位八进制数可以直接写成 3 位二进制数的形式，而每位十六进制数同样可以直接写成 4 位二进制数的形式，反之亦然。

转换方法是：从小数点开始，向左或向右每 3 位或 4 位二进制数分成一组(不足的，整数部分高位补 0，小数部分低位补 0)，然后按对应位置写出每组二进制数等值的八进制数或十六进制数及对应的小数点即可。

例 8　二进制数 1101101110.0111 转换为八进制数为

　　　　001　101　101　110 . 011　100
　　　　　1　　5　　5　　6 . 3　　4

所以：$(1101101110.0111)_2=(1556.34)_8$

例 9　二进制数 11011011110.0111 转换为十六进制数为

```
    0110  1101  1110 . 0111
      6     D     E  .  7
```

所以：$(11011011110.0111)_2 = (6DE.7)_{16}$

4) 八进制数或十六进制数转换为二进制数

转换方法是：将每位八进制数或十六进制数用 3 位或 4 位二进制数代替即可（小数点不动）。

例 10 八进制数 245.27 转换为二进制数为

```
   2    4    5  .  2    7
  010  100  101 . 010  111
```

所以：$(245.27)_8 = (10100101.010111)_2$

例 11 十六进制数 3AB.4C 转换为二进制数为

```
   3     A     B   .  4     C
  0011  1010  1011 . 0100  1100
```

所以：$(3AB.4C)_{16} = (1110101011.010011)_2$

各种进制数对照表如表 1-1 所示。

表 1-1　各种进制数对照表

十进制数	八进制数	十六进制数	二进制数
0	0	0	0000
1	1	1	0001
2	2	2	0010
3	3	3	0011
4	4	4	0100
5	5	5	0101
6	6	6	0110
7	7	7	0111
8	10	8	1000
9	11	9	1001
10	12	A	1010
11	13	B	1011
12	14	C	1100
13	15	D	1101
14	16	E	1110
15	17	F	1111
16	20	10	10000

3．二进制数的运算

二进制数可以进行算术运算和逻辑运算两种，下面对这两种运算方法分别进行讨论。

1）算术运算

由于二进制数只有 0 和 1 两个数码，算术运算的规则十分简单。

(1) 二进制加法。

二进制加法的规则为

0+0=0　　　　　　　　　　　　1+0=1

0+1=1　　　　　　　　　　　　1+1=10=0(有进位)

例 12　若有两个 8 位数 10011010 和 00111010 相加,则加法过程如下:

```
    111 1      ——————— 进位
    10011010   ——————— 被加数
  + 00111010   ——————— 加数
    11010100   ——————— 和
```

可见,两个二进制数相加时,每一位都有三个数(相加的两个数以及低位产生的进位)参加运算,得到本位的和以及向高位的进位。

(2) 二进制减法。

二进制减法的运算规则为

0−0=0　　　　　　　　　　　　1−1=0

1−0=1　　　　　　　　　　　　0−1=1(有借位)

例 13　若有两个 8 位数 11001100 和 00100101 相减,则减法过程如下:

```
    1   111    ——————— 借位
    11001100   ——————— 被减数
  − 00100101   ——————— 减数
    10100111   ——————— 差
```

与加法类似,每一位也有三个数(本位的被减数、减数以及低位的借位)参加运算,得到本位的差及所产生的借位。

(3) 二进制乘法。

二进制乘法的运算规则为

0×0=0　　　　　　　　　　　　1×0=0

0×1=0　　　　　　　　　　　　1×1=1

例 14　二进制 1101 与 1010 相乘,相乘过程如下:

```
       1101     ——————— 被乘数
    ×  1010     ——————— 乘数
       0000
       1101
       0000
    +  1101
    10000010    ——————— 乘积
```

在乘法运算时,用乘数的每一位去乘被乘数,乘得的中间结果的最低有效位与相应的乘数位对齐。若乘数位为 1，则中间结果即为被乘数；若乘数位为 0，则中间结果为 0。然后把各部分积相加，得到最后乘积。在计算机内进行乘法运算，一般是由"加法"和"移位"两种操作来实现的。

(4) 二进制除法

除法是乘法的逆运算。与十进制类似，从除数的最高位开始检查，并定出需要超过除数的位数。找到这个位时商记 1，并用选定的被除数减除数。然后把被除数的下一位移到余数上。若余数不够减，则商记 0，然后把被除数的再下一位移到余数上；若余数够减除数，则商为 1，余数去减除数，这样反复进行，直至全部被除数的位都下移完为止。

例 15 二进制 100011 除以 101，相除过程如下：

```
                    000111 ………… 商
   除数 ……… 101 ) 100011 ………… 被除数
                    101
                    111
                    101
                     101
                     101
                       0
```

2) 逻辑运算

(1) 逻辑代数和逻辑变量。

逻辑代数是一种二值代数。它和普通代数一样，用字母 A、B、C、…、Z 等来代表变量(简称逻辑变量)，但它们的取值只有 0 和 1 两种。在逻辑代数中，"数"并不表示数量的大小，只代表所要研究的问题的两种可能性(或两种稳定的物理状态)，如电压的高与低，二极管的导通与截止等。

(2) 基本的逻辑运算。

逻辑变量之间的运算称为逻辑运算。它包括三种基本运算：逻辑加法(或运算)、逻辑乘法(与运算)和逻辑否定(非运算)。由这三种基本运算还可导出其他的逻辑运算，如异或运算、同或运算、或非运算等。

下面介绍 4 种逻辑运算：与运算、或运算、非运算和异或运算。

与运算也叫逻辑乘法、逻辑积。通常用符号·、∧或∩表示。运算规则为：

0·0=0　读作 0 "与" 0 等于 0　　　1·0=0　读作 1 "与" 0 等于 0
0·1=0　读作 0 "与" 1 等于 0　　　1·1=1　读作 1 "与" 1 等于 1

逻辑乘法的运算规则尽管与普通算术乘法运算规则相同，但根本含义则完全不同。它表示只有参加运算的逻辑变量都同时取值为 1 时，其逻辑乘积才等于 1。

或运算也叫逻辑加法、逻辑和。其符号是+、∨或∪。运算规则为：

0+0=0　读作 0 "或" 0 等于 0　　　1+0=1　读作 1 "或" 0 等于 1
0+1=1　读作 0 "或" 1 等于 1　　　1+1=1　读作 1 "或" 1 等于 1

逻辑加法运算规则与算术加法不同。在给定的逻辑变量中，只要有一个运算对象为 1，或运算的结果就为 1。

非运算又称逻辑否定。其表示方法是在逻辑变量上方加一横线。运算规则为：

$\overline{0}=1$ 读作 0 的"非"等于 1　　　　　　$\overline{1}=0$ 读作 1 的"非"等于 0

异或运算常用 ⊕ 符号表示。运算规则为：

0⊕0=0 读作 0"异或"0 等于 0　　　　1⊕0=1 读作 1"异或"0 等于 1

0⊕1=1 读作 0"异或"1 等于 1　　　　1⊕1=0 读作 1"异或"1 等于 0

在给定的两个逻辑变量中，只有当两个逻辑变量不同时，异或运算的结果才为 1。

这里要特别提醒注意的是，当两个多位的逻辑变量之间进行逻辑运算时，只在对应位之间按上述规则进行运算，不同位之间不发生任何关系，没有算术运算中的进位或借位问题。

例 16　对 10101111 及 11000010 两数进行与、或、异或以及非运算。

与运算　　　　　　　　　　　　　异或运算

10101111　　　　　　　　　　　　10101111

∧ 11000010　　　　　　　　　　　⊕ 11000010

10000010　　　　　　　　　　　　01101101

或运算　　　　　　　　　　　　　非运算

10101111　　　　　　　　　　　　10101111 非等于 01010000

∨ 11000010　　　　　　　　　　　11000010 非等于 00111101

11101111

1.3.2　数据在计算机中的表示

计算机要处理的数据除了数值数据以外，还有各类符号、图形、图像和声音等非数值数据。而计算机只能识别二进制。要使计算机能处理这些信息，首先必须将各类信息转换成 0 和 1 表示的代码，这一过程称为编码。

1. 字母与字符的编码

如前所述，字母和各种字符在计算机中也必须采用一种二进制编码来表示。当前使用最普遍的是 ASCII 码(American Standard Code for Information Interchange，美国标准信息交换码)，ASCII 码被国际化标准组织(ISO)确定为世界通用的国际标准。

ASCII 码有 7 位版本和 8 位版本两种。

1) 7 位 ASCII 码

ASCII 码是国际上通用的字符编码，它是用 7 位二进制数表示字符的一种编码。7 位 ASCII 码可以表示 2^7 即 128 个字符，如表 1-2 所示。ASCII 码字符集包括图形字符和控制字符两大类。图形字符包括数字、字母、运算符号、语句符号和商用标记等，如 0~9，a~z，A~Z；而每个字符都用 7 位二进制数来表示，其排列次序为 $d_6d_5d_4d_3d_2d_1d_0$，d_6 为高位，d_0 为低位。而 NUL、DLE、SP 等属于控制字符。一个字符在计算机内实际是用 8 位表示。正常情况下，最高一位 d_7 为 0，在需要奇偶校验时，这一位可用于存放奇偶校验的值，此时称这一位为校验位。

要确定某个字符的 ASCII 码，在表中可先查到它的位置，然后确定它所在位置的相应列和行，最后根据列确定高位码($d_6d_5d_4$)，根据行确定低位码($d_3d_2d_1d_0$)，把高位码与低位码合在一起就是该字符的 ASCII 码。一个 ASCII 码可用不同的进制数表示。例如，字母"A"的 ASCII 码 1000001，用十六进制表示为 $(41)_{16}$，用十进制表示为 $(65)_{10}$，那么字母"B"用十进制表示就为 $(66)_{10}$。英文字母的编码值满足正常的字母排序关系，且大、小英文字母编码的对应关系为，小写比大写字母值大 32。

表 1-2　7 位 ASCII 码

$d_3d_2d_1d_0$	$d_6d_5d_4$							
	000	001	010	011	100	101	110	111
0000	NUL	DLE	SP	0	@	P	`	p
0001	SOH	DC1	!	1	A	Q	a	q
0010	STX	DC2	"	2	B	R	b	r
0011	ETX	DC3	#	3	C	S	c	s
0100	EOT	DC4	$	4	D	T	d	t
0101	END	NAK	%	5	E	U	e	u
0110	ACK	SYN	&	6	F	V	f	v
0111	BEL	ETB	'	7	G	W	g	w
1000	BS	CAN	(	8	H	X	h	x
1001	HT	EM	)	9	I	Y	i	y
1010	LF	SUB	*	:	J	Z	j	z
1011	VT	ESC	+	;	K	[	k	{
1100	FF	FS	,	<	L	\	l	|
1101	CR	GS	-	=	M	]	m	}
1110	SO	RS	.	>	N	^	n	~
1111	SI	US	/	?	O	-	o	DEL

2）8 位 ASCII 码

使用 8 位二进制数进行编码，当最高位恒为 0 时，称为基本 ASCII 码（即 7 位 ASCII 码）。当最高位置为 1 时，形成扩充 ASCII 码，它表示数的范围为 128~255，可表示 128 种字符。各国都把扩充 ASCII 码作为自己国家语言字符的代码。

2. 十进制数的二进制编码

计算机中采用的二进制数容易实现并且可靠，运算规则十分简单，但是不直观，因此计算机在输入、输出时通常还是采用十进制数表示。但这个十进制数在计算机中要用二进制编码来表示。

十进制数共有 0~9 十个数码，任意 1 位十进制数至少需要 4 位二进制编码来表示。其表示方法很多，但常用的是 8421 码（即 BCD 码）。

8421 码选取的 4 位二进制数码是按照计数顺序从 0~9 的前 10 个状态与十进制数的 10 个数码一一对应。并且这 4 位二进制编码的各位仍保持一般二进制数位的权，从左至右各位依次的权为 8、4、2、1，故称 8421 码。因为它是十进制数，每一位又是用 4 位二进制编码来表示的，所以又称为二-十进制码（Binary Coded Decimal，BCD）。BCD 码比较直观，便于识别。

例如：(1000 0101 0010.0100 1001)$_{BCD}$

可以很方便地认出其十进制数为：852.49。

3. 汉字编码

汉字是象形文字，种类繁多，编码要比英语等拼音文字困难得多，而且在一个汉字处理系统中，输入(输入码)、内部处理(国标码、机内码、地址码)、输出(字形码)对汉字编码的要求不尽相同，需要进行一系列的汉字编码及转换。

1) 汉字国标码

根据对汉字的查频统计结果，1980年我国公布了《信息交换用汉字编码字符集——基本表》，代号 GB2312—80，简称国标码。其中共收录一、二级汉字 6763(3755+3008)个，各种其他字符 682 个。GB2312—80 将代码表分为 94 个区，对应第一字节；每个区 94 个位，对应第二字节，两个字节的值分别为区号值和位号值加 32(20H)，因此也称为区位码。01～09 区为符号、数字区，16～87 区为汉字区，10～15 区、88～94 区是有待进一步标准化的空白区。GB2312 将收录的汉字分成两级：第一级是常用汉字计 3755 个，置于 16～55 区，按汉语拼音字母/笔形顺序排列；第二级汉字是次常用汉字计 3008 个，置于 56～87 区，按部首/笔画顺序排列。故而 GB2312 最多能表示 6763 个汉字。GB2312—80 对字符和汉字的编码，如表 1-3 所示。

表 1-3 GB2312—80 国标码简表

	A1 01	A2 02	A3 03	…	AA 10	AB 11	…	AF 15	B0 16	B1 17	…	F9 89	FA 90	FB 91	FC 92	FD 93	FE 94
A1 01 … A9 09		、	。	…	— ⋮	～ ⋮	…	' ！	" 「	" 」	…	※ …	→	←	↑	-↓	＝
空区																	
B0 16 … D7 55	啊 住	阿 注	埃 祝	…	蔼 转	矮 撰	…	隘 庄	鞍 装	氨 妆	…	谤 座	苞	胞	包	褒	剥
D8 56 … F7 87	丌 鳌	丌 鲭	兀 鳎	…	丐 鳘	丏 鳙	…	丿 鳢	匕 靼	乇 鞅	…	忙 鼯	伈 鼴	伱 鼷	伕 魟	伏 魞	伣 鳀

由 87 行 94 列组成的表格把 6763 个汉字和 682 个字符按排列规则填入表中，表的行、列分别用代码表示，就构成了相应字(符号)的编码。表中左侧第 1 列的十六进制数与上面第 1 行的十六进制数，按左边的数在前、上面的数在后的规则，4 位数表示相应汉字的机内码，如"啊"的机内码是 B0A1。表中左侧第 2 列的十进制数与上面第 2 行的十进制数，按左边的数在前上面的数在后的规则，4 位数表示相应汉字的区位码，如"啊"的区位码是 1601。

国标码并不等于区位码，它是由区位码稍作转换得到，其转换方法为：先将十进制区码和位码转换为十六进制的区码和位码，这样就得了一个与国标码有一个相对位置差的代码，再将这个代码的第一个字节和第二个字节分别加上 20H，就得到国标码。如："保"字的国标码为 3123H，它是经过下面的转换得到的：1703D→1103H→+20H→3123H。国标码是汉字信息交换的标准编码，但因其前后字节的最高位为 0，与 ASCII 码发生冲突，如"保"

字，国标码为 31H 和 23H，而西文字符"1"和"#"的 ASCII 也为 31H 和 23H，现假如内存中有两个字节为 31H 和 23H，这到底是一个汉字，还是两个西文字符"1"和"#"于是就出现了二义性。显然，国标码是不可能在计算机内部直接采用的，于是汉字的机内码采用变形国标码，其变换方法为：将国标码的每个字节都加上 128，即将两个字节的最高位由 0 改 1，其余 7 位不变。例如，由上述知道，"保"字的国标码为 3123H，前字节为 00110001B，后字节为 00100011B，高位改 1 为 10110001B 和 10100011B 即为 B1A3H，因此，汉字"保"的机内码就是 B1A3H。

显然，汉字机内码的每个字节都大于 128，这就解决了与西文字符的 ASCII 码冲突的问题。如上所述，汉字输入码、区位码、国标码与机内码都是汉字的编码形式，它们之间有着千丝万缕的联系，但其间的区别也是不容忽视的。

2) 汉字输入码

汉字输入码也叫外码，是用来将汉字输入到计算机中的一组键盘符号。汉字输入方式主要有键盘输入、字形识别输入和语言输入三种，目前使用最多的仍是由键盘输入代码。具体输入的汉字代码(统称输入码或外码)，就是某种"输入法"的汉字代码。输入汉字之前，用户选定一种汉字输入法(即启动了一种汉字输入驱动程序)，计算机即可识别相应的输入码。

3) 汉字字形库和汉字库

字形码是汉字的输出码，输出汉字时都采用图形方式，无论汉字的笔画多少，每个汉字都可以写在同样大小的方块中。为了能准确地表达汉字的字形，对于每一个汉字都有相应的字形码，目前大多数汉字系统中都是以点阵的方式来存储和输出汉字的字形。所谓点阵，就是将字符(包括汉字图形)看成一个矩形框内一些横竖排列的点的集合，有笔画的位置用黑点表示，没笔画的位置用白点表示。在计算机中用一组二进制数表示点阵，用 0 表示白点，用 1 表示黑点。一般的汉字系统中汉字字形点阵有 16×16、24×24、48×48 几种，点阵越大对每个汉字的修饰作用就越强，打印质量也就越高。通常用 16×16 点阵来显示汉字，每一行上的 16 个点需用 2 字节表示，一个 16×16 点阵的汉字字形码需要 2×16=32 字节表示，这 32 字节中的信息是汉字的数字化信息，即汉字字模。

字模按构成字模的字体和点阵可分为宋体字模、楷体字模等，这些是基本字模。基本字模经过放大、缩小、反向、旋转等交换可以得到美术字体，如长体、扁体、粗体、细体等。汉字还可以分为简体和繁体两种，ASCII 字符也可分为半角字符和全角字符。汉字字模按国标码的顺序排列，以二进制文件形式存放在存储器中，构成汉字字模字库，亦称为汉字字形库，称汉字库。

4. 其他信息在计算机中的表示

1) 图形和静态图像

图形(Graphics)是指从点、线、面到三维空间的黑白或彩色几何图，也称矢量图。矢量图形的格式是一组描述点、线、面等几何图形的大小、形状及其位置、维数的指令集合。通过读取这些指令并将其转换为屏幕所显示的形状和颜色而生成图形的软件通常称为绘图程序。

静态图像(Still Image)是一个矩阵,其元素代表空间的一个点,称为像素点,这种图像也称位图。位图图像适合于表现层次和色彩比较丰富、包含大量细节的图像。彩色图像需由硬件(显示卡)合成显示。由像素矩阵组成的图像可用绘制位图的软件(如画笔)获得,也可用彩色扫描仪扫描照片或图片来获得,还可用摄像机、数码相机拍摄或帧捕捉设备获得数字化帧画面。

对图像可以进行改变尺寸、编辑修改、调节调色板等处理,还可以用相应的图像软件对图像进行各种各样的编辑设置。常用图像文件的格式有 BMP、GIF、JPEG、WMF、PNG 等。

2) 音频

音频(Audio)除音乐、语音外,还包括各种音响效果。将音频信号集成到多媒体中,可提供其他任何媒体不能取代的效果,不仅可以烘托气氛,而且可以增加活力。

声音通常用一种模拟的连续波形表示。波形描述了空气的振动,波形最高点(或最低点)与基线间的距离为振幅,振幅表示声音的强度。波形中两个连续波峰间的距离称为周期。波形频率由 1s 内出现的周期数决定,若每秒 1000 个周期,则频率为 1kHz。通过采样可将声音的模拟信号数字化,即在捕捉声音时,要以固定的时间间隔对波形进行离散采样。

采样后的声音以文件方式存储后,就可以进行声音处理了。对声音的处理,主要是编辑声音、存储声音和声音格式之间的转换。计算机音频技术主要包括声音采集、无失真数字化、压缩/解压缩及声音的播放。常用的声音文件的格式主要有 WAV、MIDI、MP3 等。

3) 视频

视频(Video)是图像数据的一种,若干有联系的图像数据连续播放便形成了视频。计算机视频是数字信息。计算机视频图像可来自摄像机等视频信号源的影像,这些视频图像使多媒体应用系统功能更强、更精彩。但由于上述视频信号的输出大多是标准的彩色电视信号,要将其输入到计算机中,不仅要有视频信号的捕捉,实现其由模拟信号向数字信号的转换,还要有压缩和解压缩及播放的相应软硬件处理设备的配合。常用视频文件的格式有 AVI、MOV、MPEG、DAT 等。

4) 动画

动画(Animation)与运动着的图像有关,实质是一幅幅静态图像的连续播放,特别适于描述与运动有关的过程,便于直观有效地理解。

动画的连续播放既指时间上的连续,也指图像内容上的连续,即播放的相邻两幅图像之间内容相差不大。动画压缩和快速播放也是动画技术要解决的重要问题,其处理方法有多种。用计算机设计动画的方法有两种:一种是造型动画,一种是帧动画。造型动画是对每一个运动的物体(也叫动元)分别进行设计,赋予每个动元一些特征,如大小、形状、颜色等,然后用这些动元构成完整的帧画面。造型动画每帧由图形、声音、文字、调色板等造型元素组成,而控制动画中每一帧中动元表演和行为是由制作表组成的脚本。帧动画则是由一幅幅位图组成的连续画面,就像电影胶片或视频画面一样,要分别设计每屏显示的画面。

1.3.3 数据的单位

计算机中数据的常用单位有位(bit)、字节(Byte)和字(Word),下面分别介绍这三个概念。

1. 位

位(即数位)是计算机中最小的数据单位。计算机中最直接、最基本的操作就是对位的操作。二进制中,每1位的状态可能是0或1,所以1位只能表示两种状态,2位就可表示四种状态(00,01,10,11),位越多能表示的状态(代表的符号)就越多。

2. 字节

为了表示计算机中的所有字符(字母、数字及专用符号,有128~256个),需要用7~8位二进制数,因此人们选定8位为1字节,即1字节由8个二进制数位组成。字节是计算机中用来表示存储空间大小的最基本的容量单位。例如,计算机的内存容量、硬盘的存储容量等都是以字节为单位表示的。

存储空间容量的单位除用字节(Byte,简记为B)表示外,还可以用千字节(KB)、兆字节(MB)及吉字节(GB)等表示。它们之间的换算关系如下:

$$1KB=2^{10} B=1024 B$$
$$1MB=2^{10}KB=1024KB=2^{20}B$$
$$1GB=2^{10}MB=1024MB=2^{30}B$$
$$1TB=2^{10}GB=1024GB=2^{40} B$$

3. 字

字由若干字节构成(一般为字节的整数倍),如16位、32位、64位等。它是计算机进行数据处理和运算的单位。字长是计算机性能的重要标志,不同档次的计算机有不同的字长。

习　　题

1. 填空题

(1) 内部存储器由_____、_____和_____三部分组成。

(2) 计算机软件是指_____。

(3) 常用的语言处理程序有_____、_____和_____。

(4) 10MB 等于_____KB,又等于_____字节。

(5) 任何十进制整数可用_____法转换成二进制整数,十进制小数可用_____法转换二进制小数。

2. 选择题

(1) 十进制数 28.625 的二进制数为(　　)。

① 00101000.1010　　② 101000.101　　③ 00011100.1010　　④ 11101.101

(2) 十进制数 28.625 的十六进制数为(　　)。

① A. 112.10　　② B. 1C.A　　③ C. 1C.5　　④ D. 112.5

(3) 二进制数 11101.010 的十六进制数为(　　)。

① 1D.4　　② 1D.2　　③ 1D.1　　④ 1D.01

(4) 十六进制数 2B.C 的二进制数为（　　）。
　　① 10001011.11　　② 101011.11　　③ 101011.0011　　④ 10001011.0011
(5) 二进制数 11101.010 的十进制数为（　　）。
　　① 31.25　　② 29.75　　③ 29.5　　④ 29.25
(6) 1 字节包含的二进制位数是（　　）。
　　① 8 位　　② 16 位　　③ 32 位　　④ 256 位
(7) 计算机指令的集合称为（　　）。
　　① 机器语言　　② 软件　　③ 程序　　④ 计算机语言
(8) 计算机能直接识别的程序是（　　）。
　　① 源程序　　② 机器语言程序　　③ 汇编语言程序　　④ 低级语言程序
(9) 既是输入设备又是输出设备的是（　　）。
　　① 显示器　　② 打印机　　③ 键盘　　④ 硬磁盘
(10) 计算机的软件系统分为（　　）。
　　① 程序和数据　　② 工具软件和测试软件
　　③ 系统软件和应用软件　　④ 系统软件和测试软件
(11) 在计算机内部，一切信息存取、处理和传送的形式是（　　）。
　　① ASCII 码　　② 十进制　　③ 二进制　　④ 十六进制
(12) 计算机系统由两部分组成，硬件系统和（　　）。
　　① 主机　　② 软件系统　　③ 操作系统　　④ 应用系统
(13) CD-ROM 光盘片的存储容量大约是（　　）。
　　① 100MB　　② 380MB　　③ 1.2GB　　④ 650MB
(14) 裸机指的是（　　）的计算机。
　　① 有处理器无存储器　　② 有主机无外设
　　③ 有硬件无软件　　④ 有主存无辅存
(15) 计算机与一般计算装置的本质区别是它具有（　　）。
　　① 大容量和高速度　　② 自动控制功能
　　③ 程序控制功能　　④ 存储程序和程序控制功能

3. 简答题

(1) 简述计算机的发展历程。
(2) 计算机的应用主要体现在哪些方面？
(3) 计算机为什么要采用二进制进行工作？
(4) 简述计算机的组成。

第 2 章　计算机操作系统

计算机硬件组装完成以后，无法直接投入使用，必须安装软件，通过软件操作计算机。部署在计算机硬件上的第一层控制软件，即直接操纵和管理硬件资源的软件，称为操作系统(Operating System，OS)，它在计算机系统中的地位十分关键。作为一种软件，操作系统并不是一开始就存在的，而是随着计算机的发展而逐渐产生并不断成熟的。本章首先介绍计算机操作系统的基本概念，然后以微软(Microsoft)公司研制的、被广泛使用的操作系统软件——Windows 7 为例，介绍如何使用该软件操作计算机，完成一些常用的、基本的计算机操作任务。

2.1　计算机操作系统概述

计算机刚刚产生时，其主要功能是科学计算。那时的计算机并没有操作系统的概念，其硬件配置和软件管理的功能是面向专业领域的，对这些资源的管理主要靠科学家手工操作。随着计算机硬件设备集成度越来越高，种类越来越多样化以及软件配置越来越丰富，为了更好地管理这些硬件和软件资源，操作系统应运而生。

2.1.1　操作系统的概念

关于什么是计算机操作系统，来自维基百科的一个定义是：操作系统是一个管理计算机硬件资源，并为其他计算机软件提供通用服务的软件集合，是计算机系统中的重要系统软件，其他软件的运行均需要操作系统的支持。

操作系统利用一个或多个处理器硬件资源给系统用户提供一系列服务，同时代替用户管理辅助存储器、输入输出设备。由此可见，现代计算机的必备软件即操作系统，否则一切功能均无法实现。由于一方面需要管理不同厂商生产的各类硬件，另一方面要为面向各应用领域的应用软件提供统一的运行平台，同时也要为操作人员提供美观、友好的用户界面。操作系统是一种复杂的系统软件，设计难度非常高。但同时也是最基本、最重要的系统软件，它能够在用户和计算机硬件之间架起一座桥梁，一方面向用户提供友好的操作界面，另一方面向硬件管理复杂的各类设备，使之能够有序、协作完成用户提交的作业任务。如图 2-1 所示，操作系统向下管理计算机硬件资源，向上面对用户提供友好接口，使得用户可以更为方便地操作计算机。

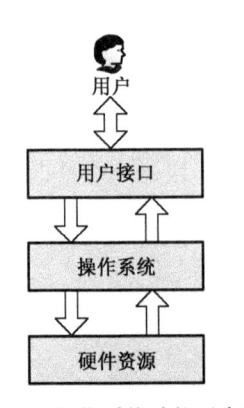

图 2-1　操作系统功能示意图

2.1.2 操作系统的功能

从引入操作系统的目的看,操作系统的主要功能是资源管理、程序控制和人机交互等。计算机系统的资源可分为设备资源(硬件资源)和信息资源(软件资源)两大类。设备资源指的是组成计算机的硬件设备,如中央处理器、存储器、显示器、键盘、鼠标、打印机、扫描仪等。信息资源指的是存放于计算机内的各种数据和程序,如文件、程序库、知识库、系统软件和应用软件等。操作系统的主要功能如下。

1. 资源管理

操作系统根据用户需求按一定的策略来进行分配和调度计算机系统的设备资源和信息资源,从而达到对计算机系统资源的管理。可将资源管理分为四个方面:中央处理器管理、存储器管理、外部设备管理、文件管理。

1) 中央处理器管理

中央处理器管理也称中央处理器调度,是操作系统进行资源管理的一个重要内容。中央处理器是计算机系统中最重要的设备资源,也是系统中竞争最为激烈的资源。因为任何程序只有占有中央处理器后才能运行。中央处理器管理就是合理地把中央处理器分配给各个程序,并及时处理程序在运行中遇到的各个事件,例如启动外部设备而暂时不能继续运行下去,或一个外部事件的发生等,操作系统就要处理相应的事件,然后将处理器重新分配,通过这样的管理来提高中央处理器的利用率。

2) 存储器管理

存储管理主要是对内部存储器进行分配、保护和扩充。计算机系统负责给程序和数据分配内存空间,以便程序执行,在程序执行结束后将它占用的内存空间收回供其他程序使用,做到一个程序在执行过程中不会有意或无意地破坏另外一个程序。对于提供虚拟存储的计算机系统,当用户作业所需要的内存量超过了计算机系统所提供的内存容量时,为用户提供一个容量比实际内存大得多的虚拟存储器。

3) 外部设备管理

外部设备管理主要是分配和回收外部设备,负责各种输入/输出设备与中央处理器、内存之间的数据传送,确保外部设备按用户程序的要求进行操作。对于非存储型外部设备,如打印机、显示器等,它们可以直接作为一个设备分配给一个用户程序,在使用完毕后回收以便给另一个需求的用户使用。对于存储型的外部设备,如磁盘、磁带等,则仅提供存储空间给用户,用来存放文件和数据。存储外部设备的管理与信息管理是密切结合的。

4) 文件管理

文件管理主要是向用户提供一个文件系统,使用户无须了解文件的位置和存取文件的过程,只要知道文件名,就可以对其进行读、写、删除、修改等操作。这种做法不仅便于用户使用而且还有利于用户共享公共数据。此外,由于文件建立时允许创建者规定使用权限,这样可以保证数据的安全性。

2. 程序控制

若用户用一种程序设计语言编写了一个能解决实际问题的程序,将该程序连同对它执行的要求输入到计算机内时,操作系统就需要根据要求控制这个用户程序的执行。程序控制是指在程序的执行过程中要求计算机系统所做工作的集合。操作系统控制用户程序的执行主要内容是:调入相应的编译程序,将源程序编译成计算机可执行的目标程序并分配内存等资源,同时将程序调入内存并启动,按用户指定的要求处理各种事件等。

3. 人机交互

人机交互是指为用户提供良好的操作环境,是决定计算机系统"友善性"的一个重要因素。人机交互功能主要靠具有输入输出功能的外部设备和相应的软件来完成。例如,键盘、鼠标、各种模式识别设备等。人机交互的主要作用是控制有关设备的运行,理解并执行人机交互设备传来的有关命令和要求。

2.1.3 操作系统的分类

操作系统的分类方法很多,按照功能进行划分,可以分为:实时操作系统、多用户操作系统、多任务操作系统、分布式操作系统、云操作系统、嵌入式操作系统。

(1) 实时操作系统。强调实时性,即安装在对实时性要求较高的设备上,需对环境条件做出即时反应,如导弹、航天器飞行控制、工业过程控制等。相对于其他操作系统来说,实时操作系统对操作指令的反馈时间有硬性要求,必须在规定的极短时间内响应,有些任务则要求必须马上响应,否则会有灾难性的后果。

(2) 多用户操作系统。顾名思义,支持多人同时操作计算机硬件的操作系统。需提供多人操作平台的接口,并对多人操作的情况设计高效的算法,保证系统具有良好的操作体验。多人操作要有透明性,即用户操作计算机时不会感到与其他人共用设备。这方面的代表是 UNIX 操作系统,这是一种典型的多用户操作系统。与其相对的是单用户操作系统,只允许一个人在同一时间操作计算机,如 Windows 操作系统的前身 DOS。

(3) 多任务操作系统。同一时刻允许运行多个任务的操作系统,如 Windows 7。这种操作系统允许用户在编辑文件的同时使用播放器听音乐、运行即时通讯软件(QQ 等)聊天、浏览网页等。在一个 CPU 的情况下执行多个任务,操作系统要管理好 CPU 资源,保证每个任务都能及时运行。

(4) 分布式操作系统。透明地管理分布在不同节点上的硬件和软件资源,是计算机操作系统发展的一个重要方向。特点是分布性、透明性。分布式操作系统的研制难度相当高,需要解决一些关键问题,如虽然用户是在使用分布在不同物理节点的多台计算机的资源完成某一项任务,但究竟使用了哪些计算机的哪种资源,这对于用户来说是透明的,即用户不知道底层运行的细节,感觉好像是在操作一台属于他自己的计算机。

(5) 云操作系统。云操作系统是一个新的软件类别,旨在将大型基础架构集合(CPU、存储、网络)作为一个无缝、灵活和动态的操作环境进行全面管理。云操作系统不同于传统操作系统的地方在于其基于云计算技术,管理大规模的 CPU、存储器及网络硬件资源,按需、透明地向远程用户提供操作系统服务。这方面的软件有 VMware vSphere、Windows Azure、Chrome OS。

（6）嵌入式操作系统。是指运行在嵌入式设备上的操作系统。与其他操作系统的区别在于，这种操作系统是针对某种设备专门设计的，去掉了一些无用的功能。例如，在一些设备上，如果不需要网络功能，可以将操作系统中的网络功能部分去掉；如果不需要文件管理，则可以去掉文件管理功能。

2.1.4 典型操作系统概述

1. UNIX 操作系统

UNIX 最早版本由肯·汤普森(Kenneth Lane Thompson)和丹尼斯·里奇(Dennis Mac Alistair Ritchie)于 1969 年开发,通常安装在服务器上,面向多个用户提供多任务服务。UNIX 操作系统的版本众多，较为常见的 UNIX 分发版本有甲骨文(Oracle)公司的 Solaris、惠普(HP)公司的 HP-UX 以及 IBM 公司的 AIX。

2. Windows 操作系统

由微软公司开发出品的个人计算机操作系统，得到广泛的应用。本章所介绍的主要操作系统是 Windows 7，在此之前获得广泛流行的 Windows 操作系统版本有 Windows 95、Windows 98、Windows 2000、Windows XP、Windows Vista 等。截止到 2013 年，其最新版本为 Windows 8。

3. Linux 操作系统

Linux 是一种免费的、开源的计算机操作系统,它有很多不同的应用版本,如 Debian（及其派生版本 Ubuntu）、Fedora 和 openSUSE。Linux 可安装在各类计算设备上，应用范围非常广泛。

4. Mac OS

Mac OS 是安装在苹果公司生产的个人计算机上的专用操作系统，目前的最新版本是 Mac OS Mountain Lion。

2.2 Windows 7 操作系统概述

Windows 7 是微软公司针对个人计算机开发的操作系统，于 2009 年 7 月 22 日发布，并在 2009 年 10 月开始全球范围内的销售。Windows 7 操作系统是微软公司在吸取了其前任版本 Windows Vista 经验教训的基础上推出的一个重大更新版本，它融入了很多新的特性，运行更迅速，响应能力更强，操作更方便，同时，考虑到笔记本电脑的广泛应用，针对其特点做了优化设计。程序兼容性更好，并且具有更好的安全性。

2.2.1 Windows 7 操作系统的特点

Windows 7 操作系统具有一些新特点，主要包括几个方面。

1. 改进的触摸和手写识别功能

Windows 触控技术已被应用多年，但是功能有限，主要应用在支持触控的屏幕上（如 Tablet PC），在 Windows 7（仅适用于家庭高级版、专业版和旗舰版）中，首次支持多点触控技术。为了便于触控操作，"开始"菜单和任务栏都采用了加大显示、易于手指触摸的图标。同时，所有常用的 Windows 7 程序也支持触控技术，如"画图"程序。

手写识别功能提供了以下几方面的改进：
（1）支持新语言的手写识别、个性化以及文本预测；
（2）支持手写数学表达式；
（3）手写识别的个性化自定义字典；
（4）面向软件开发人员的新集成功能。

2. 更好的多核处理器支持

针对多核处理器的硬件环境提供了优化，以获取更好的应用性能。多核处理器已成为主流计算机的标准配置，和单核处理器相比较，具有更强的并行处理能力。相比广泛使用的 Windows XP 操作系统，Windows 7 改进了对多核处理器的支持，以更好体现多核处理器的优势。

3. 更好的启动性能

对启动过程进行了优化，使得启动速度加快，启动时间更加稳定。

4. 更高的安全性

对 Windows Vista 中的用户账户控制功能（UAC）进行了改进和优化，减少了病毒、木马对系统的危害，同时具有良好的用户操作体验。

对于计算机上保存的重要信息，Windows 7 提供较为全面的保护措施，确保用户数据不会被窃取、丢失和意外删除。Windows 7 高级版本支持 BitLocker 驱动器加密功能，保护磁盘上的数据未经授权不被访问。对于移动存储设备，Windows 7 高级版本提供的 BitLocker To Go 能够对其进行加密，防止设备丢失或被盗后里面的数据不会泄露。

5. 全新的 Windows 任务栏

相比较以往的 Windows 版本，Windows 7 具有更好操作体验的任务栏。用户可以将应用程序图标吸附到任务栏上，即使程序关闭，任务栏上依然会显示该程序的图标，方便用户快速启动、切换不同的应用程序。

Windows 7 的市场零售版本有家庭普通版、家庭高级版、专业版和旗舰版，这四种版本功能越来越强大，售价也越来越高。微软公司官方网站上提供这四种版本的售价和功能列表。家庭普通版售价最低，具有 Windows 7 的基本系统功能，能够满足一些常用的计算机管理任务，而旗舰版则囊括了全部系统功能，包括一些不常使用的高级功能，比较适合对系统管理有着特殊需求的应用场合。

2.2.2 Windows 7 操作系统的运行环境

Windows 7 对于计算机硬件的最低要求是：主频不低于 1GHz，字长为 32 位或 64 位的中央处理器(CPU)；容量不少于 1GB 内存(基于 32 位)或 2GB 内存(基于 64 位)；可用空间不少于 16GB 的硬盘空间(基于 32 位)或 20GB 硬盘空间(基于 64 位)。

1. Windows 7 对于多核处理器的支持

Windows 7 是专门为与多核处理器配合使用而设计的。32 位版本的 Windows 7 最多可支持 32 个处理器核，而 64 位版本最多可支持 256 个处理器核。

2. Windows 7 对于多个处理器的支持

商用服务器、工作站和其他高端计算机可以拥有多个物理处理器。Windows 7 专业版、旗舰版支持使用两个物理处理器，家庭普通版和家庭高级版只能识别一个物理处理器。

2.3 Windows 7 操作系统的界面及操作

与广泛使用的 Windows XP 操作系统相比较，Windows 7 具有全新的操作界面和更加友好的用户操作体验。使用 Windows 7 操作计算机，用户可以更方便、快捷地完成某些处理任务。一些常见的计算机操作在 Windows 7 中得到了改进。

2.3.1 桌面操作

桌面操作是 Windows 系统中常见的一些操作，能够帮助用户完成对计算机的一些基本设置。例如，设置分辨率、背景、主题等操作，如图 2-2 所示。

图 2-2 Windows 7 桌面

1. 设置分辨率

计算机显示器的分辨率是其性能的重要指标，含义是整个区域内包含的像素数目，分辨率越高，像素数量就越多，可视面积就越大，显示效果就越好。

在 Windows 7 中，设置分辨率的步骤如下：

（1）右键单击(以下简称右击)桌面空白处，在弹出的快捷菜单中选择"屏幕分辨率"命令；

（2）单击"分辨率"右边的下拉框，选择合适的分辨率；

（3）单击"确定"按钮(关闭窗口)或"应用"按钮(不关闭窗口)，完成操作。在这中间，会出现"是否要保留这些显示设置"的提示信息，单击"保留更改"按钮可确定新的分辨率。如果不想保留新设置的分辨率，单击"还原"按钮可恢复到设置前的分辨率，如图 2-3 所示。

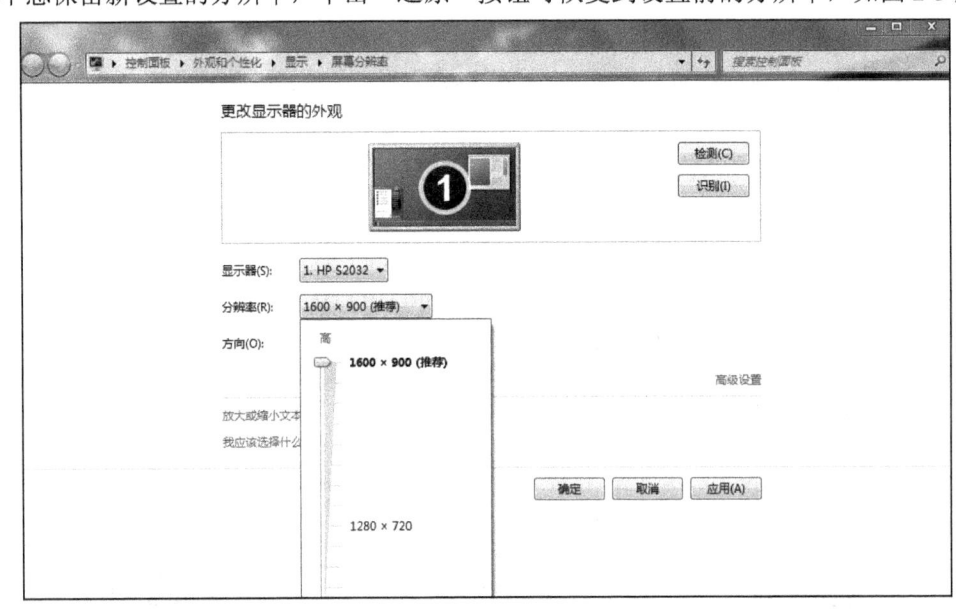

图 2-3 Windows 7 分辨率的设置

2. 设置桌面背景

桌面背景指的是桌面启动后，默认显示的背景图片。在 Windows 7 中，用户可以将其更改为指定的静态图片，或者指定为多张图片，然后以幻灯片放映的动态图片，操作步骤如下：

（1）单击"开始"菜单，选择"控制面板"→"更改桌面背景"命令，出现如图 2-4 所示的界面(或者右击桌面空白处，在弹出的快捷菜单中选择"个性化"→"桌面背景"命令)。

（2）在图 2-4 所示的窗口中，选择一幅图片，单击"保存修改"按钮，即可设置静态桌面背景；也可以同时选择多幅图片，设置幻灯片效果的桌面。

3. 设置桌面主题

桌面主题是关于桌面的综合设置。在 Windows 7 系统中，一个主题包含桌面背景、窗口颜色、声音及屏幕保护程序等设置。用户可以选择某一主题，一次性设置该主题所涵盖的系统设置，也可以在选择主题之后，对主题内包含的这四个方面单独设置。

图 2-4　Windows 7 桌面背景的设置

更改桌面主题的具体方法为：右击桌面空白处，在弹出的快捷菜单中选择"个性化"命令，在弹出的窗口选择指定的主题。

由图 2-5 可以看到，中间靠右的矩形区域中分为三部分，分别是：我的主题、Aero 主题、基本和高对比度主题。"我的主题"指目前系统所应用的主题；"Aero 主题"是 Windows 7 系统中设计的一种特效窗口样式，包括透明玻璃式界面及窗口活动部件等；"基本和高对比度主题"提供 Windows 7、Windows 经典以及高对比度的主题效果。

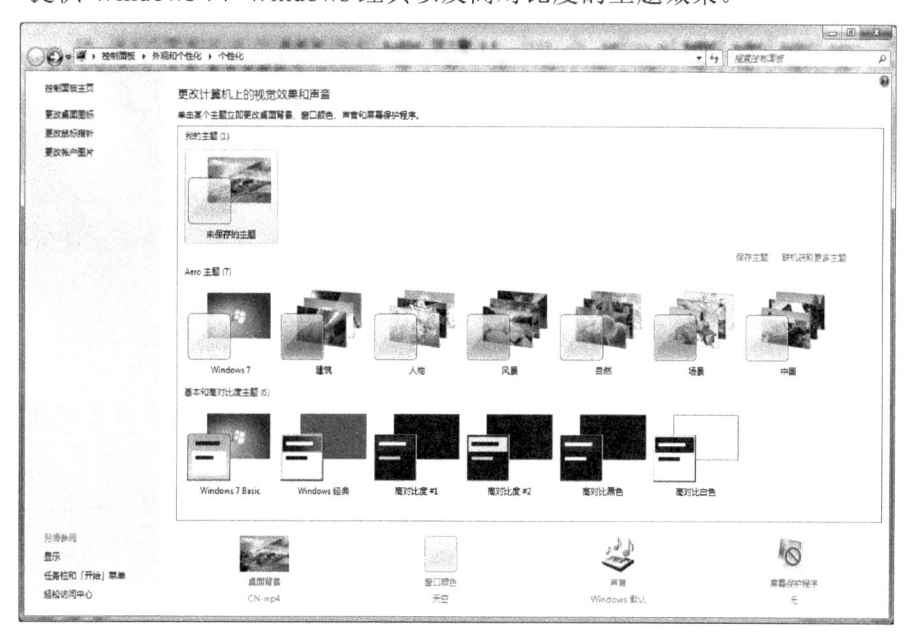

图 2-5　Windows 7 桌面主题的设置

如果想在选定主题后,对某方面(如桌面背景)进行更改,可在选定主题以后,单击窗口下部的选项来进一步设置。

关于主题的设置,另外一种方法是:单击"开始"菜单,进入"控制面板"窗口,单击"外观和个性化"区域内的"更改主题"选项,接下来的设置就跟上面的描述一样了。

4. 设置颜色与透明效果

Windows 7 可以控制桌面的颜色和透明效果,具体设置方法如下:

(1) 右击桌面空白区域,在弹出的快捷菜单中选择"个性化"命令;

(2) 选定主题后,单击窗口下边区域的"窗口颜色";

(3) 设置 Windows 7 中开始菜单、窗口标题和任务栏的颜色效果。在这个窗口中,可通过调整滑块设置颜色浓度。从图 2-6 中可以看到,窗口的标题栏具有透明效果,这是 Windows 7 中的窗口特效,如果想关闭这个特效,可以取消复选框的选中状态。

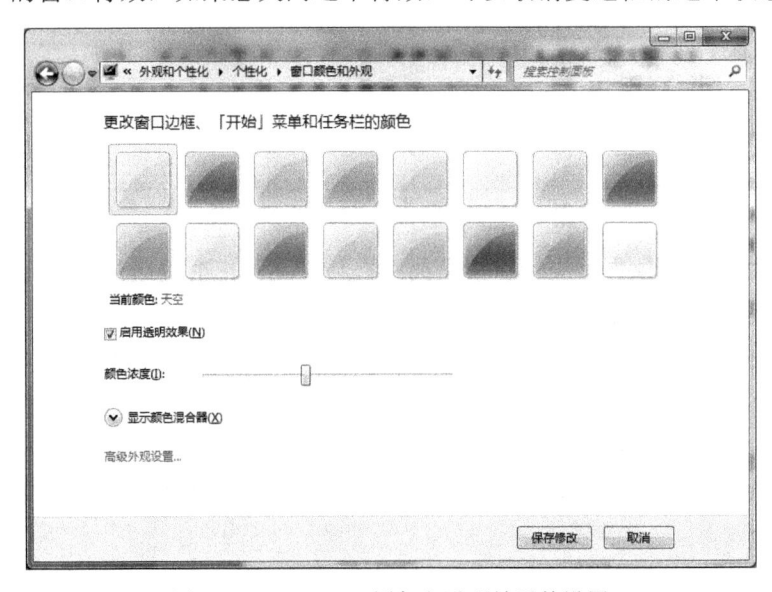

图 2-6　Windows 7 颜色和透明效果的设置

5. 设置屏幕保护程序和电源计划

屏幕保护程序指的是在计算机长时间不被使用后,在屏幕上启动动画,使得屏幕处于动态显示状态,以起到保护屏幕作用。设置屏幕保护程序的方法如下:

(1) 右击桌面空白处,在弹出的快捷菜单中选择"个性化"命令;

(2) 选定主题后,单击窗口下边区域的"屏幕保护程序"选项;

(3) 在图 2-7 的窗口中,选择某一个屏幕保护程序,单击"确定"或"应用"按钮即可完成操作。

注意:以上操作也可以通过"控制面板"窗口来完成:单击"开始"菜单,进入"控制面板"窗口,选择"外观和个性化"选项,单击"更改屏幕保护程序"命令。

图 2-7　Windows 7 屏幕保护程序的设置

Windows 7 中的电源计划设置包括这样几个常用的操作：计算机关闭显示器的时间、计算机进入睡眠状态(计算机显示器、硬盘、内存等均进入休眠状态，以便节省能源)的时间以及计算机电源按钮的功能。设置电源计划的方法如下：

(1) 打开图 2-7 所示的"屏幕保护程序设置"对话框，单击下方的"更改电源设置"链接，进入电源设置的窗口界面，然后在左边导航栏上单击"关闭显示器"或"使用计算机进入睡眠状态"，以便打开对这两个参数进行设置的窗口界面，如图 2-8 所示。

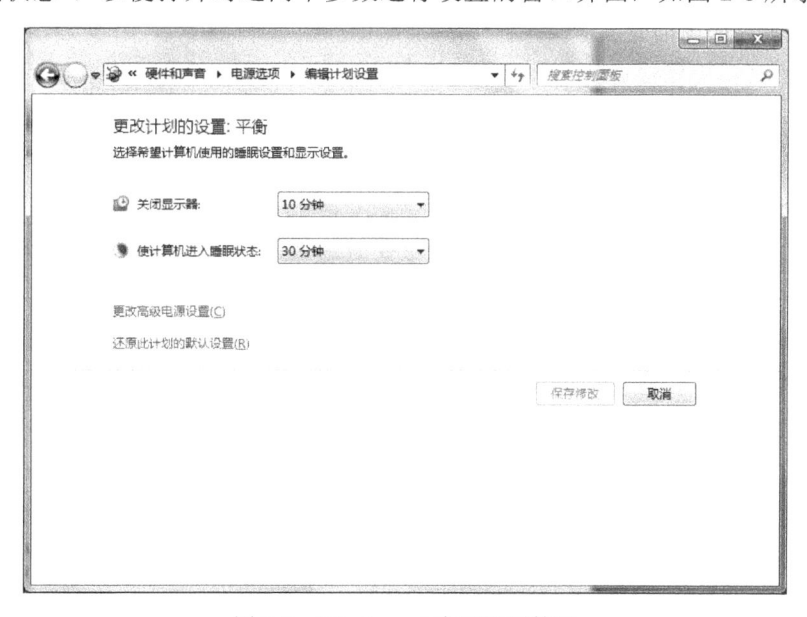

图 2-8　Windows 7 电源设置管理

(2) 对两个时间进行设置后，单击"保存修改"按钮，完成对关闭显示器和进入计算机休眠状态的时间设置。

此外，以上操作可以通过以下方法完成：单击"开始"菜单，进入"控制面板"窗口，单击"硬件和声音"选项后，进入设置界面，在"电源选项"中进行设置，如图2-9所示。

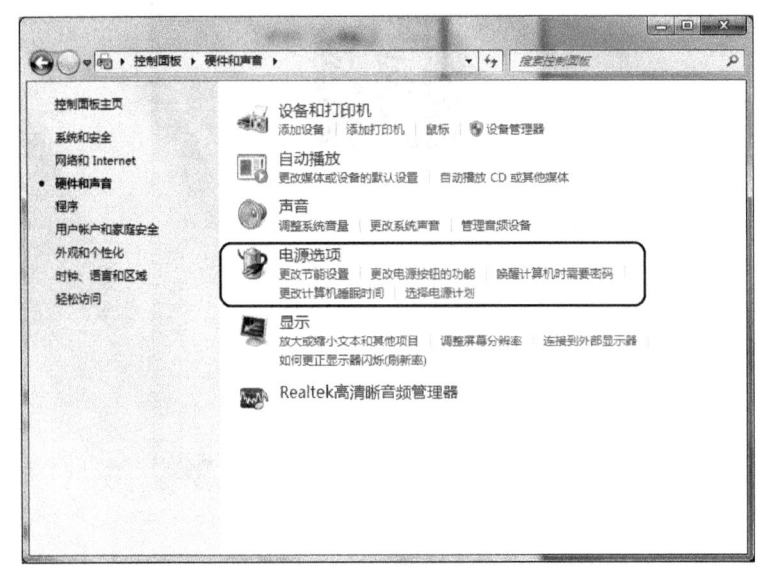

图2-9　Windows 7电源计划的设置

6. 设置鼠标特性

在Windows 7中，可以针对个人不同的鼠标操作习惯，对鼠标光标的移动速度、双击之间的时间间隔进行设置，具体方法为：右击桌面空白处，在弹出的快捷菜单中选择"个性化"命令，然后单击左侧"更改鼠标光标"命令。

关于鼠标的几个重要设置。

1) 切换主要和次要按钮

一般情况下，通过左键选中，右键调出快捷菜单。如果用户具有不同的操作习惯（如左手操作鼠标），则可以选中"切换主要和次要的按钮"复选框。

2) 双击速度

即连续两次单击之间的时间间隔多久可以认定为双击指令，通过调整图中滑块来设置。

3) 指针形状

更改系统中鼠标的形状，可以在"指针"选项卡中进行设置。

4) 鼠标移动速度和滑轮滚动速度的设置

分别在"指针选项"和"滑轮"选项卡中进行设置，如图2-10所示。

7. 设置系统声音

音量快捷设置的设置方法是，单击桌面右下角的扬声器图标，可滑动滑块快速设置系统的音量。

如果要更改系统的声音，则通过右击桌面空白处，在弹出的快捷菜单中单击"个性化"命令，单击"系统声音"选项（或者进入"控制面板"窗口，选择"外观和个性化"→"主题"选项，单击"系统声音"命令），如图2-11所示。

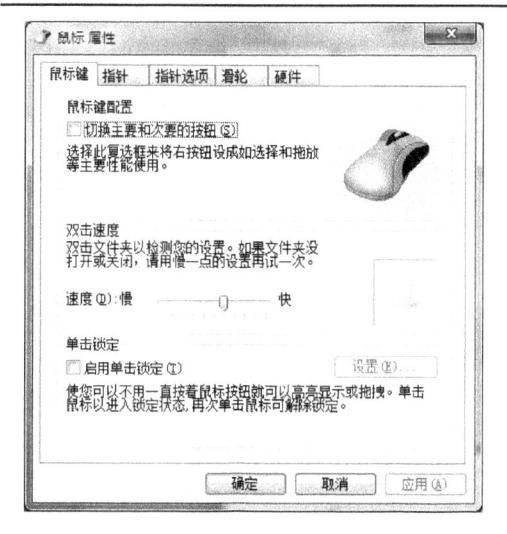

图 2-10 Windows 7 鼠标的设置   图 2-11 Windows 7 系统声音的设置

8. 设置系统日期和时间

Windows 7 的系统时钟可通过单击桌面右下角形似 的图标,然后在图 2-12 所示的窗口中对系统的日期和时间进行设置。

此外,用户可通过"控制面板"窗口进行日期和时间的设置,具体方法为:单击"开始"菜单,进入"控制面板"窗口,选择"时间、语言和区域"选项,如图 2-13 所示。

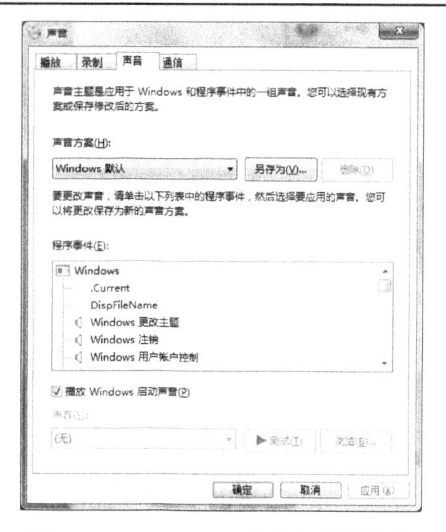

图 2-12 Windows 7 系统时间的设置

图 2-13 控制面板中系统时间的设置

9. 切换 Aero 3D 窗口

在 Windows 7 中,如果同时打开了多个应用程序窗口,可以通过按下 Windows+Tab 组合键,调出三维窗口切换的界面,方便用户在多个窗口中切换。每次按下 Windows+Tab 组合键,则显示下一个窗口为当前窗口,其效果如图 2-14 所示。

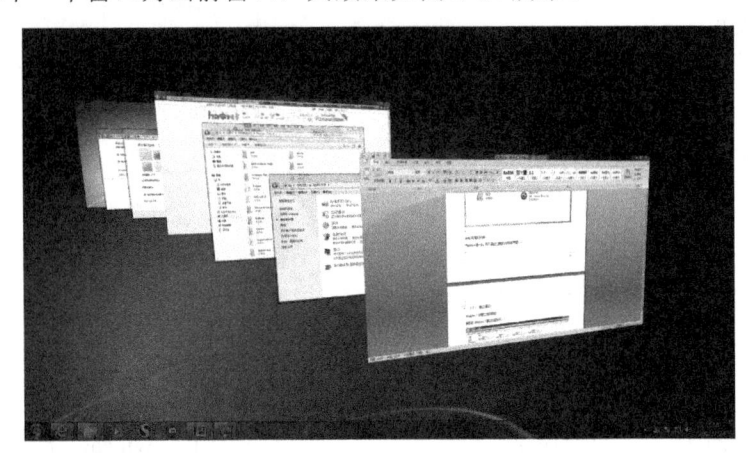

图 2-14 Windows 7 Aero 3D 窗口切换效果

10. 使用桌面小工具

Windows 7 的高级版本配备了桌面小工具,用户可将小工具放置在桌面的空白区域,以便直接进行相关操作。放置桌面小工具的方法为:右击桌面空白处,在弹出的快捷菜单中选择"小工具"命令,可在需要的小工具上面右击,在弹出的快捷菜单中选择"添加"命令,从而将小工具添加到桌面,如图 2-15 所示。

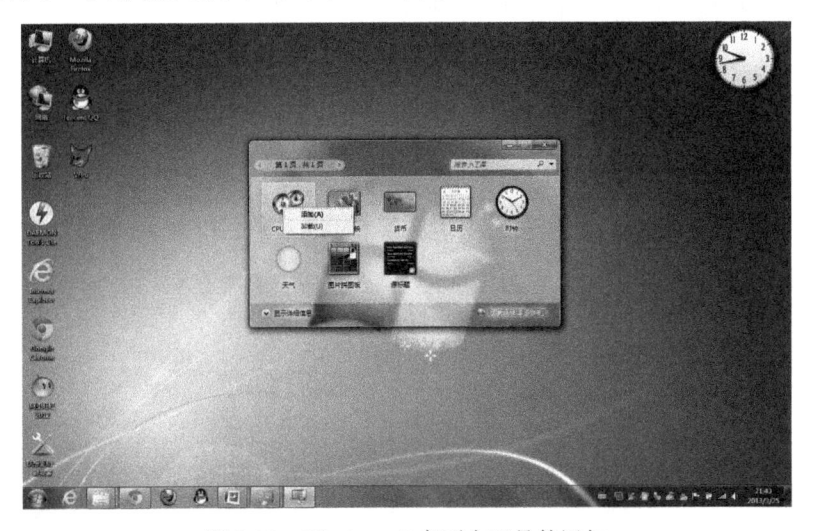

图 2-15 Windows 7 桌面小工具的添加

2.3.2 窗口操作

窗口操作是 Windows 7 系列操作系统的主要操作方式,相比较早期字符操作界面的操作系统而言,这种操作风格更加人性化,使得用户能够更方便地使用计算机。典型的 Windows 7 窗口如图 2-16 所示。

窗口由标题栏、常用菜单和工具栏、顶部导航栏、左侧导航栏、工作区和任务栏组成。

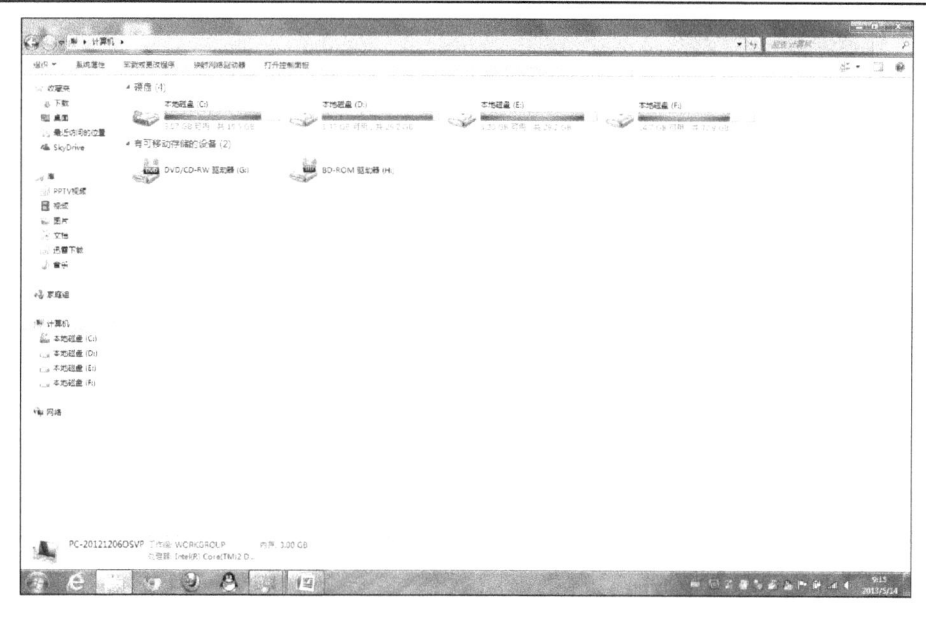

图 2-16　Windows 7 窗口

1. 标题栏

Windows 7 的标题栏主要显示的是右上角的控制按钮，即最小化、最大化(还原)和关闭按钮。

2. 常用菜单和工具栏

对于本窗口对应的一些常用操作，Windows 7 以图标方式显示在地址栏的下面，以便用户进行快捷操作。比如，打开计算机窗口以后，该位置对应的操作有：组织、系统属性、卸载或更改程序、映射网络驱动器和打开控制面板。

单击"组织"命令，可以调出对应的菜单列表；单击"系统属性"命令，可以查看本计算机对应的系统信息；单击"卸载或更改程序"命令，可以将安装到计算机上的程序删掉或对其进行修复。

3. 顶部导航栏

顶部导航栏包括："前进"和"后退"按钮、地址栏、搜索栏。

"前进"和"后退"按钮方便用户快速切换本窗口的前一步窗口和后一步窗口；"地址栏"以地址链接的方式显示当前窗口所处的位置，单击中间的节点快速进入某一窗口；"搜索栏"方便用户搜索计算机中的信息。

4. 左侧导航栏

通过左侧导航栏，可以快速在计算机不同位置，不同操作界面之间进行切换。比如，不同磁盘分区之间，收藏夹、桌面、网络、控制面板和回收站之间。在左侧区域内单击"显示所有文件夹"命令即可打开所有的可被导向的位置，如图 2-17 所示。

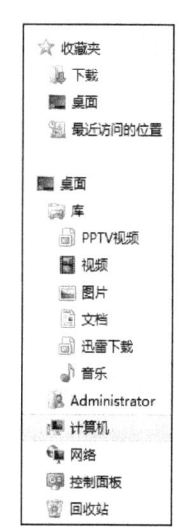

图 2-17　Windows 7 左侧导航栏

5. 工作区

用户进行操作的主区域，如新建文件夹，选中、复制文件或文件夹等，如图 2-18 所示。

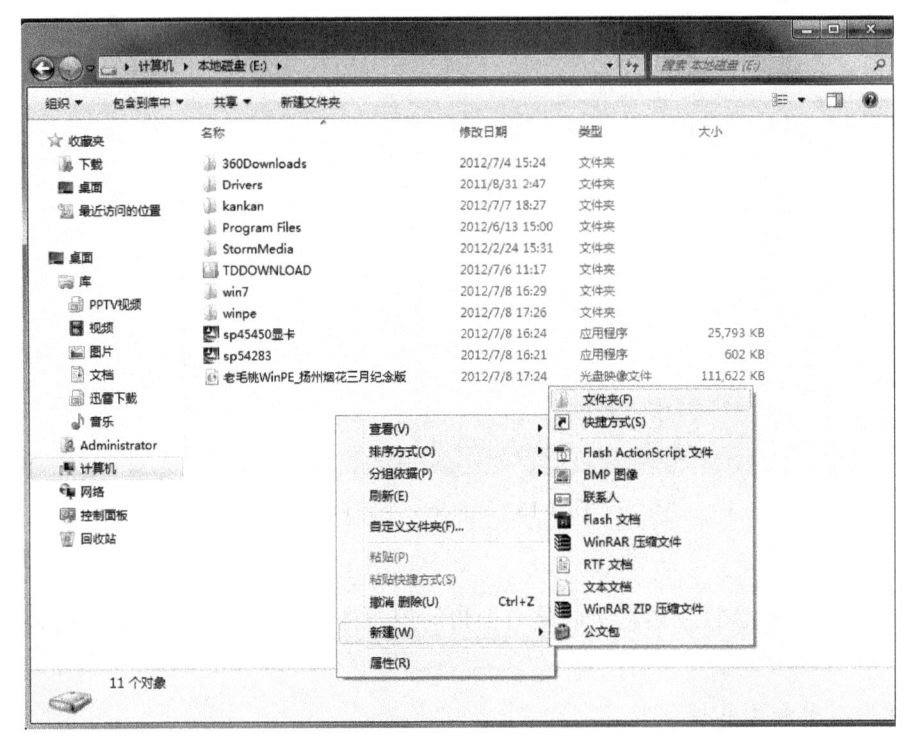

图 2-18　Windows 7 的工作区

6. 任务栏

任务栏中显示的是一些应用程序图标，分为已经启动的应用程序和没有启动的应用程序两大类。其中，成矩形突出显示的图标为已经启动的应用程序，将鼠标光标移动到它上面，可以缩略图的方式观察该图标对应的已经启动的程序运行窗口。如图 2-19 所示，单击其中的某一个窗口，即可进入该窗口对应的工作界面。

图 2-19　Windows 7 任务栏

对于没有启动的应用程序图标，可以通过单击将其对应的应用程序启动。

7. 快速回到桌面

在任务栏的最右侧，有一块小的空白区域，单击此区域，可以快速将计算机置于桌面状态，方便从桌面设置一些计算机操作，如设置分辨率等。

8. 调整窗口大小

将鼠标光标移至窗口边界，然后拖动光标，左右调整水平大小，上下调整垂直大小。

9. 移动窗口

处于非最小化和最大化状态的窗口可以在屏幕区域内移动，具体方法是：在窗口标题栏的空白处，按下鼠标左键进行拖动，至目标位置后松开左键，即可完成窗口移动操作。

2.3.3 菜单操作

在 Windows 7 中，传统菜单栏默认是不显示的，只在工具栏位置显示常用的一些菜单操作。比如，打开计算机以后的窗口中，只有"组织"一个菜单。如果想查看传统菜单，可在"组织"菜单中的"布局"级联项中选择菜单栏，以调出传统的菜单，如图 2-20 所示。

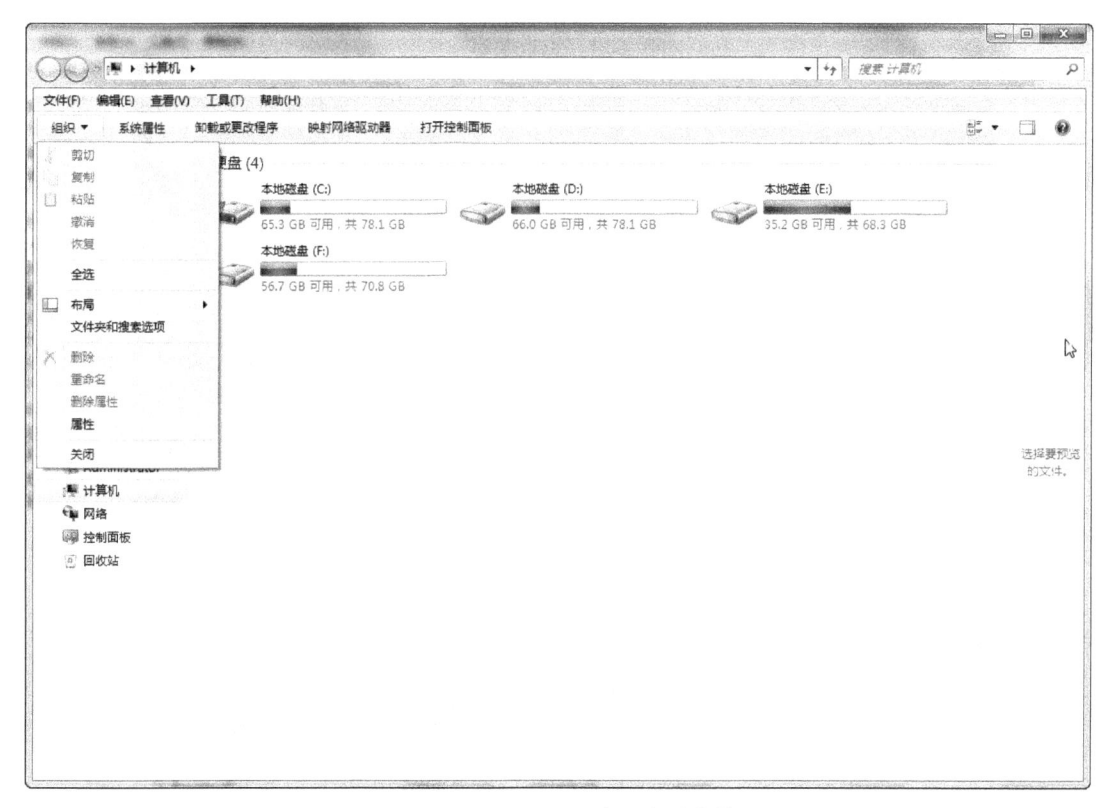

图 2-20 Windows 7 窗口中的菜单

窗口菜单栏集成了一些能够在本窗口中执行的操作，并且是动态的，会随着选中对象的不同或者窗口的不同而改变，如图 2-21 所示。

快捷菜单指用户通过右击的方式调出的弹出式菜单。所弹出的菜单中，一般跟右击的对象区域有关，如在 Windows 7 的桌面通过右击空白区域即可调出如图 2-22 所示的快捷菜单。

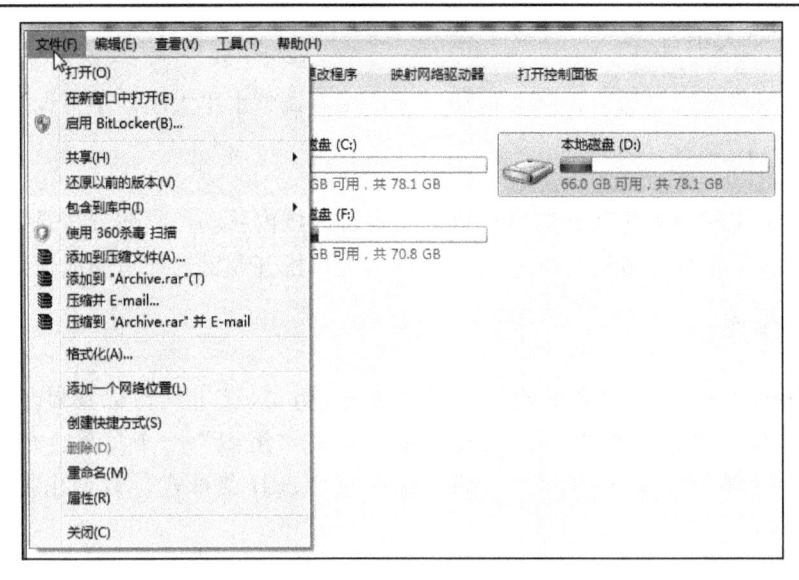

图 2-21　窗口菜单

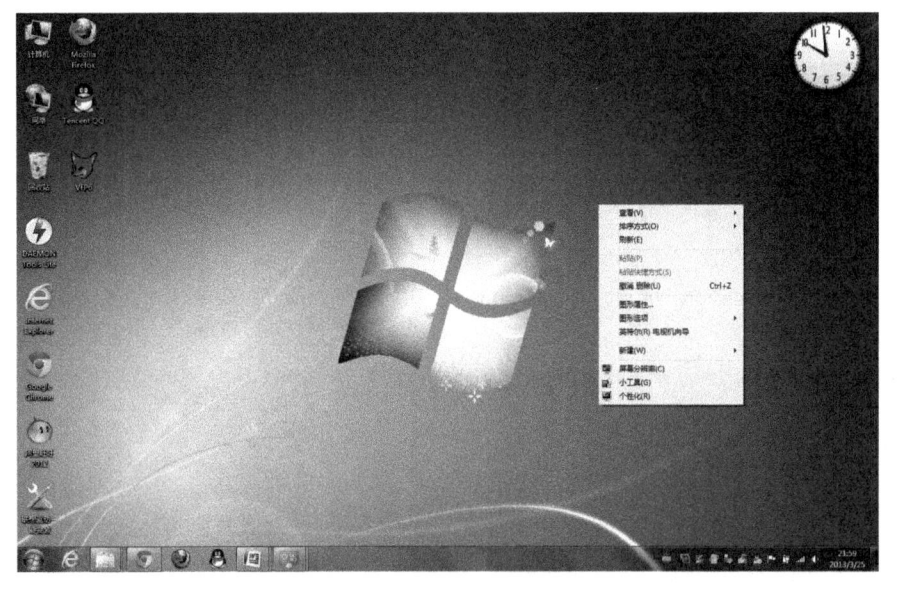

图 2-22　Windows 7 的快捷菜单

2.4　文件的组织与管理

2.4.1　文件和文件夹的定义

文件是存储在磁盘上的一组相关信息。在计算机中，一篇文档、一幅图画、一段声音等都是以文件的形式存储在计算机的磁盘中。文件夹是存放文件的场所，用于存储文件或低一层文件夹。文件夹可以存放文件、应用程序或者其他文件夹。

2.4.2 文件和文件夹的操作

1. 文件和文件夹的命名规则

在 Windows 7 中文件和文件夹的命名及使用规则如下：
(1) 文件名和文件夹名可以含英文字母、字符、数字、下划线、空格、汉字，但不能含 \ / ：* ? |" < > 这九个符号。
(2) 可以使用多间隔符的扩展名，如用 ay.2.1 做文件名。
(3) 同一个文件夹中不能有同名的文件或文件夹。
(4) 不能使用系统的保留字做文件名或文件夹名，如 con、aux、com1、lpt1、nul 等。
注意：一般文件命名含扩展名，文件夹命名没有扩展名。

2. 创建文件夹

创建文件夹的方法如下：
(1) 在计算机中新建文件夹的步骤：双击鼠标左键(以下简称双击)桌面上的"我的电脑"图标，然后通过双击的方法进入目标磁盘及文件夹，在右窗格空白部分右击鼠标，在弹出的快捷菜单中选择"新建"→"文件夹"命令，然后在新建的文件夹名称文本框中输入一个新的名字，按 Enter 键即可。
(2) 在桌面上新建一个文件夹的步骤：右击桌面的空白部分，在弹出的快捷菜单中选择"新建"→"文件夹"命令，然后在新建的文件夹名称文本框中输入一个新的名字，按 Enter 键或单击其他位置即可创建一个文件夹。

3. 文件或文件夹的选定

对某个文件或文件夹进行操作时，需先选中它。选定文件或文件夹的方法如下：
(1) 选定单个文件或文件夹：单击所需要的文件或文件夹。
(2) 选定多个连续的文件或文件夹：先单击要选定的第一个文件或文件夹，再按住 Shift 键，单击要选定的最后一个文件或文件夹，即可选定两者之间的所有文件和文件夹。
(3) 选定多个不连续的文件或文件夹：先按住 Ctrl 键，再逐个单击要选定的各个文件或文件夹。
(4) 选定全部的文件或文件夹：按 Ctrl+A 组合键。
(5) 取消选定：若取消选定的单个文件或文件夹，单击空白区域任意位置即可；若在选定的多个文件或文件夹中取消对个别文件的选定，先按住 Ctrl 键，单击所需要取消的文件或文件夹。若要取消对全部文件的选定，在非文件名的空白区域单击一下。

4. 文件或文件夹的复制或移动

在日常应用中，经常将文件或文件夹移动或复制到其他位置以方便使用。移动文件或文件夹是将文件或文件夹放到其他位置，执行移动操作后，原位置的文件或文件夹消失，出现在目标位置。复制文件或文件夹是指将原文件或文件夹复制一份放到其他位置去，执行复制操作后，原位置和目标位置均有该文件或文件夹。

1) 文件或文件夹的复制

(1) 快捷键法。先选定要复制的文件或文件夹，接着按 Ctrl+C 组合键，然后打开想要把文件复制到的目标文件夹，按住 Ctrl+V 组合键，此时这些文件或文件夹就复制到目标文件夹中。

(2) 鼠标右键法。右击要复制的文件或文件夹，在弹出的快捷菜单选择"复制"命令，然后打开想要把文件复制到的目标文件夹，在该文件夹中右击任意空白位置，在弹出的快捷菜单选择"粘贴"命令，这些文件或文件夹就复制到目标文件夹中。

(3) 菜单法。先选定要复制的文件或文件夹，执行"组织"→"复制"命令，然后打开想要把文件复制到的目标文件夹，执行"组织"→"粘贴"命令，这些文件或文件夹就复制到目标文件夹中。

(4) 拖放法。若将文件或文件夹复制到同一盘符上的其他位置，先按住 Ctrl 键，再将文件或文件夹选定并拖动到目标位置；若将文件或文件夹复制到另一盘符上的其他位置，此时直接将文件或文件夹选定并拖动到目标位置即可。

2) 文件或文件夹的移动

(1) 快捷键法。先选定要移动的文件或文件夹，按 Ctrl+X 组合键，然后打开想要移动到的目标文件夹，按 Ctrl+V 组合键即可。

(2) 鼠标右键法。右击要移动的文件或文件夹，在弹出的快捷菜单选择"剪切"命令，然后再打开想要把文件移动到的目标文件夹，在该文件夹中右击任意空白位置，在弹出的快捷菜单选择"粘贴"命令即可。

(3) 菜单法。先选定要移动的文件或文件夹，执行"组织"→"剪切"命令，然后打开想要把文件移动到的目标文件夹，执行"组织"→"粘贴"命令即可。

(4) 拖放法。若将文件或文件夹移动到同一盘符上的其他位置，直接将文件或文件夹选定并拖动到目标位置即可；若将文件或文件夹移动到另一盘符上的其他位置，先按住 Shift 键，再将文件或文件夹选定并拖动到目标位置即可。

5. 文件或文件夹的重命名

重命名文件或文件夹是指给文件或文件夹重新命名一个名称，使其符合用户的要求。重命名的方法有以下几种：

(1) 右击需要重命名的文件或文件夹，从弹出的快捷菜单中选择"重命名"命令，其名字成为可编辑状态，然后把名字更改为需要的名称，按 Enter 键即可。

(2) 单击需要重命名的文件或文件夹的图标，然后按 F2 键，使其名字成为可编辑状态，把名字更改为需要的名称，按 Enter 键即可。

(3) 单击需要重命名的文件或文件夹图标，执行"组织"→"重命名"命令，使其名字成为可编辑状态，把名字更改为需要的名称，按 Enter 键即可。

(4) 右击需要重命名的文件或文件夹，在弹出的快捷菜单中选择"属性"命令，在弹出的"属性"对话框中的"常规"选项卡的文本框中输入需要的名称，单击"确定"按钮即可。

注意：在文件或文件夹名称处直接单击两次(两次单击间隔时间应稍长一些，以免使其变为双击)，使其处于编辑状态，输入需要的名称也可完成重命名操作。

6. 文件或文件夹的删除

当文件或文件夹不再需要时，用户可将其删除，有利于对文件或文件夹进行管理。删除文件或文件夹的方法有多种，先选定要删除的文件或文件夹，再执行下面的任意一种操作。

（1）按下键盘上的 Delete 键，在弹出的确认删除对话框中单击"是"按钮。

（2）执行"组织"→"删除"命令，在弹出的确认删除对话框中单击"是"按钮。

（3）右击要删除的文件或文件夹，在弹出的快捷菜单中选择"删除"命令，在弹出的确认删除对话框中单击"是"按钮。

（4）选择删除的文件或文件夹按住鼠标左键拖放到"回收站"中。

（1）～（3）操作中出现的确认删除对话框如图 2-23 所示。该对话框是提示用户是否要把该文件或文件夹放入"回收站"，如果单击"是"按钮，则该文件或文件夹将被放到"回收站"中；如果单击"否"按钮，将放弃本次操作。

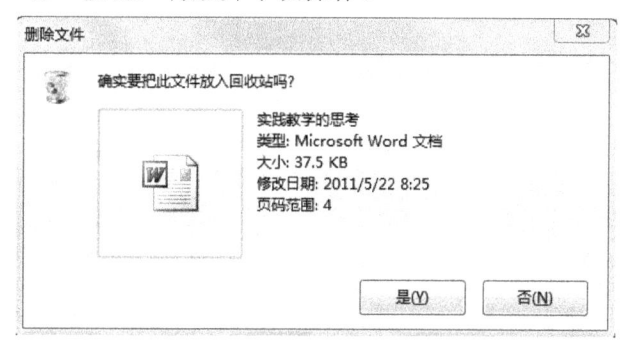

图 2-23 "删除文件"对话框

注意：按上述操作方法删除文件或文件夹，若删除的项目超过"回收站"存储容量或是从可移动磁盘中删除项目将不被放到"回收站"中，而被彻底删除，不能还原。另外，选择文件或文件夹后，按 Shift+Delete 组合键能进行彻底删除，无法还原。

7. 恢复被删除的文件或文件夹

用户可以从"回收站"把误删的文件或文件夹恢复到原位置。恢复被删除的文件或文件夹的方法有多种，先双击桌面上的"回收站"图标，将打开如图 2-24 所示"回收站"窗口，然后在该窗口执行下面的任意一种操作即可。

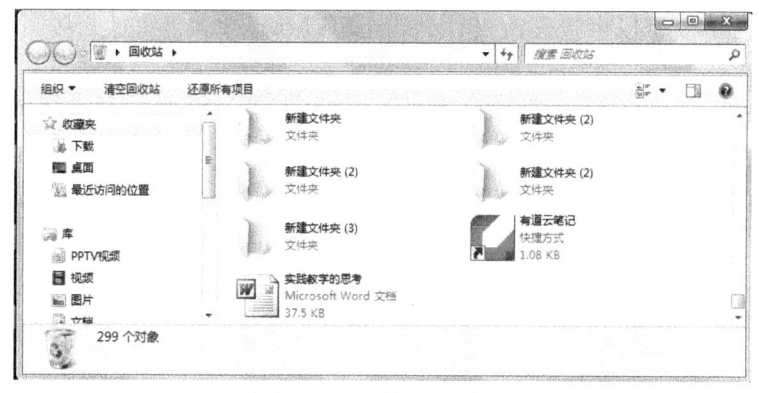

图 2-24 "回收站"窗口

(1) 选定要恢复的文件或文件夹，执行"文件"→"还原"命令。

(2) 右击要恢复的文件或文件夹，在弹出的快捷菜单中选择"还原"命令。

(3) 选定要恢复的文件或文件夹，按住鼠标左键把该文件或文件夹拖放到还原的位置。

8. 查看并设置文件夹和文件的属性

在 Windows 7 中，可以通过查看文件夹或文件的属性，了解有关文件夹或文件的大小、创建日期以及其他重要数据。查看文件或文件夹属性的方法很简单，右击文件或文件夹，从弹出的快捷菜单中选择"属性"命令，将弹出文件属性窗口或文件夹属性窗口，文件属性对话框如图 2-25 所示，文件夹属性对话框如图 2-26 所示。

注意：不同的文件系统，属性对话框有所不同，本例以 NTFS 文件系统的属性对话框进行详述。

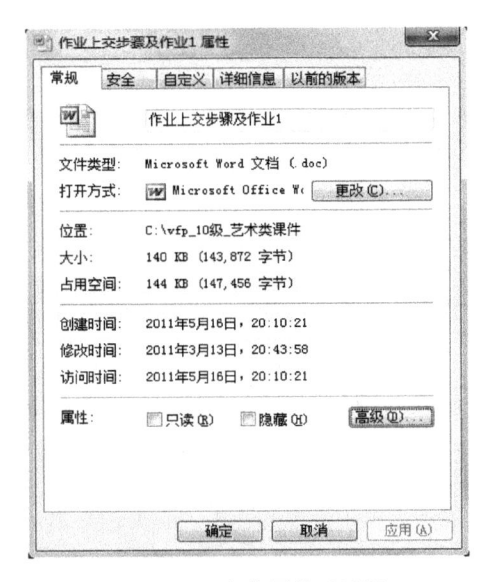

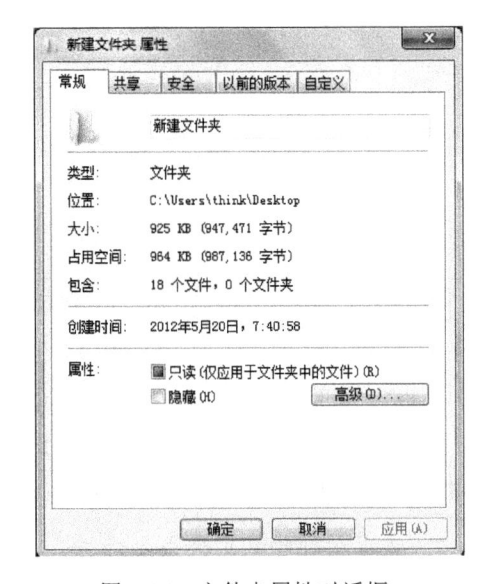

图 2-25　文件属性对话框　　　　图 2-26　文件夹属性对话框

文件属性对话框的"常规"选项卡包括文件名称、文件类型、打开方式、文件位置、文件大小、创建时间、最近一次修改时间、最后一次访问时间和属性等相关信息。在这个选项卡中用户不仅可以直接修改文件名，还可以通过单击"更改"按钮修改文件的打开方式。

文件或文件夹包含只读、隐藏两种属性。这些都可以在其属性对话框的"常规"选项卡中设置。

(1) 若文件设置为"只读"属性，则该文件不允许更改和删除，可防止文件被意外更改。

(2) 若文件或文件夹设置为"隐藏"属性，则这些文件或文件夹在常规显示中将见不到。要显示隐藏的文件或文件夹，可单击"组织"→"文件夹和搜索"命令，在弹出的对话框中，单击"查看"选项卡进行设置。

2.5 应用程序的组织与管理

2.5.1 应用程序的基本操作

1. 应用程序的安装

安装应用程序可以双击应用程序的安装文件，按照提示一步一步操作，如图 2-27 所示。

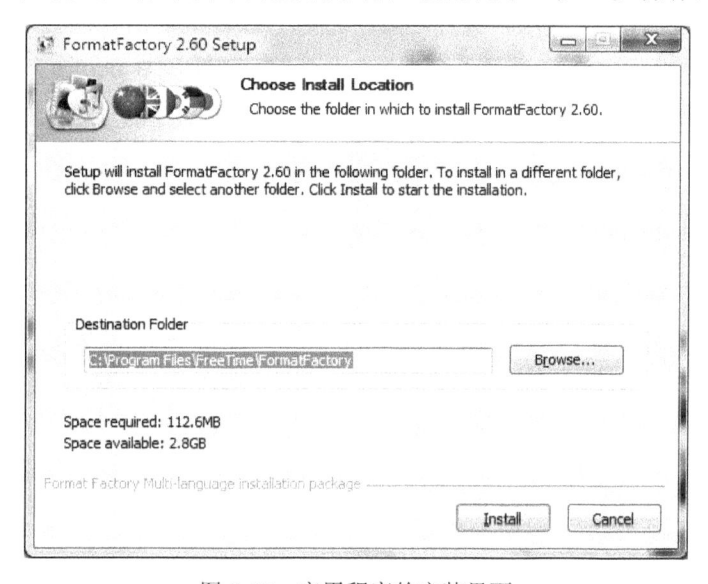

图 2-27 应用程序的安装界面

2. 应用程序的卸载

有些应用程序安装好后，它会在"开始"菜单中产生一个卸载该程序的命令项，只要单击该命令项，按照提示一步一步操作即可卸载该程序。但部分应用程序是不能这样卸载的，还得使用 Windows 7 提供的工具来卸载。卸载的方法：打开"控制面板"窗口后，单击该窗口的"程序"按钮，单击"卸载程序"选项，然后在窗口右侧的列表框中选择要删除的程序并单击"卸载"按钮，按照提示一步一步操作即可。

中文版 Windows 7 预装了多种输入法，用户可以根据自己的需要安装其他的输入法，还可以任意选用或卸载某种输入法。

用户可以用以下两种方法来选择输入法：

（1）单击任务栏右侧的输入法指示图标，将弹出当前系统已装入的输入法菜单，单击要选用的输入法，即可切换到相应的输入环境中。

（2）利用 Ctrl+Shift 组合键在英文及各种输入法之间进行切换，切换到自己需要的输入法即可。另外，可随时使用 Ctrl+空格键来启动或关闭中文输入法。

2.5.2 任务管理器

作为一个多任务的操作系统，Windows 可同时运行多个任务。和以往的 Windows 系统版本一样，Windows 7 集成了任务管理器，用户使用该工具，可以查看系统中运行的任务列表以及每一个任务的 CPU、内存占用情况。对于一些不必要继续运行的任务，可以通过任务管理器强行结束其运行。

1. 任务管理器的打开

通过右击任务栏的空白区域，选择"启动任务管理器"命令（图 2-28），或者按键盘 Ctrl+Alt+Delete 组合键选择"启动任务管理器"命令，即可打开 Windows 7 任务管理器窗口。

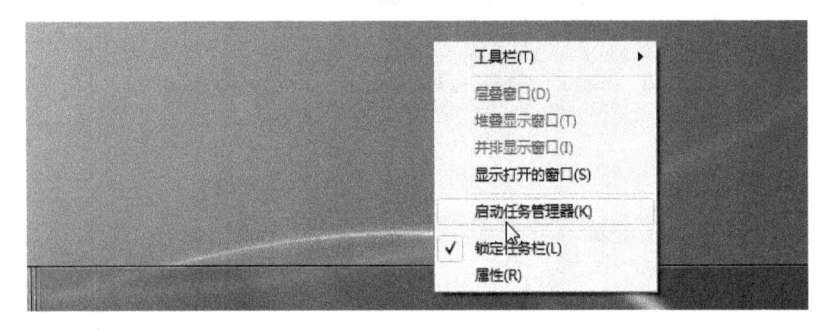

图 2-28 Windows 7 的任务管理器

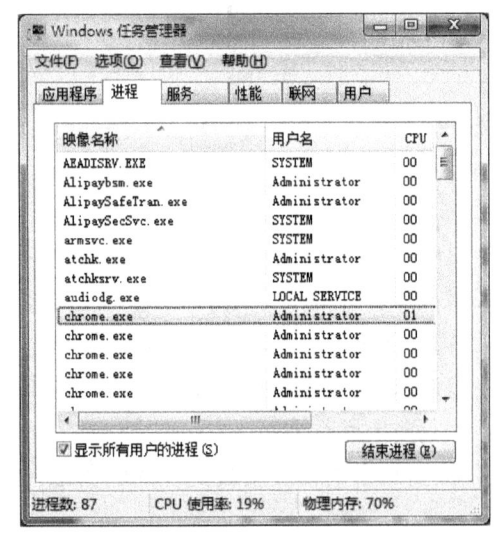

图 2-29 任务管理器

2. 任务管理器的使用

1) 结束任务进程

任务管理器中显示了当前计算机系统运行的各个任务及其占用资源的情况。在实际使用计算机的过程中,有些任务可能会占用过高的资源而影响其他程序的使用，这时，用户通过正常途径无法关闭该程序时，可强行结束该任务。选择某一任务进程，单击"结束进程"按钮。如图 2-29 所示的任务管理器目前选中的是 chrome.exe 的进程（谷歌 chrome 浏览器），单击"结束进程"按钮，可强行结束该任务。

2) 结束正在运行的应用程序

在任务管理器的"应用程序"选项卡，是以应用程序名称的样式显示当前系统中运行的程序列表。如果想关闭某一应用程序，具体方法是选取某个正在运行的应用程序，单击"结束任务"按钮。"应用程序"和"进程"选项卡的区别是，前者以程序名字显示，而后者以进程的名字显示，并且后者显示的信息更全面一些。

2.6 Windows 7 的系统设置和维护

2.6.1 Windows 7 的系统设置

1. 账户设置

在 Windows 7 中，可以建立多个计算机的账户，用户可以通过其中的某个账户登录并使用计算机。为安全起见，Windows 7 可以对这些账户进行设置。具体方法如下：

（1）单击"开始"菜单，进入"控制面板"窗口，如图 2-30 所示。

（2）单击"用户帐户和家庭安全"选项，对系统的账户进行设置，可以添加或删除原有的账户，也可以对现有账户的密码进行修改。

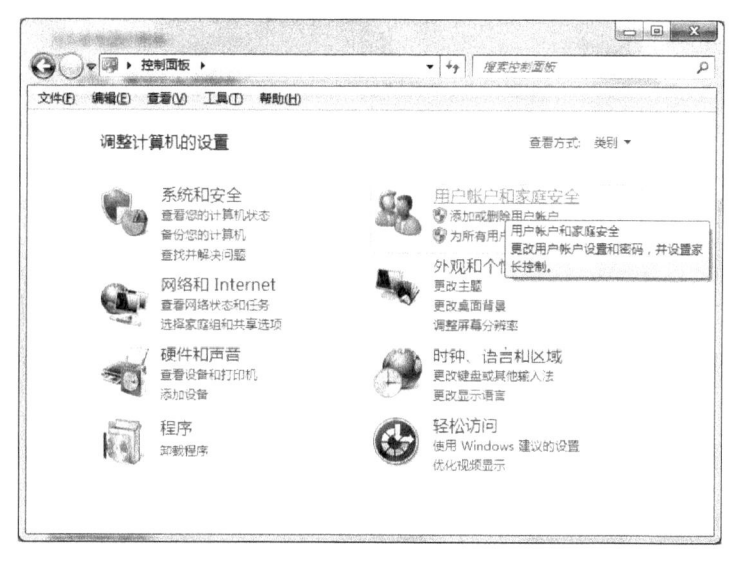

图 2-30 Windows 7 的用户设置

2. 打印设置

Windows 7 在使用打印机工作之前，需要安装打印机。具体方法如下：

（1）单击"开始"菜单，进入"控制面板"窗口。

（2）单击"硬件和声音"选项，然后单击"查看设备和打印机"选项，单击"添加打印机"选项将本地或网络打印机添加到计算机中，如图 2-31 所示。

3. 防火墙设置

防火墙可以控制应用程序是否有权限使用计算机的网络传输功能，因此它可以控制某些未经授权的网络流量进出本系统，从而提高系统的安全性。Windows 7 系统自身集成了防火墙功能，用户可以通过控制面板，对防火墙进行设置。具体方法如下：

（1）单击"开始"菜单，进入"控制面板"窗口。

（2）选择"系统和安全"选项，可设置"Windows 防火墙"选项，如图 2-32 所示。

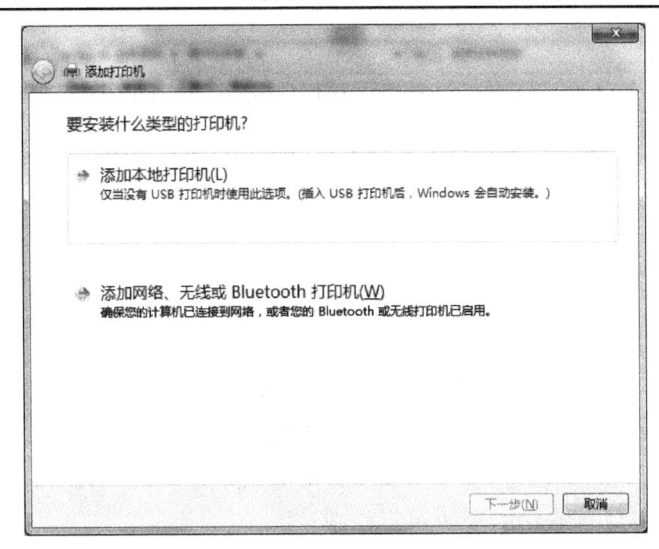

图 2-31 打印机的安装

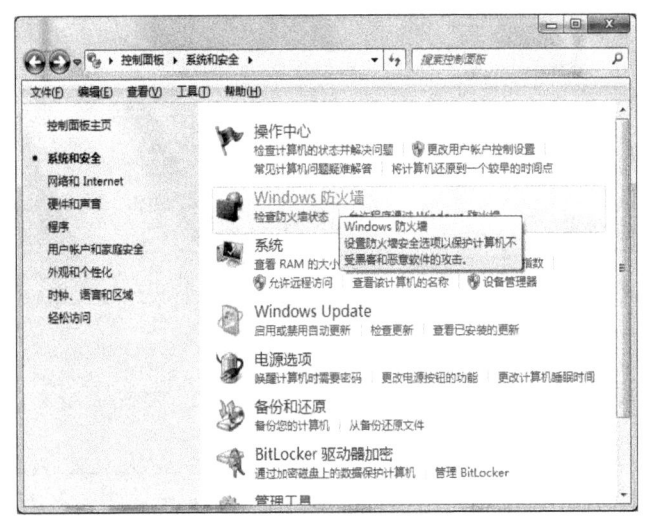

图 2-32 防火墙的设置

4. 操作中心

Windows 7 中的"操作中心"功能，可对 Windows Defender 进行设置，这是一个功能相当于防木马、反间谍的安全软件，可对恶意木马、间谍程序起到防控作用。进入操作中心的方法如下：

(1) 单击"开始"菜单，进入"控制面板"窗口。

(2) 单击"系统和安全"选项，然后进入"操作中心"窗口，可对 Windows Defender 进行更新，或者使用该软件扫描计算机，如图 2-33 所示。

5. 系统更新设置

单击"开始"菜单，进入"控制面板"窗口，单击"系统和安全"选项，单击"Windows Update"选项进行设置，如图 2-34 所示。

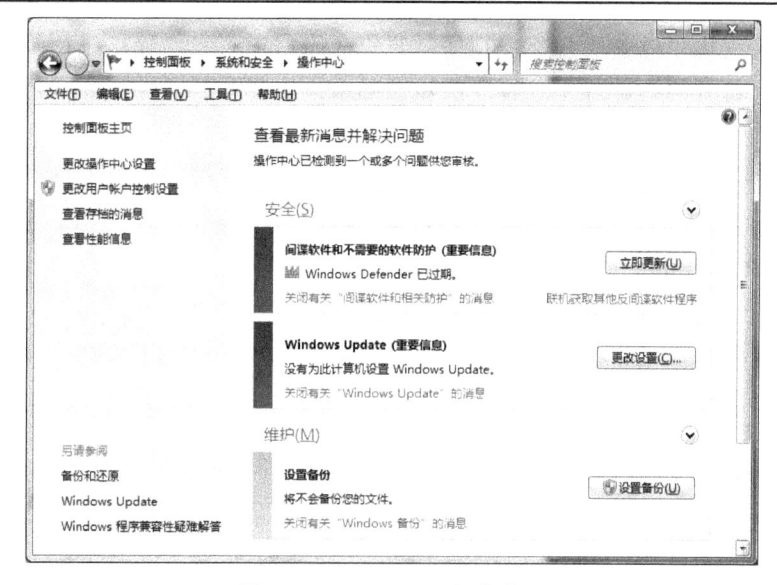

图 2-33 Windows 7 操作中心

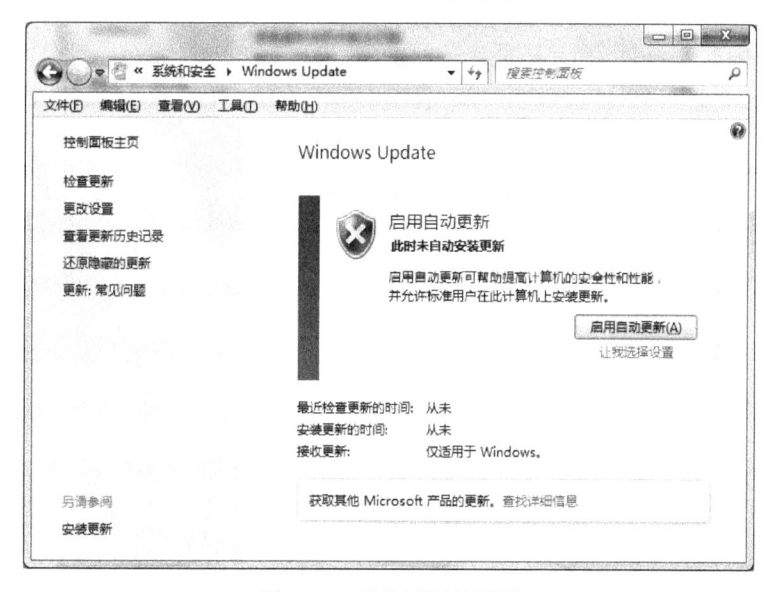

图 2-34 系统更新的设置

2.6.2 Windows 7 的系统维护

Windows 7 的系统维护包括很多方面，本节介绍如何在 Windows 7 中进行磁盘碎片整理、硬件驱动扫描及安装、系统备份与恢复。

1. 磁盘碎片整理

Windows 是以文件为单位管理系统的数据信息的。文件有大有小，操作系统的文件管理功能负责给每个文件分配磁盘空间，当空间不够用时还要负责对文件所占用的磁盘空间进行扩充，文件删除时，其占用空间也会被系统回收。久而久之，计算机的磁盘上会产生许多大小不一、分布不连续的存储块，降低了磁盘的访问效率。

Windows 7 提供了磁盘碎片整理程序，负责对磁盘中产生的碎片进行整理，以提高访问磁盘的效率。打开磁盘碎片整理程序的步骤如下：

（1）单击"开始"菜单，进入"控制面板"窗口。

（2）单击"系统和安全"选项，在"管理工具"的位置单击"对硬盘进行碎片整理"选项，调出如图 2-35 所示的磁盘整理程序，选取磁盘驱动器盘符后，单击"磁盘碎片整理"按钮，开始整理磁盘。

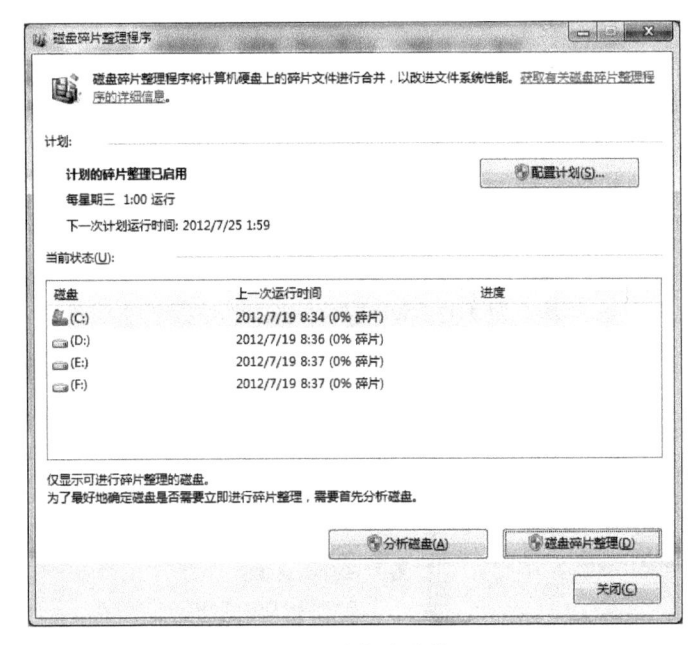

图 2-35 磁盘碎片整理

2. 硬件驱动程序的安装

有些硬件（如图形显示卡）安装到计算机上以后，操作系统无法识别，从而无法正常工作。此时需要安装硬件的驱动程序，具体方法是，右击桌面上的"计算机"图标进入"设备管理器"窗口，单击"扫描检测硬件改动"按钮，如图 2-36 所示。然后在接下来的提示中，选择设备的驱动程序进行安装。

3. 系统备份与恢复

创建系统映像（创建系统恢复盘）。在 Windows 7 中集成了系统备份和恢复功能。用户可使用该功能对整个系统进行备份，以便在系统遇到问题时及时恢复。系统备份的方法如下：

（1）单击"开始"菜单，进入"控制面板"窗口。

（2）单击"系统和安全"选项，在"备份和还原"的位置单击"备份您的计算机"选项，调出如图 2-37 所示的备份窗口界面。单击"立即备份"按钮可对计算机系统进行备份。此外，还可以通过单击该界面中的"还原我的文件"按钮，按照提示一步步恢复系统。注意，慎重使用恢复系统的功能。

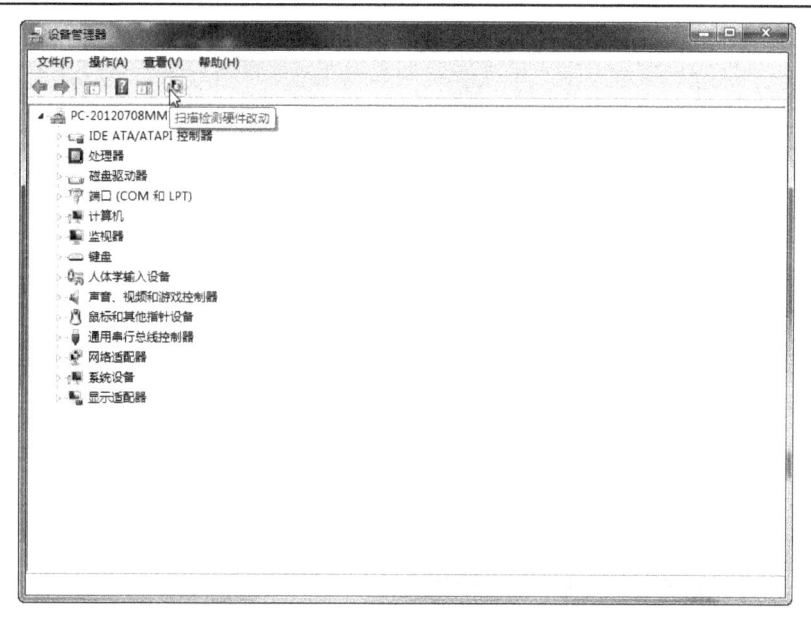

图 2-36　驱动程序的安装

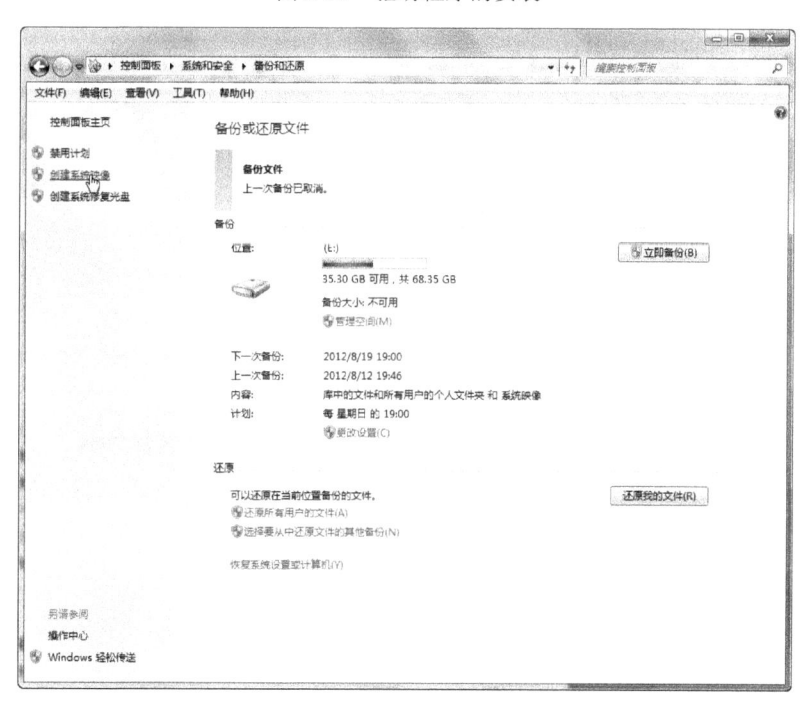

图 2-37　系统的备份与恢复

习　　题

1. 选择题

(1) 下列软件中，哪一个属于操作系统(　　)？

　　① QQ　　　　　　② Word　　　　　　③ Windows 7　　　　　　④ Excel

(2) 应用在个人计算机上的 Windows 7 操作系统上一版本是（　　）。
① Windows XP　　② Windows Me　　③ Windows 2003 Server　　④ Windows Vista

(3) Windows 7 中的 Aero 3D 效果，可通过组合键（　　）看到。
① Ctrl + C　　② Windows + Tab　　③ Alt + Tab　　④ Ctrl + Shift + Del

(4) 下面哪个程序中，可以查看系统当前资源占用情况（　　）。
① 任务管理器　　② 控制面板　　③ Internet Explorer　　④ 设备管理器

(5) 可以控制某些未经授权的网络流量进出本系统的软件称为（　　）。
① 杀毒软件　　② 防火墙　　③ 网络浏览器　　④ 办公自动化软件

(6) 复制文件或文件夹的组合键为（　　）。
① Ctrl + V　　② Ctrl + X　　③ Shift + C　　④ Ctrl + C

(7) 重命名文件的快捷键为（　　）。
① F1　　② F2　　③ Ctrl + F1　　④ Alt + F4

(8) 若想让屏幕具有更广的显示区域，屏幕需要的分辨率（　　）。
① 更高　　② 更快　　③ 更慢　　④ 更低

(9) Windows 7 中，系统配备的网络浏览器为（　　）。
① Windows Explorer　　② Internet Explorer　　③ Firefox　　④ Chrome

(10) 调整计算机的"系统和安全"、"用户帐户和安全"以及"外观和个性化"选项的相关设置，可通过"开始"菜单，进入（　　）进行设置。
① 控制面板　　② 系统设备管理器　　③ 管理工具　　④ 系统核心

2. 填空题

(1) 操作系统的功能分为＿＿＿＿、＿＿＿＿、＿＿＿＿、＿＿＿＿等。

(2) ＿＿＿＿操作系统对操作指令的反馈时间有硬性要求，必须在规定的极短时间内响应，有些任务则要求必须马上响应，否则会有灾难性的后果。

(3) Windows 操作系统的前身是微软公司出品的＿＿＿＿操作系统，简称 DOS。

(4) 在任务栏上右击，在弹出的快捷菜单中选择＿＿＿＿，可调出任务管理器，查看系统资源占用情况。

(5) 在控制面板的＿＿＿＿中，可设置 Windows 防火墙的相关功能。

3. 问答题

(1) 什么是操作系统？

(2) 鼠标的基本操作有哪几种？

(3) 窗口一般由哪几部分组成？

(4) 怎样移动窗口？怎样改变窗口的大小？怎样关闭窗口？怎样把窗口最大化、最小化？最大化、最小化后怎样还原？

(5) 怎样判断是否是活动窗口？怎样切换到当前活动窗口？

(6) 在 Windows 7 中，怎样正确关机？

(7) 怎样选定多个连续或不连续的文件（文件夹）？

(8) 有几种方法可以完成文件（文件夹）的移动或复制？有几种方法可以完成文件（文件夹）的删除？

第3章 计算机网络

计算机网络是计算机技术与现代通信技术相结合的产物。目前，计算机网络技术已广泛应用于办公自动化、企业管理与生产过程控制、金融与商业电子化、军事、科研、教育、医疗卫生等各个领域。计算机网络正在改变着人们的工作方式与生活方式，特别是国际互联网 Internet，作为计算机网络技术的具体应用，已经渗透到当今社会生活的方方面面。人们通过 Internet 可以随时了解新闻动态、网上聊天与讨论、发送与接收电子邮件、网上购物与订票、查找网上各类共享资源信息等。目前，Internet 的应用已由社会深入到家庭。本章主要介绍计算机网络基础、局域网、国际互联网 Internet 和计算机网络安全等。

3.1 计算机网络基础

3.1.1 计算机网络的基本概念

1. 计算机网络的定义

计算机网络就是把分布在不同地理位置的、功能独立的多个计算机系统通过通信线路连接起来，在网络操作系统、网络管理软件及网络通信协议的管理和协调下，实现资源共享和信息通信的系统。

2. 计算机网络的组成

计算机网络要完成数据处理和数据通信两类工作，从结构上可以分为两部分：负责数据处理的计算机和终端，负责数据通信的通信控制处理机和通信线路；从逻辑功能上计算机网络还可分为两个子网：资源子网和通信子网。

1) 资源子网

资源子网由主计算机、终端、软件资源和数据资源等组成，其功能是提供访问网络和处理数据的能力。

2) 通信子网

通信子网由通信控制处理机、通信线路、网络连接设备等组成，负责整个网络的数据传输、转接、处理和变换等通信处理工作。

资源子网是网络的外层，通信子网是网络的内层。通信子网为资源子网提供信息传输服务，资源子网上用户间的通信建立在通信子网的基础上。没有通信子网，网络不能工作；没有资源子网，通信子网的传输也就失去了意义，两者合起来组成统一的资源共享的两层网络。

3. 计算机网络的功能

计算机网络的功能主要有以下几点。

1) 资源共享

资源共享是整个网络的核心，用户可以克服地理位置上的差异，共享网络资源。它包括硬件资源的共享、软件资源的共享和数据资源的共享等。

例如，用户可以在网络上共享打印机或使用网络上的共享打印机打印资料，可以从网上下载共享软件，也可以在网上下载/上传数据文件。

2) 信息通信

信息通信是计算机网络最基本的功能之一，用来实现计算机与计算机之间信息的传送，使分散在不同地点的生产单位和业务部门可以进行集中控制和管理。

例如，一个公司有许多分公司，每个分公司都使用计算机来管理自己的库存。总公司通过分公司定期送来的报表提供的数据进行决策。如果将各个分公司的计算机与总公司的计算机连成网络，那么总公司就可以通过网络间信息通信的功能，对各分公司的库存进行统一管理和及时调整。

3) 提高系统的可靠性与可用性

网络中的一台计算机或一条线路出现故障，可通过其他无故障线路传送信息，在无故障的计算机上进行所需的处理。

网络中的计算机都可通过网络相互成为后备机，一旦某台计算机出现故障，它的任务可由其他计算机代为完成。这样可避免单机情况下，一台计算机的故障引起整个系统瘫痪的现象，从而提高系统的可靠性。

4) 均衡负荷与分布式处理

网络中某计算机系统负荷过重时，可以将某些作业传送到网络中其他的计算机系统处理。在具有分布式处理的计算机网络中，可以将任务分散到多台计算机上进行处理，由网络完成对多台计算机的协调工作。

4. 网络传输介质

传输介质是网络中连接收发双方的物理通路，是通信中实际传送信息的载体。

网络中常用的传输介质分为有线介质和无线介质。有线介质包括双绞线、同轴电缆和光纤等，无线介质包括无线电、微波和红外线等。卫星通信可看成是一种特殊的微波通信系统。

1) 有线介质

(1) 双绞线

把两根互相绝缘的铜导线按一定规格互相缠绕在一起就构成了双绞线。互相缠绕可以抵御一部分来自外界的电磁波干扰，而且可以降低自身信号对外界的干扰。通常将一对或多对双绞线捆成电缆，在其外面包上一个绝缘套管，如图3-1所示。

双绞线用于模拟传输或数字传输。对于模拟传输，当传输距离太长时要加放大器，以将衰减了的信号放大到合适的数值。对于数字传输则要加中继器，以将失真了的数字信号进行整形。

双绞线主要用于点到点的连接,连接时往往需要使用专门的接头——水晶头,如图 3-2 所示。如星型拓扑结构的局域网中,计算机与交换机之间常用双绞线来连接,但其长度一般不能超过 100m。

图 3-1 双绞线　　图 3-2 连接双绞线用的水晶头

双绞线可分为屏蔽双绞线(Shielded Twisted Pair,STP)和非屏蔽双绞线(Unshielded Twisted Pair,UTP)两类。屏蔽双绞线在双绞线与外层绝缘套管之间有一个金属屏蔽层,金属屏蔽层可减少辐射,防止信息被窃听,也可阻止外部电磁干扰的进入,使屏蔽双绞线比同类的非屏蔽双绞线具有更高的传输速率,但屏蔽双绞线价格较贵。非屏蔽双绞线除少了金属屏蔽层外,其余均与屏蔽双绞线相同,它的抗干扰能力较差,但因其价格便宜而且安装方便,被广泛用于局域网中。

(2) 同轴电缆

同轴电缆由内导体铜质芯线、绝缘层、网状编织的外导体屏蔽层以及保护塑料外层组成,如图 3-3 所示。这种结构中的金属屏蔽网可防止中心导体向外辐射电磁场,也可用来防止外界电磁场干扰中心导体的信号,因而具有很好的抗干扰特性,被广泛用于较高速率的数据传输。通常按特征阻抗的不同,将同轴电缆分为基带同轴电缆和宽带同轴电缆。

基带同轴电缆的特征阻抗为 50Ω,仅用于传输数字信号,并使用曼彻斯特编码方式和基带传输方式,即直接把数字信号送到传输介质上,无需经过调制,故把这种电缆称为基带同轴电缆。基带同轴电缆的优点是安装简单而且价格便宜,但基带数字方波信号在传输过程中容易发生畸变和衰减,所以传输距离不能很长,一般在 1km 以内,数据传输速率可达 10Mbit/s。基带同轴电缆又有粗缆和细缆之分,粗缆抗干扰性能好,传输距离较远,细缆便宜,传输距离较近。局域网中,一般选用 RG-8 和 RG-11 型号的粗缆或 RG-58 型号的细缆。

宽带同轴电缆的特征阻抗为 75Ω,带宽可达 300~500MHz,用于传输模拟信号。它是公用天线电视系统 CATV 中的标准传输电缆,目前在有线电视中广为采用。在这种电缆上传送的信号采用了频分多路复用的宽带信号,故 75Ω 同轴电缆又称为宽带同轴电缆。

(3) 光纤

光导纤维,简称光纤,是网络传输介质中性能最好、应用较为广泛的一种。以金属导体为核心的传输介质,其所能传输的数字信号或模拟信号,都是电信号,而光纤则用光信号进行通信。由于可见光的频率极高,约为 108MHz 量级,因此光纤通信系统的传输带宽远大于目前其他各种传输介质的带宽。

光纤通常由极透明的石英玻璃拉成细丝作为纤芯,外面分别有包层、涂覆层等,如

图 3-4 所示。包层较纤芯有较低的折射率，当光线从高折射率的介质射向低折射率的介质时，其折射角将大于入射角，因此，如果入射角足够大，就会出现全反射，即光线碰到包层时就会折射回纤芯，这个过程不断重复，光也就沿着光纤向前传输。

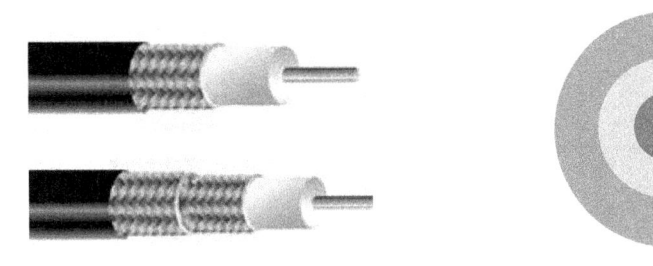

图 3-3　同轴电缆　　　　　　图 3-4　光纤

由于光纤非常细，连包层一起，其直径也不到 0.2mm，故常将一至数百根光纤，再加上加强芯和填充物等构成一条光缆。

光纤有许多优点：由于光纤的直径可小到 10～100μm，故体积小，重量轻；光纤的传输频带非常宽，在 1km 内的频带可达 1GHz 以上，在 30km 内的频带仍大于 25MHz，故通信容量大；光纤传输损耗小，通常在 6～8km 的距离内不使用中继器就可实现高速率数据传输，基本上没有什么损耗，这一点也正是光纤通信得到飞速发展的关键原因；不受雷电和电磁干扰，这在有大电流脉冲干扰的环境下尤为重要；无串音干扰，保密性好，也不容易被窃听或截取数据；误码率很低，可低于 10^{-10}，而双绞线的误码率为 10^{-5}～10^{-6}，基带同轴电缆为 10^{-7}，宽带同轴电缆为 10^{-9}。

2）无线介质

（1）微波通信

微波信道是计算机网络中最早使用的无线信道，也是目前应用最多的无线信道，所用微波的频率范围为 1～20GHz，既可传输模拟信号又可传输数字信号。由于微波的频率很高，故可同时传输大量信息，又由于微波能穿透电离层而不反射到地面，故只能使微波沿地球表面由源向目标直接发射。微波在空间是直线传播，而地球表面是个曲面，因此其传播距离受到限制，一般只有 50km 左右，但若采用 100m 高的天线塔，则距离可增大到 100km。此外，因为微波被地表吸收而使其传输损耗很大，因此为实现远距离传输，每隔几十千米便需要建立中继站，中继站把前一站送来的信号经过放大后再发送到下一站，故微波通信又称为微波接力通信。

（2）卫星通信

为了增加微波的传输距离，应提高微波收发器或中继站的高度。当将微波中继站放在人造卫星上时，便形成了卫星通信系统，也即利用位于 35800km 高的人造同步地球卫星作为中继器的一种微波通信，通信卫星则是在太空的无人值守的微波中继站。卫星接收从地面发来的信号后，加以放大整形再发回地面，一个同步卫星可以覆盖地球三分之一以上的地表，这样利用三个相距 120° 的同步卫星便可覆盖全球的全部通信区域，如图 3-5 所示。卫星通信属于广播式通信，通信距离远，且通信费用与通信距离无关，这是卫星通信的最大特点。

(3) 红外线通信

利用红外线来传输信号的通信方式叫红外线通信，常见于电视机等家电中的红外线遥控器，在发送端设有红外线发送器，接收端有红外线接收器。发送器和接收器可任意安装在室内或室外，但需使它们处于视线范围内，即两者彼此都可看到对方，中间不允许有障碍物。红外线通信设备相对便宜，有一定的带宽。红外线通信只能传输数字信号。此外，红外线具有很强的方向性，故对于这类系统很难窃听、插入数据和进行干扰，但雨、雾和障碍物等环境干扰都会妨碍红外线的传播。

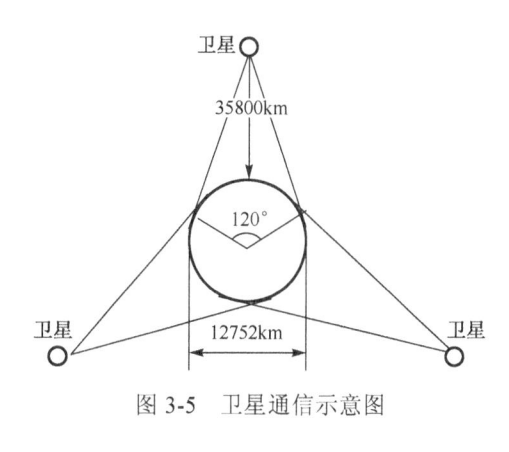

图 3-5 卫星通信示意图

3.1.2 计算机网络的发展和前景

计算机网络的发展经历了一个从简单到复杂、从低级到高级的过程，可大致分为四个阶段。

1. 第一阶段：以主机为中心的第一代计算机网络

第一代计算机网络中，主机是网络的控制中心，终端围绕着控制中心分布在各处，而主机的任务是进行批处理。人们利用通信线路、集中器、多路复用器以及公用电话网等设备，将一台主机与多台用户终端相连接，用户通过终端命令以交互的方式使用主机系统，从而将单一计算机系统的各种资源分散到每个用户手中。

第一代计算机网络系统的缺点：如果主机的负荷较重，会导致系统响应时间过长；而且单机系统的可靠性一般较低，一旦主机发生故障，将导致整个网络系统瘫痪。

2. 第二阶段：以通信子网为中心的第二代计算机网络

从概念上来说第二代计算机网络及以后的计算机网络才算真正的计算机网络。整个网络被分为计算机系统和通信子网，若干计算机系统以通信子网为中心构成一个网络。

第二代计算机网络的典型代表是美国国防部高级研究计划署的计算机分组交换网 ARPAnet，ARPAnet 连接了美国加州大学洛杉矶分校、加州大学圣巴巴拉分校、斯坦福大学和犹他大学 4 个节点的计算机。它的成功，标志着计算机网络的发展进入了一个新纪元，ARPAnet 被认为是 Internet 的前身。这种计算机网络是 20 世纪 70 年代计算机网络的主要形式。

3. 第三阶段：体系结构标准化的第三代计算机网络

网络体系结构使得一个公司所生产的各种机器和网络设备可以非常容易地互联起来，但由于各个公司的网络体系结构互不相同，不同公司之间的网络不能互联互通。所以，国际标准化组织(International Standard Organization，ISO)于 1977 年设立专门机构，并于 1984 年颁布了开放系统互联(Open System Interconnection，OSI)参考模型，OSI 参考模型是一个开放体系结构，它将网络分为 7 层，并规定了每层的功能。在 OSI 参考模型推出后，网络的发展一直走标准化道路,而网络标准化的最大体现就是 Internet 的飞速发展,现在 Internet 已成为世界上最大的国际性计算机互联网。Interne 遵循 TCP/IP(Transmission Control Protocol/Internet Protocol,传输控制协议/网际协议)参考模型,由于 TCP/IP 仍然使用分层模型,因此 Internet 仍属于第三代计算机网络。

4. 第四阶段:以下一代 Internet 为中心的新一代网络

计算机网络经过第一代、第二代和第三代的发展,表现出巨大的使用价值和良好的应用前景。进入 20 世纪 90 年代以来,微电子技术、大规模集成电路技术、光通信技术和计算机技术不断发展,为网络技术的发展提供了有力的支持;而网络应用正迅速朝着高速化、实时化、智能化、集成化和多媒体化的方向不断深入,新型应用向计算机网络提出了挑战,新一代网络的出现已成必然。曾经独立发展的电信网、闭路电视网和计算机网将迅速融合,使信息孤岛现象逐渐消失。

3.1.3 计算机网络的分类

计算机网络的分类方法多种多样。人们可以根据网络的用途进行分类,可以根据网络使用的技术进行分类,也可以根据网络覆盖的地理范围进行分类。按网络覆盖的地理范围进行分类,能较好地反映不同网络的技术特征,因为覆盖的地理范围不同,它所需要采用的技术也就不同,就形成不同的网络技术特点与网络服务功能。

根据网络覆盖的地理范围,可将计算机网络分为三类:局域网、城域网和广域网。

(1) 局域网。局域网(Local Area Network,LAN)覆盖范围一般在几千米内,是最常见的计算机网络。由于局域网覆盖范围小,一方面容易管理与配置,另一方面容易构成简洁规整的拓扑结构,加上速度快,延迟小的特点,使之得到广泛的应用,成为了实现有限区域内信息交换与共享的有效途径。局域网的应用如教学科研单位的内部 LAN、办公自动化 OA 网、校园网等。

(2) 城域网。城域网(Metropolitan Area Network,MAN)覆盖范围一般为几千米到几十千米。城域网基本上是局域网的延伸,像是一个大型的局域网,通常使用与局域网相似的技术,但是在传输介质和拓扑结构方面牵涉范围较广。

(3) 广域网。广域网(Wide Area Network,WAN)覆盖范围一般为几十千米到几千千米,网络本身不具备规则的拓扑结构。由于速度慢,延迟大,入网站点无法参与网络管理,所以它要包含复杂的互连设备,如交换机、路由器等,由它们负责重要的管理工作,而入网站点只管收发数据。

3.1.4 计算机网络的体系结构

1. 网络协议

在计算机网络中,为使各计算机之间或计算机与终端之间能正确地传递信息,必须在有关信息传输顺序、信息格式和信息内容等方面有一组约定或规则,这组约定或规则即所谓的网络协议。一个网络协议至少包含三个基本要素,即语义、语法、时序。

(1) 语义指构成协议的协议元素含义的解释。

(2) 语法指用于规定将若干个协议元素组合在一起来表达一个更完整的内容时所应遵循的格式。

(3) 时序是对事件发生顺序的详细说明,也可称为同步。

由上可见,网络协议实质上是实体间通信时所使用的一种语言。在层次体系结构中,每一层都可能有若干个协议,当同层的两个实体间相互通信时,必须满足这些协议。

2. 网络体系结构

计算机网络由多个互连的节点组成。互连功能十分复杂,为了便于实现这种功能,把它划分成有明确定义的多个层次,并规定对等层通信的协议和相邻层之间的服务与接口,这些层、对等层通信的协议及相邻层的接口就称为计算机网络的体系结构。网络功能经过层次划分后,各层保持相对独立,各层功能的实现技术,技术进步对某一层的影响等都不会波及其他层,因此实现时比较灵活,且有利于网络技术的标准化。

3. 网络体系结构参考模型

首先提出计算机网络体系结构概念的是 IBM 公司。1974 年,IBM 公司提出了系统网络体系结构 SNA。之后,各公司相继提出了自己的网络体系结构,而这些网络体系结构构成的网络之间无法互相通信和互操作。为了在更大范围内共享资源和通信,1978 年,国际标准化组织(ISO)提出了开放系统互联参考模型,并陆续推出了有关协议的国际标准,从而确立了 OSI 网络体系结构。

OSI 参考模型共有 7 层,从下往上分别为物理层、数据链路层、网络层、运输层、会话层、表示层和应用层。

各层的功能可以简单概括成表 3-1 所示的内容。

表 3-1 OSI 参考模型各层的主要功能

层次	名称	主要功能
7	应用层	处理网络应用
6	表示层	数据表示
5	会话层	互联主机通信
4	运输层	端到端连接
3	网络层	分组传输和路由选择
2	数据链路层	传送以帧为单位的信息
1	物理层	二进制传输

4. Internet 网络体系结构

Internet 网络体系结构以 TCP/IP 为核心,也叫 TCP/IP 网络体系结构。其中,IP 协议用来给各种不同的通信子网提供一个统一的互联平台,TCP 协议则用来为应用程序提供端到端的通信和控制功能。

TCP/IP 体系结构共分四层,即通信子网层、网络层、运输层和应用层。每一层提供特定功能,层与层之间相对独立,与 OSI 参考模型相比,TCP/IP 体系结构没有表示层和会话层,这两层的功能由应用层提供,OSI 参考模型的物理层和数据链路层功能由通信子网层完成。

1) 通信子网层

通信子网层是 TCP/IP 体系结构的最底层,它负责通过网络发送和接收 IP 数据报。该层中所使用的协议为各通信子网本身固有的协议，如以太网的 802.3 协议、令牌环网的 802.5 协议等。

2）网络层

网络层是 TCP/IP 体系结构的第二层，它相当于 OSI 参考模型的网络层的无连接网络服务。网络层负责将源主机的分组发送到目的主机，源主机与目的主机可以在同一个网络上，也可以在不同的网络上。

3）运输层

运输层是 TCP/IP 体系结构的第三层，它负责应用进程之间的端到端通信。运输层的主要目的是在源主机与目的主机的对等实体间建立用于会话的端到端连接。从这一点上看，Internet 网络体系结构的运输层与 OSI 参考模型的运输层功能是相似的。

4）应用层

应用层是 TCP/IP 体系结构的最高层，它包括所有的高层协议，并且不断有新的协议加入。

OSI 参考模型和 TCP/IP 体系结构之间有很多相似之处：它们都采用了层次体系结构，每一层实现的特定功能大体相似。当然，这两个模型之间也存在着许多差异，OSI 参考模型有三个主要概念：服务、接口和协议，TCP/IP 体系结构最初没有明确区分服务、接口和协议；两个模型在层的数量上有明显的差别：OSI 参考模型有 7 层，而 TCP/IP 体系结构只有 4 层，如图 3-6 所示；另一个差别是 OSI 参考模型在网络层支持无连接和面向连接的通信，但是在运输层仅有面向连接的通信，TCP/IP 体系结构在网络层只有一种通信模式，在运输层支持两种模式，要特别指

OSI 参考模型	TCP/IP 体系结构
应用层	应用层
表示层	
会话层	
运输层	运输层
网络层	网络层
数据链路层	通信子网层
物理层	

图 3-6　OSI 参考模型与 TCP/IP 体系结构的比较

出的是，这两者的协议标准是不相同的。相对而言，TCP/IP 体系结构要简单得多，OSI 参考模型在协议数量上也要远远大于 TCP/IP 体系结构。

3.2　局　域　网

3.2.1　局域网的基本概念

1. 局域网的特点

局域网是小范围的通信网络，与广域网相比，局域网主要具有三个特点：

(1) 局域网覆盖较小的地理范围。局域网通常用于机关、工厂、学校等单位内部联网。

(2) 具有较高的传输速率。局域网的传输速率常为 Mbit/s，有的高达 100Mbit/s，能很好地支持计算机间的高速通信。

(3) 具有较低的误码率。局域网由于传输距离短，因而失真小，误码率低，可靠性较高。

2. 局域网的组成

局域网是由软件系统和硬件系统两大部分组成。

(1) 局域网的硬件系统。从物理组成上看，基本硬件有计算机、网卡、通信介质、交换机等。

(2) 局域网的软件系统。局域网的软件系统主要包括：网络操作系统、工作站软件、网卡驱动程序、网络应用软件、网络管理软件、网络诊断和备份软件。常见的网络操作系统有 Windows XP、Windows 7、Linux、UNIX 等。

3.2.2 局域网的拓扑结构

拓扑结构是计算机网络的重要特征。所谓拓扑，由数学上的图论演变而来，是一种研究与大小、形状无关的线和面特性的方法。网络的拓扑结构就是把网络中的计算机看成一个节点，把通信线路看成一根连线，是网络节点的几何或物理布局。网络的拓扑结构主要有总线型、环型、星型和树型，如图 3-7 所示。

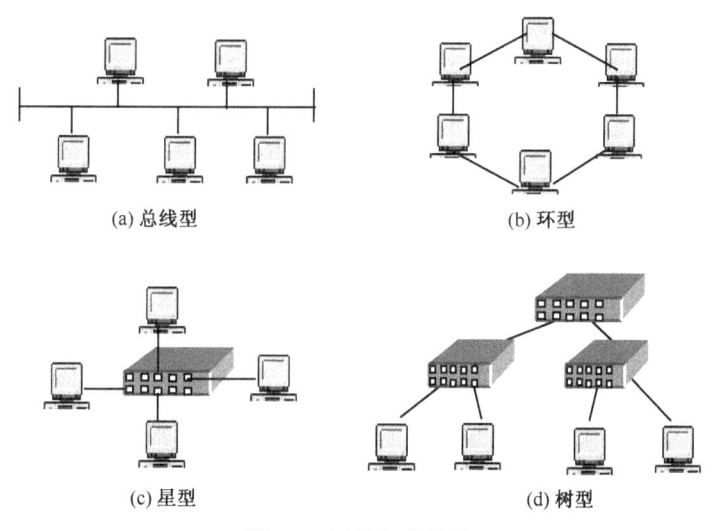

(a) 总线型

(b) 环型

(c) 星型

(d) 树型

图 3-7 网络拓扑结构

1. 总线型

所有节点都连接到一条主干电缆上，这条主干电缆称为总线。总线型结构没有关键性节点，单一的工作站故障并不影响网上其他站点的正常工作。此外，电缆连接简单，易于安装，增加和撤销网络设备灵活方便，成本低。但是，故障诊断困难，尤其是总线故障会引起整个网络瘫痪。

2. 星型

星型拓扑结构中，每个节点都由一个单独的通信线路与中心节点连接。中心节点控制着全网的通信，任何两个节点间的通信都要通过中心节点。星型结构安装简单，容易实现，便于管理，但中心节点出现故障会造成全网瘫痪。

3. 环型

环型拓扑结构中的节点以环形排列，每一个节点都与它的前一个节点和后一个节点相连，信号沿着一个方向环形传送。当一个节点发送数据后，数据沿着环发送，直到到达目标节点，这时下一个要发送信息的节点再将数据沿着环发送。环形网络使用电缆长度短，成本低，但环中任意一处故障都会造成网络瘫痪。

4. 树型

树型拓扑结构可以看成是星型拓扑结构的扩展。在树型拓扑结构中，节点按层次进行连接。

3.2.3 局域网常用技术

1. 局域网参考模型

国际上通用的局域网标准由电气和电子工程师协会（Institute of Electrical and Electronics Engineers，IEEE）的 802 委员会制定。IEEE 802 委员会根据局域网使用的传输介质、网络拓扑结构、性能及实现难易等因素，为 LAN 制定了一系列标准，称为 IEEE 802 标准，已被 ISO 采纳为国际标准，称为 ISO 标准。

IEEE 802 提出的局域网参考模型（LAN/RM）分为三层，从下往上分别为物理层、MAC 子层和 LLC 子层。各层功能如下：

（1）物理层。物理层提供在物理实体间发送和接收比特的能力，一对物理实体能确认出两个 MAC 子层实体间同等层比特单元的交换。物理层也要实现电气、机械、功能和规程四大特性的匹配。

（2）MAC 子层。MAC 子层支持数据链路功能，并为 LLC 子层提供服务。它将上层交下来的数据封装成帧进行发送（接收时进行相反过程，将帧拆卸），实现和维护 MAC 协议，比特差错检验和寻址等。

（3）LLC 子层。LLC 子层向高层提供一个或多个逻辑接口（具有帧发和帧收功能）。发送时把要发送的数据加上地址和 CRC 校验字段构成帧，介质访问时把帧拆开，执行地址识别和 CRC 校验功能，并具有帧顺序控制和流量控制等功能。LLC 子层还包括某些网络层功能，如数据报、虚拟控制和多路复用等。

2. 局域网介质访问控制方式

局域网介质访问控制方式主要解决介质使用权或机构问题，从而实现对网络传输信道的合理分配。局域网介质访问控制是局域网的一项重要任务，对局域网体系结构、工作过程和网络性能产生决定性的影响。

局域网介质访问控制包括：确定网络节点能够将数据发送到介质上去的特定时刻，解决如何访问和利用公用传输介质并加以控制。传统的局域网介质访问控制方式有三种：带冲突检测的载波监听多路访问（Carrier Sense Multiple Access with Collision Detection，CSMA/CD）、令牌环和令牌总线。

3. 共享介质局域网和交换局域网

局域网从介质访问控制方式的角度可以分为共享介质局域网(Shared LAN)与交换局域网(Switched LAN)。共享介质局域网又可以分为 Ethernet、Token Bus、Token Ring 与 FDDI，以及在此基础上发展起来的 Fast Ethernet、FDDI Ⅱ等。交换局域网可以分为交换以太网(Switched Ethernet)与 ATM LAN，以及在此基础上发展起来的虚拟局域网，其中交换以太网应用最为广泛。交换局域网已经成为当前局域网技术的主流。

1) 共享介质局域网的工作原理及存在的问题

传统的局域网技术建立在"共享介质"的基础上，网络中所有节点共享一条公共传输介质，典型的介质访问控制方式是 CSMA/CD、Token Ring、Token Bus。

2) 交换局域网的特点

以交换以太网为例对交换局域网的特点进行说明。交换以太网是指以数据链路层的帧为数据交换单位，以以太网交换机为基础构成的网络。它从根本上解决了共享介质以太网所带来的问题。

交换局域网的核心设备是局域网交换机，它可以在它的多个端口之间建立多个并发连接。为了保护用户已有的投资，局域网交换机一般是针对某类局域网设计的。

对于传统的共享介质以太网来说，当连接在集线器(Hub)上的一个节点发送数据时，它使用广播方式将数据传送到 Hub 的每个端口。因此，共享介质以太网的每个时间片内只允许一个节点占用公用通信信道。交换局域网从根本上改变了"共享介质"的工作方式，它可以通过以太网交换机支持交换机端口之间的多个并发连接，实现多节点之间数据的并发传输，因此，交换局域网可以增加网络带宽，改善局域网的性能与服务质量。

4. 第三层交换技术

传统的局域网交换机是一种第二层网络连接设备，它在操作过程中不断收集信息去建立起它本身的一个 MAC 地址表。这个表相当简单，基本上说明了某个 MAC 地址是在哪个端口上被发现的。这样当交换机收到一个数据包时，它便会查看一下该数据包的目的 MAC 地址，核对一下自己的地址表以确认该从哪个端口把数据包发出去。但当交换机收到一个不认识的数据包时，也就是说如果目的 MAC 地址不在 MAC 地址表中，交换机便会把该数据包"扩散"出去，即从所有端口发出去，就如同交换机收到一个广播包一样，这就暴露出传统局域网交换机的弱点：不能有效地解决广播风暴和异种网络互连以及安全性控制等问题。

第三层交换也称多层交换技术或 IP 交换技术，是相对于传统交换概念提出的。众所周知，传统的交换技术是在 OSI 网络参考模型中的第二层——数据链路层进行操作的，而第三层交换技术在 OSI 网络参考模型中的第三层实现分组的高速转发。简单地说，第三层交换技术就是"第二层交换技术+第三层转发"。第三层交换技术的出现，解决了局域网中网段划分之后网段中的子网必须依赖路由器进行管理的局面，解决了传统路由器低速、复杂所造成的网络瓶颈问题。

一个具有第三层交换功能的设备，是一个带有第三层路由功能的第二层交换机，但它是两者的有机结合，而不是简单地把路由器设备的硬件及软件叠加在局域网交换机上。

3.3 国际互联网 Internet

3.3.1 Internet 基础

1. Internet 的定义

Internet 是指通过 TCP/IP 协议将世界各地的网络连接起来，实现资源共享和提供各种应用服务的全球性计算机网络，国内一般称其为因特网或国际互联网。

2. Internet 的逻辑结构

Internet 使用路由器将分布在世界各地数以千计的规模不一的计算机网络互连起来，成为一个超大型国际网，网络之间通信采用 TCP/IP 协议，屏蔽了物理网络连接的细节，使用户感觉使用的是一个单一网络，可以没有区别地访问 Internet 上任何主机。Internet 的逻辑结构如图 3-8 所示。

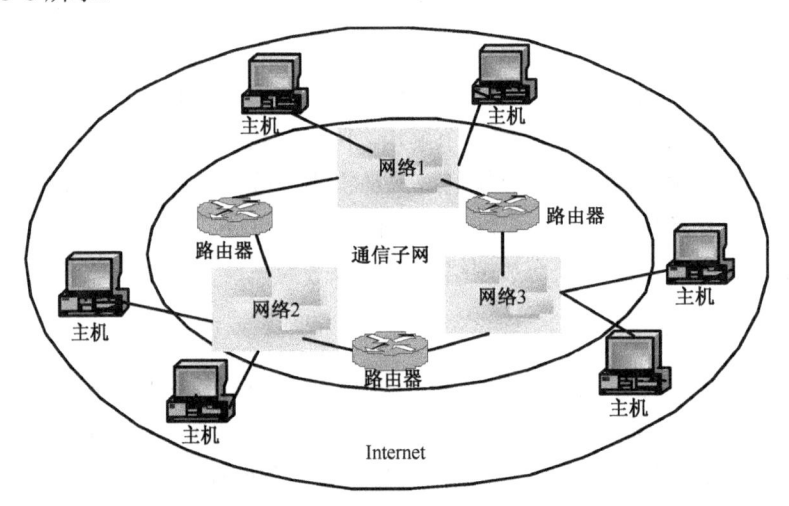

图 3-8 Internet 的逻辑结构

3. Internet 的特点

Internet 有以下几个特点：入网方式灵活多样，采用 C/S（客户机/服务器）结构，信息覆盖面广、容量大、时效长，收费低廉，具有公平性等。

另一方面，资源的分散化管理为 Internet 上信息的查找带来了很大困难，而且 Internet 目前仍存在安全问题，作为一个"没有法律、没有警察、没有国界和没有总统的全球性网络"，其开放性和自治性使它在安全方面先天不足。此外，计算机病毒也是困扰 Internet 发展的重要因素之一。

4. Internet 的发展历程

1) 在世界上的发展情况

就全世界而言，Internet 的发展经历了研究实验、实用发展和商业化三个阶段。

(1) 研究实验阶段(1968～1983年)。此阶段也是 Internet 的产生阶段。Internet 起源于1969 由美国国防部建成的 ARPAnet，它最初采用"主机"协议，后改用"网络控制协议(NCP)"。直到 1983 年，ARPAnet 上的协议才完全过渡到 TCP/IP。美国加利福尼亚伯克利分校把该协议作为其 BSD UNIX 的一部分，使得该协议流行起来，从而诞生了真正的 Internet。

(2) 实用发展阶段(1984～1991年)。此阶段 Internet 以美国国家科学基金网(NSFnet)为主干网。1986 年，美国国家科学基金会(National Science Foundation，NSF)利用 TCP/IP 协议，在五个科研教育服务超级计算机中心的基础上建立了 NSFnet 广域网。其目的是共享它拥有的超级计算机，推动科学研究发展。随后，ARPAnet 逐步被 NSFnet 替代。1990 年，ARPAnet 退出了历史舞台，NSFnet 成为 Internet 的骨干网。

(3) 商业化阶段(1991 年起)。1991 年，美国的三家公司 Genelral Atomics、Performance Systems International、UUNET Technologies 开始分别经营自己的 CERFnet、PSInet 及 Alternet 网络，可以在一定程度上向客户提供 Internet 联网服务和通信服务。他们组成了"商用 Internet 协会(Commercial Internet Exchange Association，CIEA)"，该协会宣布用户可以把它们的 Internet 子网用于任何的商业用途。由此，商业活动大面积展开。

1995 年 4 月 30 日，NSFnet 正式宣布停止运作，转为研究网络，代替它维护和运营 Internet 骨干网的是经美国政府指定的三家私营企业：Pacific Bell、Ameritech Advanced Data Services and Bellcore 及 Sprint。至此，Internet 骨干网的商业化彻底完成。

2) 在我国的发展情况

Internet 引入我国的时间不长，但发展很快，下面分别进行介绍。

(1) 研究试验阶段(1986～1993年)

1986 年，北京市计算机应用技术研究所实施的国际联网项目——中国学术网(Chinese Academic Network，CANET)启动，其合作伙伴是德国卡尔斯鲁厄大学。

1987 年 9 月 CANET 在北京计算机应用技术研究所内正式建成中国第一个国际互联网电子邮件节点，并于当月 14 日发出了中国第一封电子邮件："Across the Great Wall, we can reach every corner in the world.(越过长城，走向世界)"，揭开了中国人使用互联网的序幕。

1989～1993 年建成世界银行贷款项目中关村地区教育与科研示范网络(National Computing and Networking Facility of China，NCFC)工程，包括一个主干网和三个院校网——中科院院网(CASNET)、清华大学校园网(TUNET)、北京大学校园网(PUNET)。

1990 年 11 月 28 日，钱天白教授代表中国正式在 SRI-NIC(Stanford Research Institute's Network Information Center)注册登记了中国的顶级域名 CN，并且开通了使用中国顶级域名 CN 的国际电子邮件服务，从此中国的网络有了自己的身份标识。

(2) 起步阶段(1994～1996年)

这一阶段主要为教育科研应用。1994 年 1 月，美国国家科学基金会同意了 NCFC 正式接入 Internet 的要求。同年 4 月 20 日，NCFC 工程通过美国 Sprint 公司连入 Internet 的 64K 国际专线开通，实现了与 Internet 的全功能连接，从此我国正式成为有 Internet 的国家。1994 年 5 月，开始在国内建立和运行我国的域名体系。

随后几大公用数据通信网——中国公用分组交换数据通信网(ChinaPAC)、中国公用数字数据网(ChinaDDN)、中国公用帧中继网(ChinaFRN)建成,为我国 Internet 的发展创造了条件。同一时期,我国相继建成四大互联网——中国科学技术网(CSTNET)、中国教育和科研网(CERNET)、中国公用计算机网(CHINANET)、中国金桥信息网(CHINAGBN)。

(3) 快速增长阶段(1997~2003 年)

1997 年 6 月 3 日,根据国务院信息化工作领导小组办公室的决定,中国科学院在中科院网络信息中心组建了中国互联网络信息中心(CNNIC),同时,国务院信息化工作领导小组办公室宣布成立中国互联网络信息中心工作委员会。在这一阶段我国的 Internet 沿着两个方向迅速发展,一是商业网络迅速发展,二是政府上网工程开始启动。

商业网络方面,我国接入互联网络的计算机从 1998 年的 64 万台直升到 2003 年年底的 3089 万台,互联网用户从 1998 年的 80 万急速增长到 2003 年年底的 7950 万。此外,到 2003 年 CN 下注册的域名数、网站数分别达到 34 万和 59.6 万,IP 地址数也增长到 59571712 个,网络国际出口带宽总量达到 27216M,连接有美国、加拿大、澳大利亚、英国、德国、法国、日本、韩国等十多个国家和地区。

(4) 步入多元化实用阶段(2004 年起)

从中国进入国际互联网发展至今,我国互联网日新月异,取得了丰硕成果,并在普及应用上进入崭新的多元化应用阶段。主要体现在上网方式多元化、上网途径多元化、实际应用多元化、上网用户所属行业多元化等。

(5) 目前发展情况

总体来看,从 1994 年正式接入 Internet 到现在,我国互联网络在上网计算机数、上网用户人数、CN 下注册的域名数、WWW 站点数、网络国际出口带宽、IP 地址数等方面皆有不同程度的变化,呈现出快速增长态势。据 2012 年 7 月 19 日中国互联网络信息中心(CNNIC)发布的《第 30 次中国互联网络发展状况统计报告》数据显示,截至 2012 年 6 月底,我国网民数量达到 5.38 亿,宽带网民数 3.8 亿,手机网民数 3.88 亿,网民规模稳居世界第一位。互联网普及率达到 39.9%。IPv4 地址数量为 3.30 亿,由于全球 IPv4 地址数已于 2011 年 2 月分配完毕,因而自 2011 年开始我国 IPv4 地址数量基本没有变化,当前 IP 地址的增长已转向 IPv6,IPv6 地址数量为 12499 块/32,较 2011 年底增加 3101 块/32,目前中国 IPv6 地址数量在全球的排名为第三位,仅次于巴西(65728 块/32)和美国(18694 块/32)。域名总数为 873 万个,2011 年底增加 98 万个,半年增长率为 12.7%,其中 CN 域名数为 398 万个,半年增加 46 万个。网站总数达到 250 万个,半年增长 21 万个,增长率为 9.1%。

5. 下一代 Internet

1996 年 10 月,美国政府发起下一代国际互联网(Next Generation Internet,NGI)计划,其主要研究工作涉及协议、开发、部署高端试验网以及应用演示,由美国国家科学基金会(NSF)与美国通信公司(MCI)合作建立了 NGI 主干网 VBNS(Very High Bandwidth Network Service);1998 年,美国下一代互联网研究的大学联盟 UCAID 成立,启动 Internet 2 计划,并于 1999 年底建成传输速率 2.5Gbit/s 的 Internet 2 骨干网 Abilene,向 220 个大学、企业、研究机构提供高性能服务,至 2004 年 2 月已升级到 10Gbit/s。

继 NGI 计划结束之后,美国政府立即启动了旨在推动下一代互联网产业化进程的 LSN

(Large Scale Network)计划。加拿大政府支持了其全国性光因特网 CA*net3/4 发展计划,目前已经历四次大规模升级。由于政府的高度重视和大力支持,目前以美加为主的北美地区代表了全球下一代互联网的最高水平。

同一阶段,在亚洲,日本、韩国和新加坡于 1998 年发起建立了"亚太地区先进网络(Asia-Pacific Area Network,APAN)",加入下一代互联网的国际性研究。日本目前在国际 IPv6 的科学研究乃至产业化方面占据国际领先地位。在欧洲,2001 年欧盟启动下一代互联网研究计划,建立了连接 30 多个国家学术网的主干网 GEANT(Gigabit European Academic Network),并以此为基础全面进行下一代互联网各项核心技术的研究和开发。

2002 年,美国 Internet 2 联合欧洲、亚洲各国发起"全球高速互联网(Global Terabit Research Network,GTRN)"计划,积极推动全球化的下一代互联网研究和建设。2004 年 1 月 15 日,包括美国 Internet 2,欧盟 GEANT 和中国 CERNET 在内的全球最大学术互联网,在比利时首都布鲁塞尔欧盟总部向全世界宣布,同时开通全球 IPv6 下一代互联网服务。

近年来,我国已经启动了一系列和下一代互联网研究相关的计划,如国家 863 计划"十五"期间的 IPv6 核心技术开发、IPv6 综合试验环境、高性能宽带信息网(3Tnet)重大专项,中科院的"IPv6 关键技术及城域示范网"和国家计委的"下一代互联网中日 IPv6 合作项目"等,这些计划已经取得部分成果,为我国下一代互联网建设奠定了一定的基础。特别是在下一代互联网络试验网及其应用方面,2000 年在北京地区已建成中国第一个下一代互联网 NSFCNET(中国高速互联研究试验网络)和中国第一个下一代互联网络交换中心 Dragon TAP,实现了与国际下一代互联网 Internet 2 的连接。此外,2004 年 3 月 19 日,中国第一个下一代互联网主干网——CERNET 2 试验网正式宣布开通并提供服务。作为目前全球最大的纯 IPv6 国家骨干网,CERNET 2 标志着中国下一代互联网研究取得重要进展。

6. Internet 的组成

Internet 由硬件和软件两大部分组成,硬件主要包括通信线路、路由器和主机,软件部分主要是指信息资源。

(1) 通信线路。通信线路是 Internet 的基础设施,它将网络中的路由器、计算机等连接起来,主要分为两类:有线通信线路(如光缆、铜缆等)和无线通信线路(如卫星、无线电等)。

(2) 路由器。路由器是 Internet 中极为重要的设备,它是网络与网络之间连接的桥梁,负责将数据由一个网络送到另一个网络。

(3) 主机。计算机是 Internet 中不可或缺的成员,它是信息资源和服务的载体。所有连接在 Internet 上的计算机统称为主机,分为两类,即服务器(Server)和客户机(Client)。

(4) 信息资源。信息资源是用户最关心的问题,Internet 中存在各种各样类型的资源,如文本、图像、声音、视频等。

7. 用户接入 Internet 的方式

用户可以通过以下方式接入 Internet:

(1) 通过拨号使用电话线路接入。这种方式利用串行线路通信协议(Serial Line Internet

Protocol，SLIP)或点对点协议(Point to Point Peer Protocol，PPP)，使用电话线和调制解调器通过拨号进入一台 Internet 主机。

这种方式简单，造价低，用户只需为计算机加上一个调制解调器(Modem)，向本地的 Internet 提供商申请一个入网账号，安装标准的通信软件，就可以使用，适合于通信量小的个人或单位用户。

(2) 通过与 Internet 主机连接的局域网接入。如果有局域网连入 Internet，则将用户的计算机连入局域网是最有效的方法。

除了以上方式外，还有其他接入方式，如仿真终端方式、ISDN 方式和有线电视方式接入。

3.3.2 IP 地址

连入 Internet 的计算机都应该有自己唯一的标识，以区别出不同的计算机。IP 地址就是按照 IP 协议规定的格式，为每一个正式接入 Internet 的主机所分配的、供全世界唯一标识的通信地址。目前全球广泛应用的 IP 协议是 4.0 版本，记为 IPv4，因而 IP 地址又称为 IPv4 地址，本节所讲 IP 地址除特殊说明外均指 IPv4 地址。

1. IP 地址结构和编址方案

IP 地址用 32 位二进制编址，分为四个 8 位组，由网络号(Net ID)和主机号(Host ID)两部分构成。网络号确定了该台主机所在的物理网络，它的分配必须全球统一；主机号确定了在某一物理网络上的一台主机，它可由本地分配，不需全球一致。

根据网络规模，IP 地址分为 A～E 五类，其中 A、B、C 类称为基本类，用于主机地址，下面进行详细介绍，D 类用于组播，E 类保留不用，如图 3-9 所示。

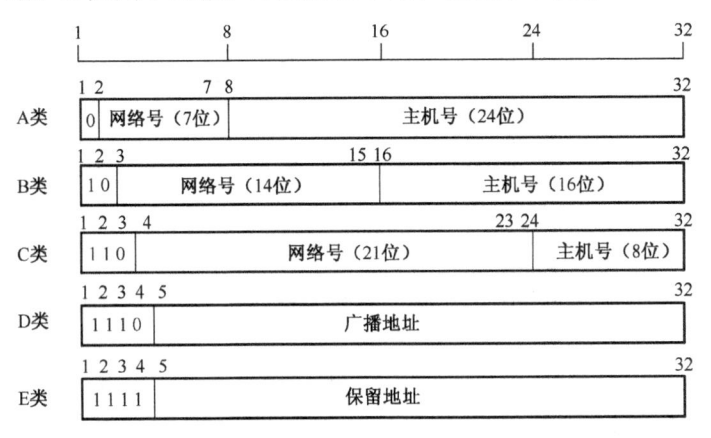

图 3-9 IP 地址编址方案

1) A 类地址

在 IP 地址的四段号码中，第一段号码为网络号码，剩下的三段号码为本地计算机的号码。如果用二进制表示 IP 地址，A 类 IP 地址就由 1 字节的网络地址和 3 字节的主机地址组成，网络地址的最高位必须是"0"。A 类 IP 地址中网络标识长度为 7 位，主机标识长度为 24 位，A 类网络地址数量较少，一般分配给少数规模达 1700 万台主机的大型网络。

2) B 类地址

在 IP 地址的四段号码中，前两段号码为网络号码，B 类 IP 地址就由 2 字节的网络地址和 2 字节的主机地址组成，网络地址的最高位必须是"10"。B 类 IP 地址中网络标识长度为 14 位，主机标识长度为 16 位，B 类网络地址适用于中等规模的网络，每个网络所能容纳的计算机数为 6 万多台。

3) C 类地址

在 IP 地址的四段号码中，前三段号码为网络号码，剩下的一段号码为本地计算机的号码。如果用二进制表示 IP 地址，C 类 IP 地址就由 3 字节的网络地址和 1 字节的主机地址组成，网络地址的最高位必须是"110"。C 类 IP 地址中网络标识的长度为 21 位，主机标识的长度为 8 位，C 类网络地址数量较多，适用于小规模的局域网络，每个网络能够有效使用的最多计算机数只有 254 台。例如，某大学现有 64 个 C 类地址，则可包含有效使用的计算机总数为 254×64=16256 台。

三类 IP 地址空间分布为：A 类网络共有 126 个，B 类网络共有 16000 个，C 类网络共有 200 万个。每类中所包含的最大网络数目和最大主机数目（包括特殊 IP 在内）总结如表 3-2 所示。

表 3-2 三类主要 IP 地址所包含的网络数和主机数

地址类	前缀二进制位数	后缀二进制位数	网络最大数	网络中最大主机数
A	7	24	128	16777216
B	14	16	16384	65536
C	21	8	2097152	256

2. IP 地址表示方式

IP 地址是 32 位二进制数，不便于用户输入、读数和记忆，为此用一种点分十进制数来表示，其中每 8 位一组用一个十进制数表示，并利用点分隔各部分，每组值的范围为 0～255，因此 IP 地址用此种方法表示的范围为 0.0.0.0～255.255.255.255。据上述规则，IP 地址范围及说明如表 3-3 所示。

表 3-3 IP 地址范围及说明

地址类	网络标识范围	特殊 IP 说明
A	0～127	0.0.0.0 保留，作为本机 0.x.x.x 保留，指定本网中的某个主机 10.x.x.x 供私人使用的保留地址 127.x.x.x 保留用于回送，在本地机器上进行测试和实现进程间通信。发送到 127 的分组永远不会出现在任何网络上
B	128～191	172.16.x.x～172.31.x.x，供私人使用的保留地址
C	192～223	192.168.0.x～192.168.255.x，供私人使用的保留地址，常用于局域网中
D	224～239	用于广播传送至多个目的地址用
E	240～255	保留地址 255.255.255.255 用于对本地网上的所有主机进行广播，地址类型为有限广播

注：① 主机号全为 0 用于标识一个网络的地址，如 106.0.0.0 指明网络号为 106 的一个 A 类网络。
② 主机号全为 1 用于在特定网上广播,地址类型为直接广播,如 106.1.1.1 用于在 106 段的网络上向所有主机广播。

3. 子网掩码

子网掩码(Subnet Mask)又叫网络掩码，它是用来指明一个 IP 地址的哪些位标识的是主机所在的子网，哪些位标识的是主机的位掩码。

子网掩码为 32 位二进制数值，分别对应 IP 地址的 32 位二进制数值。对于 IP 地址中的网络号部分在子网掩码中用"1"表示，对于 IP 地址中的主机号部分在子网掩码中用"0"表示。A、B、C 三类地址对应的默认子网掩码如下：

A 类地址的默认子网掩码：255.0.0.0
B 类地址的默认子网掩码：255.255.0.0
C 类地址的默认子网掩码：255.255.255.0

4. IPv6

IPv4 地址总量约为 43 亿，随着网络的迅猛发展，全球数字化和信息化步伐的加快，目前地址资源已分配完毕，然而 IP 地址的需求仍在增长，越来越多的设备、电器、各种机构、个人等加入到争夺 IP 地址的行列中，IPv6 的出现解决了现有 IPv4 地址资源匮乏的问题。

IPv6 是 IPv4 的替代品，是 IP 协议的 6.0 版本，也是下一代网络的核心协议。它和 IPv4 的最大区别在于，IPv4 地址为 32 位二进制，而 IPv6 地址为 128 位二进制。IPv6 在未来网络的演进中，将对基础设施、设备服务、媒体应用、电子商务等诸多方面产生巨大的产业推动力。IPv6 对我国也具有非常重要的意义，是我国实现跨越式发展的战略机遇，将对我国经济增长带来直接贡献。

3.3.3 域名系统

网络上主机通信必须指定双方机器的 IP 地址。IP 地址虽然能够唯一标识网络上的计算机，但它是数字型的，对使用网络的人来说有不便记忆的缺点，因而提出了字符型的名字标识，将二进制的 IP 地址转换成字符型地址，即域名地址，简称域名。

网络中命名资源(如客户机、服务器、路由器等)的管理集合即构成域。从逻辑上，所有域自上而下形成一个森林状结构，每个域都可包含多个主机和多个子域，树叶域通常对应于一台主机，每个域或子域都有其固有的域名。Internet 所采用的这种基于域的层次结构名字管理机制叫做域名系统(Domain Name System，DNS)。它一方面规定了域名语法以及域名管理特权的分派规则，另一方面描述了关于域名-地址映射的具体实现。

1. 域名规则

域名系统将整个 Internet 视为一个由不同层次的域组成的集合，即域名空间，并设定域名采用层次型命名法，从左到右，从小范围到大范围，表示主机所属的层次关系。不过，域名反映出的这种逻辑结构和其物理结构没有任何关系，也就是说，一台主机的完整域名和物理位置并没有直接的联系。

域名由字母、数字和连字符组成，开头和结尾必须是字母或数字，最长不超过 63 个字符，而且不区分大小写。完整的域名总长度不超过 255 个字符。在实际使用中，每个域名的长度一般小于 8 个字符。通常其格式如下：

主机名．机构名．网络名．顶层域名

例如：www.tsinghua.edu.cn 就是清华大学主机的域名。

顶层域名又称最高域名，分为两类：一类通常由三个字母构成，一般为机构名，是国际顶级域名；另一类由两个字母组成，一般为国家或地区的地理名称。

（1）机构名称：如 com 为商业机构，edu 为教育机构等，如表 3-4 所示。

表 3-4　国际顶级域名、机构名称

域名	含义	域名	含义
.com	商业机构	.net	网络组织
.edu	教育机构	.int	国际机构（主要指北约）
.gov	政府部门	.org	其他非盈利组织
.mil	军事机构		

随着 Internet 用户的激增，域名资源越发紧张，为了缓解这种状况，加强域名管理，Internet 国际特别委员会在原来基础上增加以下国际通用顶级域名，如表 3-5 所示。

表 3-5　新增的国际顶级域名

域名	含义	域名	含义
.firm	公司、企业	.aero	用于航天工业
.store	商店、销售公司和企业	.coop	用于企业组织
.web	突出 WWW 活动的单位	.museum	用于博物馆
.art	突出文化、娱乐活动的单位	.biz	用于企业
.rec	突出消遣、娱乐活动的单位	.name	用于个人
.info	提供信息服务的单位	.pro	用于专业人士
.nom	个人		

（2）地理名称：如 cn 代表中国，us 代表美国，ru 代表俄罗斯等，如表 3-6 所示。

表 3-6　部分国家代码

国家	中国	瑞典	英国	法国	德国	日本	加拿大	澳大利亚	美国
国家代码	cn	se	uk	fr	de	jp	ca	au	us

2．中国的域名结构

中国的最高域名为 cn。二级域名分为用户类型域名和省、市、自治区域名两类。

（1）用户类型域名。此类型为国际顶级域名后加 ".cn"，如 com.cn 表示工、商、金融等企业，edu.cn 表示教育机构，gov.cn 表示政府机构等。

（2）省、市、自治区域名。这类域名适用于我国各省、自治区、直辖市，如 bj.cn 代表北京市，sh.cn 代表上海市，hn.cn 代表湖南省等。

3．IP 地址与域名

IP 地址和域名相对应，域名是 IP 地址的字符表示，它与 IP 地址等效。当用户使用 IP 地址时，负责管理的计算机可直接与对应的主机联系，而使用域名时，则先将域名送往域名服务器，通过服务器上的域名/IP 地址对照表翻译成相应的 IP 地址，传回负责管理的计算机后，再通过该 IP 地址与主机联系。Internet 中一台计算机可以有多个用于不同目的的域名，但只能有一个 IP 地址(不含内网 IP 地址)。一台主机从一个地方移到另一个地方，当它属于不同的网络时，其 IP 地址必须更换，但是可以保留原来的域名。

3.3.4 Internet Explorer 浏览器的使用方法

Internet Explorer(简称 IE)作为 Windows 7 操作系统的一个组件，只要安装了 Windows 7，就会自动安装到用户的机器上。选择"开始"→"所有程序"→"Internet Explorer"命令或者单击任务栏上的 IE 图标都可以启动 Internet Explorer 浏览器。

1. 浏览 Web 页的方法

启动 IE 浏览器后，显示的是预先设置好的主页。进入主页后，就可以通过超级链接进行浏览。在浏览过程中，可单击工具栏上的"后退"和"前进"按钮向后或向前翻页。

浏览 Web 页的方法主要有以下两种：

(1) 在 IE 浏览器窗口的地址栏中输入网址后按 Enter 键，即可打开 Web 页，如想访问北京大学的网站，就可在地址栏中输入"www.pku.edu.cn"后按 Enter 键。

(2) 在查看 Web 页时，当鼠标指针移动到超级链接上时，鼠标指针会变成小手形状，单击该链接，即可跳转到相应的 Web 页。

2. IE 窗口的结构

IE 9.0 窗口的结构如图 3-10 所示。

图 3-10　IE 9.0 窗口的结构

在浏览网页时，常用到 IE 的一些工具按钮，下面分别介绍这些按钮的功能：
返回：返回到前一个 Web 页。

前进：进入下一个 Web 页。

搜索：搜索 Web 页。

刷新：刷新当前显示的 Web 页。

停止：停止当前网页的传送。

新建选项卡：打开新的空白选项卡，可以在新的选项卡中打开网页。

3．IE 的设置

IE 的默认起始页是微软公司的主页，用户也可以使用自己喜欢的网页作为起始页。方法是：单击 IE 窗口右上角的"工具"按钮，在弹出的菜单中选择"Internet 选项"命令，弹出"Internet 选项"对话框，如图 3-11 所示。选择"常规"选项卡，单击"使用当前页"按钮，可将当前打开的 Web 页设置为起始页，单击"使用默认值"按

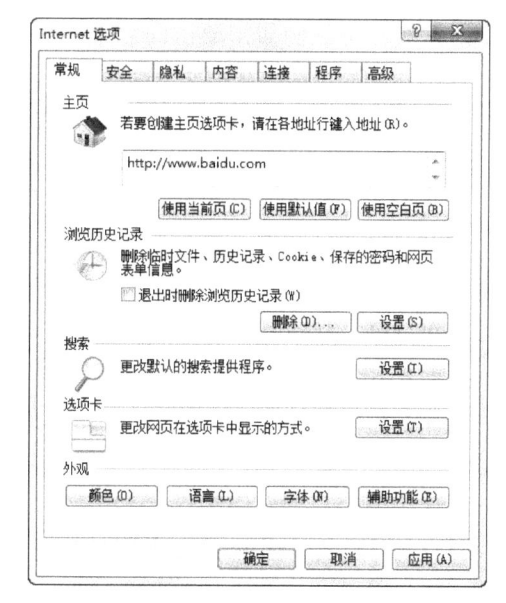

图 3-11 "Internet 选项"对话框

钮，可将起始页恢复为默认起始页，单击"使用空白页"按钮，可将空白网页设置为起始页。还可以在"主页"栏的"地址"文本框中输入指定的网页地址，将其设置为起始页。此外，在"常规"选项卡中还可删除浏览历史记录、更改外观等。

除"常规"选项卡外，"Internet 选项"对话框还有"安全"、"隐私"、"内容"、"连接"、"程序"和"高级"选项卡，可以对诸多 Internet 选项进行设置，如设置安全级别、设置弹出窗口阻止程序、管理加载项等。

4．IE 的搜索功能

当需要查找某个信息，但又没有该信息的具体位置时，这时用户就可以使用 IE 的搜索功能来搜索。方法是：直接在地址栏中输入要搜索的关键字，然后按 Enter 键实现搜索。

若希望在当前打开的 Web 页中快速查找自己感兴趣的信息，则可以在当前页中搜索文本。方法是：按 Ctrl+F 键以打开"查找"对话框，在"查找"文本框中输入要查找的内容，单击"上一个"或"下一个"按钮，即可在当前 Web 页中查找所需信息。

5．使用搜索引擎

在 Internet 这个信息海洋中刚上网时很容易出现这种情况，既浪费大量的时间，又没有获得自己想要的信息。学会使用搜索引擎，可以快速找到想要的信息。

搜索引擎是一个用来搜索世界各地因特网网络资源的 Web 服务器。著名的搜索引擎网站有 www.baidu.com（百度）、www.sogou.com（搜狗）、www.yahoo.com（雅虎）、www.sina.com.cn（新浪中国）等。可以登录搜索网站，通过搜索网站来查找自己需要的信息。

网上查询一般有两种方法：①通过输入关键字进行检索；②通过分类目录进行检索。关键字检索是通过输入想要检索的信息主题即关键字来进行查询的一种方法。具体操作是在关键字栏中输入所要检索网站的名称或与该网站有关联的字符串，然后单击其右边的"搜

索"按钮即可。例如，要访问北京大学的网站，但又不知道网址时，可以通过搜索引擎搜索"北京大学"，然后从搜索结果中找到北京大学的网址后访问。如果要查找某方面的资料，但又不具体时，可以采用分类目录进行检索。

6. 保存 Web 页信息

上网查询资料时，发现有用的信息，可以保存到本地计算机中。方法是：单击 IE 窗口右上角的"工具"按钮，在弹出的菜单中选择"文件"→"另存为"命令，弹出"保存网页"对话框，选择保存位置、指定文件名、选择文件类型后单击"保存"按钮。

如果要保存页面上的部分文本，先选中所要的文字信息，按 Ctrl+C 组合键，将所选文字复制到剪贴板，然后再用其他的文字处理程序来进行编辑，如在 Word 中执行"粘贴"命令。

如果要保存网页中的一些精美图片，可以右击该图片，在弹出的快捷菜单中选择"图片另存为"命令，弹出"保存图片"对话框，选择保存位置、指定图片文件名、选择文件类型后，单击"保存"按钮。

3.3.5 Internet 常用服务

Internet 提供了许多的手段和工具，为广大用户服务。这些服务归纳为信息查询、电子邮件、文件传输和远程登录。

1. 信息查询服务

信息查询服务包括 WWW 服务、网络新闻组(UseNet)、电子公告板(BBS)等。WWW 通过超文本方式将 Internet 上不同地址的信息有机地组织在一起，它提供了一个友好的界面，可以用来浏览文本、图像、声音、动画等多种信息。UseNet 是全球性的网上自由论坛。BBS 是一种电子信息服务系统，它向用户提供了一块公共电子白板，每个用户都可以在上面发布信息或提出看法。

2. 电子邮件

电子邮件(E-mail)是一种通过网络实现 Internet 用户之间快速、简便、廉价的现代化通信手段，也是 Internet 上使用最频繁的一种服务。电子邮件使网络用户能够发送和接收文字、图像和声音等多种形式的信息。

3. 文件传输服务

文件传输协议(File Transfer Protocol，FTP)是 Internet 文件传输的基础，通过该协议用户可以从一台 Internet 主机向另一台 Internet 主机复制文件。下载(Download)就是从远程主机复制文件到本地计算机上。上载(Upload)就是将本地计算机的文件复制到远程主机上，也叫上传。

4. 终端仿真服务

终端仿真服务(Telnet)是远程登录协议，用户可以从自己的计算机登录到远程主机上，登录上之后，用户的计算机就好像是远程计算机的终端，可以用自己的计算机直接操作远程计算机。

3.3.6 Internet 的应用

随着 Internet 的发展，Internet 的应用越来越广泛，主要概括以下四个方面。

1. 电子商务

电子商务是指利用电子网络进行的商务活动，它包括网络购物、网络广告等内容。电子商务将会成为 Internet 最重要和最广泛的应用。

2. 网上教育

网上教育即 Internet 远程教育，是指跨越地理空间进行教育活动。远程教育包括授课、讨论和实习等教育活动，克服了传统教育在空间、时间、受教育者年龄和教育环境等方面的限制。

3. 网上娱乐

Internet 上有很多娱乐项目，如网上电影、网上音乐、网络游戏和网上聊天等。

4. 信息服务

在线信息服务使人们足不出户就可了解外面的世界，解决生活中的许多问题，如网上图书馆、电子报刊、网上求职、网上炒股等。

Internet 对社会各方面的影响越来越大，由于 Internet 的开放性，由此引起的版权问题、网络犯罪问题、安全问题等也呈现出来。

3.3.7 电子邮箱的申请和使用

电子邮件最早出现在 ARPAnet 中，是传统邮件的电子化。它的诱人之处在于传递迅速，在 Internet 上，E-mail 是一种最为重要和使用最为普遍的 Internet 资源。通过 E-mail，可以实现 Internet 上任何用户之间文字信息的准确传递，它可以在很短的时间就能完成全球范围内的邮件传递，风雨无阻，比人工邮件快得多。

除了基本的文字信息外，E-mail 也能传递图片、视频、音频和程序等数据文件。

1. E-mail 地址的构成

E-mail 地址，即 Internet 上电子邮箱的地址。E-mail 地址具有以下统一的标准格式：用户名@主机域名。用户名就是用户在主机上使用的用户码，@符号后是主机域名。@可以读成"at"，也就是"在"的意思。整个 E-mail 地址可理解为网络中某台主机上的某个用户的地址。

2. 申请免费的电子邮箱

以在全国知名的 126 网易免费邮申请电子邮箱为例，其他邮箱的申请方式和 126 电子邮箱大同小异。要申请电子邮箱，必须知道电子邮箱的地址，126 电子邮箱的地址是 http://www.126.com 或者 http://mail.126.com，如图 3-12 所示。

图 3-12 126 网易免费邮

其中的"邮箱帐号或手机号"和"密码"是已经申请的用户登录邮箱使用的,没有邮箱的用户可以单击"注册"按钮来申请一个新的电子邮箱。单击"注册"按钮后,出现让用户填写注册信息的窗口,如图 3-13 所示。

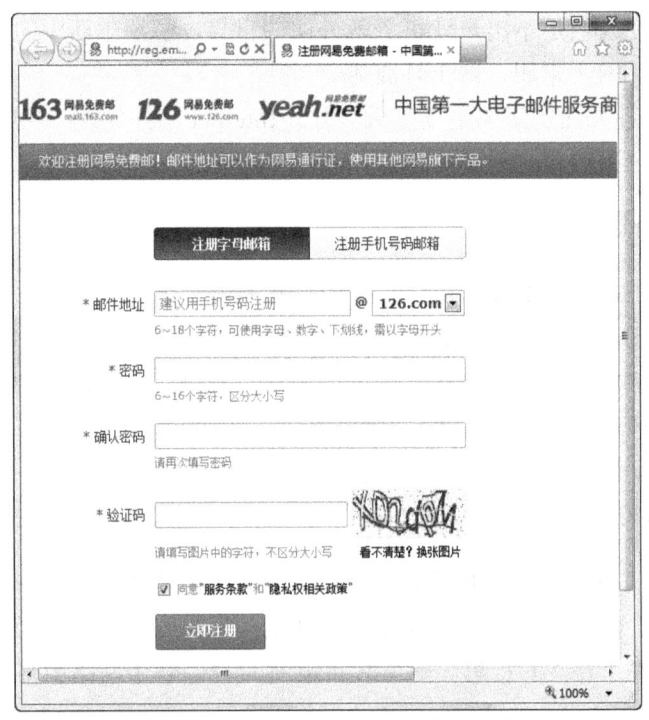

图 3-13 电子邮箱用户注册信息填写窗口

用户可以根据自己的情况输入一个合适的用户名,也可使用手机号码注册。如果输入的用户名已经有人注册,则一旦输入完成,单击其他位置,126 电子邮局就会给用户弹出一个"该邮件地址已注册"的提示,这时需要重新输入一个用户名。填好用户名之后,设置登录密码,再重复输入一次密码以确认密码,最后输入验证码,单击"立即注册"按钮完成注册。

3. 利用电子邮箱发送信件

登录邮箱，单击"写信"按钮即可打开书写邮件的页面，如图 3-14 所示。

图 3-14 利用电子邮箱发信

在"收件人"文本框中输入收件人的电子邮件地址，如果要同时发给多个收件人，可在"收件人"文本框中输入多个电子邮件地址，各个地址之间用分号隔开。

主题是要发出邮件的主题，让收件人大概清楚邮件的内容。若发送邮件时没填写主题，则系统会提示用户："确实真的不需要写主题吗？"，如果确实不用填写主题，就单击"确定"按钮；如果是用户漏填，可以单击"取消"按钮，返回到书写邮件的页面，继续填写。

如果要发送带附件的邮件，可以单击"添加附件"按钮，在弹出的对话框中选择一个或多个文件，单击"打开"按钮，也可以通过多次单击"添加附件"按钮来添加多个附件。

输入邮件的具体内容，书写完毕后，单击"发送"按钮即可发送信件。

4. 利用电子邮箱接收信件

登录邮箱后，单击"收信"或"收件箱"按钮可以打开收件箱，如图 3-15 所示。

单击发件人或邮件主题，即可打开信件，然后阅读。若邮件带有附件，可下载附件到本地计算机，杀毒后打开查看；若确信附件安全，也可直接打开查看。

5. 回复信件

阅读完邮件之后，如果想给发件人回信，可以直接单击"回复"按钮，系统会转到写信页面，而且收件人的 E-mail 地址和主题都已填上，但用户可以修改。

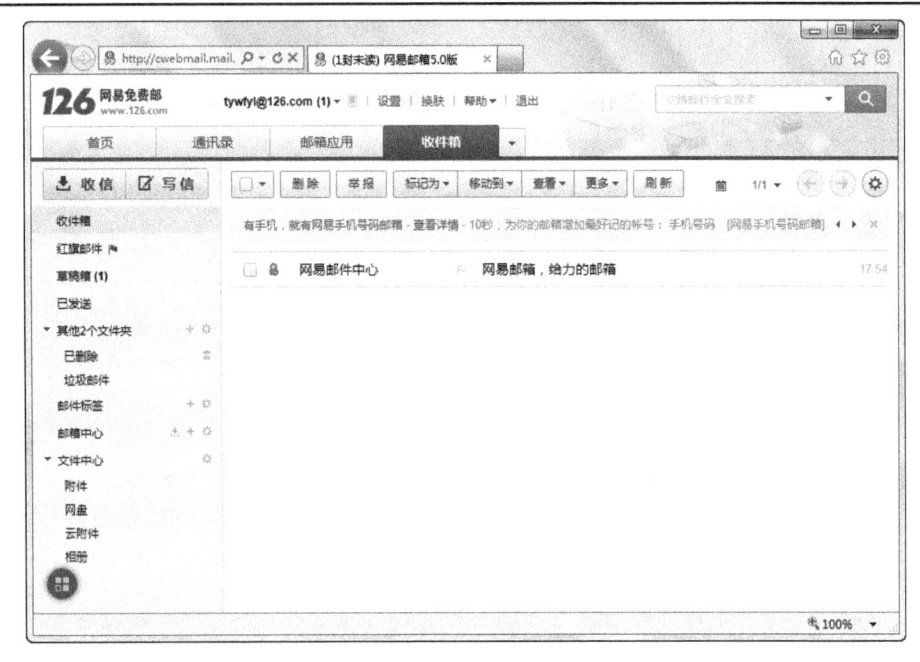

图 3-15 利用电子邮箱收信

3.4 计算机网络安全

3.4.1 计算机网络互联

网络互联是指将不同的网络连接起来,以构成更大规模的网络系统,实现更大范围内的数据通信和资源共享。

1. 网络互联的必要性

(1) ISO/OSI 虽然问世多年,在实际运行中依然存在大量非 OSI 的网络,而且各种现有的特定网络并不一定都采用 OSI 七层模型。

(2) OSI 所采用的通信子网和现有的多种网络产品,本身就决定了各种类型的通信子网将一直共存下去。

(3) 网络互联可以改善网络性能。

随着商业需求的推动,特别是 Internet 的深入人心,网络互联技术成为实现诸如 Internet 这样的大规模通信和资源共享的关键技术。

2. 网络互联基本原理

网络互联的基本原理是 ISO 七层协议参考模型。

不同目的的网络互联可以在不同的网络层次中实现。由于网络间存在的差异,也就需要用不同的网络互联设备将各个网络连接起来。根据网络互联设备工作的层次及其所支持的协议,可以将网络设备分为中继器、网桥、路由器和网关,如图 3-16 所示。

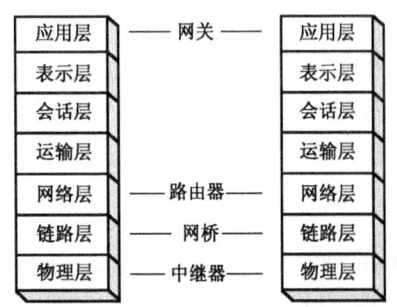

图 3-16 计算机网络互联模型

3. 常见的网络互联设备

网络互联可分为 LAN-LAN、LAN-WAN、LAN-WAN-LAN、WAN-WAN 四种类型。在以上四种互联模式中,常常会用到以下四种互连设备。

(1) 中继器。中继器工作于网络的物理层,用于互连两个相同类型的网段,如两个以太网段,它在物理层实现透明的二进制比特复制,补偿信号衰减。中继器接收从一个网段传来的所有信号,进行放大后发送到下一个网段。

(2) 网桥。网桥是用于连接两个或两个以上具有相同通信协议、传输介质及寻址结构的局域网的互连设备,能实现网段间或 LAN 与 LAN 之间互连,互连后成为一个逻辑网络。它也支持 LAN 与 WAN 之间的互连。

(3) 路由器。路由器工作在网络层,用于连接多个逻辑上分开的网络。为了给用户提供最佳的通信路径,路由器利用路由表为数据传输选择路径,路由表包含网络地址以及各地址之间距离的清单,路由器利用路由表查找数据包从当前位置到目的地址的正确路径。路由器使用最少时间算法或最优路径算法来调整信息传递的路径,如果某一路径发生故障或堵塞,路由器可选择另一条路径,以保证信息的正常传输。路由器可进行数据格式的转换,成为不同协议之间网络互连的必要设备。

(4) 网关。网关用于类型不同且差别较大的网络系统间的互联。主要用于不同体系结构的网络或者局域网与主机系统的连接。在互连设备中,它最为复杂,一般只能进行一对一的转换,或是少数几种特定应用协议的转换。目前,网关已成为网络上每个用户都能访问大型主机的通用工具。

3.4.2 计算机网络安全概述

计算机网络的安全问题很早就出现了,而且随着互联网的不断发展和网络新技术的应用,网络安全问题表现得更为突出。据统计,全球约每 20 秒钟就发生一次计算机入侵事件,Internet 上的网络防火墙约 1/4 被突破,约 70%以上的网络主管人员报告因机密信息泄露而受到损失。这些问题突出表现在黑客攻击、恶性代码的网上扩散。

1. 网络安全含义

网络安全是一个关系到国家安全和主权、社会稳定、民族文化继承和发扬的重要问题,其重要性正随着全球信息化的步伐而变得越来越重要。网络安全是一门涉及计算机科学、网络技术、加密技术、信息安全技术、应用数学、数论和信息论等多学科的综合性科学。

网络安全本质上就是网络信息的安全。从广义上讲,凡是涉及网络信息的保密性、完整性、可用性、真实性和可控性的相关技术和理论都是网络安全的研究领域,而且因各主体所处的角度不同对网络安全有不同的理解。

2. 网络安全问题

网络安全包括网络设备安全、网络系统安全、数据库安全等。安全问题主要表现在:
(1) 操作系统的安全问题。不论采用什么操作系统,在默认安装条件下都会存在一些安全问题,只有专门针对操作系统的安全性进行严格的安全配置,才能达到一定的安全程度。

(2) 未进行 CGI(Common Gateway Interface,公共网关接口)程序代码审计。如果是通用的 CGI 问题，防范起来还稍微容易一些，但是对于网站或软件供应商专门开发的一些 CGI 程序，很多存在严重的 CGI 问题。

（3）拒绝服务攻击。随着电子商务的兴起，对网站实时性要求越来越高，拒绝服务攻击（Denial of Service，DoS）或分布式拒绝服务攻击（Distributed Denial-of-Service，DDoS）对网站威胁越来越大。

（4）安全产品使用不当。每个网站都有一些网络安全设备，但由于安全产品本身问题或使用问题，这些产品并没有起到应有的作用。

（5）缺少严格的网络安全管理制度。网络安全最重要的是在思想上要高度重视，网站或局域网内部的安全需要用完备的安全制度来保障。建立和实施严密的计算机网络安全制度与策略是真正实现网络安全的基础。

3. 网络安全策略

面对众多的安全威胁，为了提高网络的安全性，除了加强网络安全意识、做好故障恢复和数据备份外，还应制订合理有效的安全策略，以保证网络和数据的安全。安全策略指在某个安全区域内，用于所有与安全活动相关的一套规则。这些规则由安全区域中所设立的安全权力机构建立，并由安全控制机构来描述、实施或实现。经研究分析，安全策略有三个不同的等级，即安全策略目标、机构安全策略和系统安全策略，它们分别从不同的层面对要保护的特定资源所要达到的目的、采用的操作方法和应用的信息技术进行阐述。

由于安全威胁包括对网络中设备和信息的威胁，因此制订安全策略也围绕这两方面进行。主要策略有：物理安全策略、访问控制策略、防火墙控制策略和加密策略。

3.4.3 计算机病毒与木马

1983 年 11 月，世界上第一个计算机病毒诞生在实验室中；20 世纪 80 年代末期，出现了第一个在世界上流行的真正病毒——Pakistan Brain（巴基斯坦智囊）病毒；1988 年 11 月，一个名叫罗伯特·莫里斯的康奈尔大学的研究生，在互联网上投放了一种计算机程序——蠕虫，这种程序可以进行自我复制，在很短的时间内使互联网上 10%的主机无法工作，这一事件使人们认识到网络的安全问题。我国也在 1989 年发现了计算机病毒。从开始的简单病毒到变形病毒，到特洛伊木马与有害代码，计算机病毒在不断发展，它的结构越来越复杂。

随着计算机网络的发展，计算机病毒、木马程序的滋扰也越加频繁，危害越来越大。如何保证数据的安全，防止计算机病毒和木马的破坏，成为当今计算机研制人员和应用人员所面临的重大问题。

1. 计算机病毒

自从 1946 年第一台冯·诺依曼型计算机 ENIAC 出世以来，计算机已被应用到人类社会的各个领域。然而，1988 年发生在美国的"蠕虫病毒"事件，给计算机技术的发展罩上了一层阴影。蠕虫病毒是由美国康奈尔大学的研究生罗伯特·莫里斯编写的，虽然并无恶意，但在当时，"蠕虫"在 Internet 上大肆传染，使得数千台联网的计算机停止运行，并造成巨额损失，成为一时的舆论焦点。在国内，最初引起人们注意的病毒是 20 世纪 80 年代末出现的"黑色星期五"、"米氏病毒"、"小球病毒"等，因当时软件种类不多，用户之间的软件交流较为频繁且反病毒软件并不普及,造成病毒的广泛流行。后来出现的 Word 宏病毒及 Windows 95 下的 CIH 病毒,使人们对病毒的认识更加深了一步。

1) 病毒的定义

从广义上定义,凡能够引起计算机故障,破坏计算机数据的程序统称为计算机病毒。1994 年 2 月 18 日,我国正式颁布实施了《中华人民共和国计算机信息系统安全保护条例》,在该条例第二十八条中明确指出:"计算机病毒,是指编制或者在计算机程序中插入的破坏计算机功能或者毁坏数据,影响计算机使用,并能自我复制的一组计算机指令或者程序代码。"

2) 病毒的特征

(1) 传染性。正常的计算机程序一般是不会将自身的代码强行连接到其他程序之上的。而病毒却能使自身的代码强行传染到一切符合其传染条件的未受到传染的程序之上。计算机病毒可通过各种可能的渠道,如可通过移动磁盘、计算机网络去传染其他的计算机。是否具有传染性是判别一个程序是否为计算机病毒的最重要条件。

(2) 隐蔽性。病毒一般是具有很高编程技巧、短小精悍的程序。通常附在正常程序中,病毒程序与正常程序是不容易区别的。一般在没有防护措施的情况下,计算机病毒程序取得系统控制权后,可以在很短的时间内传染大量程序,而且受到传染后,计算机系统通常仍能正常运行,使用户不会感到任何异常。正是由于隐蔽性,计算机病毒得以在用户没有察觉的情况下扩散到上百万台计算机中。大部分病毒的代码之所以设计得非常短小,也是为了隐藏。

(3) 潜伏性。大部分的病毒感染系统之后一般不会马上发作,它可长期隐藏在系统中,只有在满足其特定条件时才启动其表现(破坏)模块,只有这样它才可进行广泛地传播。如 PETER-2 在每年 2 月 27 日会提三个问题,答错后会将硬盘加密;著名的"黑色星期五"在逢 13 号的星期五发作。

(4) 破坏性。任何病毒只要侵入系统,都会对系统及应用程序产生不同程度的影响。良性病毒可能只显示些画面或出点音乐、无聊的语句,或者根本没有任何破坏动作,但会占用系统资源。恶性病毒则有明确的目的,或破坏数据、删除文件,或加密磁盘、格式化磁盘,有的对数据造成不可挽回的破坏,这也反映出病毒编制者的险恶用心。

(5) 可触发性。计算机病毒一般都有一个触发条件,或者在一定条件下激活一个病毒的传染机制使之进行传染,或者在一定条件下激活一个病毒的表现部分或破坏部分。触发条件可能与多种情况联系起来,如某个日期时间、特定文件等。

(6) 不可预见性。从对病毒的检测方面来看,病毒还有不可预见性。不同种类的病毒,它们的代码千差万别,但有些操作是共有的(如驻内存,改中断),有些人利用病毒的这种共性,制作了声称可查所有病毒的程序,这种程序的确可查出一些新病毒,但由于目前的软件种类极其丰富,且某些正常程序也使用了类似病毒的操作甚至借鉴了某些病毒的技术,使用这种方法对病毒进行检测势必会造成较多的误报情况,而且病毒的制作技术也在不断地提高,病毒对反病毒软件永远是超前的。

3) 病毒的分类

计算机病毒可从不同角度来分类,按破坏程度来分可分为良性病毒、恶性病毒,按照计算机病毒的传染目标可分为引导区型病毒、文件型病毒、混合型病毒、宏病毒等。

4) 计算机病毒的防范

计算机病毒具有很大的危害性,如果等到发现病毒时,再采取措施,可能已造成重大损失。做好防范工作非常重要,防范计算机病毒主要采取以下措施:

(1) 给计算机安装防病毒卡或防火墙软件;
(2) 定期使用最新版本的杀毒软件对计算机进行检查;
(3) 对硬盘上的重要文件要经常进行备份保存;
(4) 不随便使用没有经过安全检查的软件;
(5) 系统盘或其他应用程序盘要加上写保护或做备份;
(6) 不要轻易打开电子邮件中来历不明的附件。

2. 木马

木马也叫特洛伊木马,其名称取自希腊神话的特洛伊木马记。在古罗马的战争中,古罗马人利用一只巨大的木马,麻痹敌人,赢得了战役的胜利,成为一段历史佳话,而在当今的网络世界里,也有这样一种被称为木马的程序,它为自己带上伪装的面具,悄悄地潜入用户的系统,进行着不可告人的行动。

木马程序一般由两部分组成,分别是 Server(服务)端程序和 Client(客户)端程序。其中 Server 端程序安装在被控制计算机上,Client 端程序安装在控制计算机上,Server 端程序和 Client 端程序建立起连接就可以实现对远程计算机的控制。

1) 木马入侵的主要途径

目前木马入侵的主要途径是先通过一定的方法把木马执行文件弄到被攻击者的计算机系统里,然后通过一定的提示故意误导被攻击者打开执行文件,如故意谎称这个木马执行文件,是你朋友送的贺卡,打开这个文件后,确实有贺卡的画面出现,但这时木马可能已经悄悄在你的后台运行了。一般的木马执行文件非常小,大部分都是几千字节到几十千字节,如果把木马捆绑到其他正常文件上,用户很难发现,所以,有一些网站提供的软件下载往往是捆绑了木马文件的,执行这些下载的文件,也同时运行了木马。

木马也可以通过 Script、ActiveX 及 Asp、CGI 交互脚本的方式植入,由于微软的浏览器在执行 Script 脚本上存在一些漏洞,攻击者可以利用这些漏洞传播病毒和木马,其至直接对浏览者的计算机进行文件操作等控制。

此外,木马还可以利用系统的一些漏洞进行植入。

2) 防范木马的攻击

木马程序是十分有害的,也是十分狡猾的。计算机一旦感染上木马程序,后果不堪设想。用户可以采取以下措施来防范木马程序的攻击。

(1) 运行反木马实时监控程序。上网时,必须运行反木马实时监控程序。此外,也可采用一些专业的最新杀毒软件进行监控。

(2) 不要执行任何来历不明的软件。对于从网上下载的软件在安装、使用前一定要用反病毒软件进行检查,最好是使用专门查杀木马程序的软件进行检查,确定没有木马程序再执行、使用。

(3) 不要轻易打开不熟悉的邮件。现在,很多木马程序附加在邮件附件中,收邮件者一旦单击附件,它就会立即运行。所以,千万不要打开不熟悉的邮件。

(4) 不要轻信他人。不要因为是认识的人发来的软件就运行,因为我们不能确保发软件者的计算机上没有木马程序。况且今天的网络,到处充满危机,也不能保证这一定是好朋友发来的,也许是别人冒名发的邮件或文件。

(5) 不要随便下载软件。不要随便在网上下载一些盗版软件,特别是在不可靠的小 FTP 站点、论坛或 BBS 上,因为这些地方正是新木马发布的首选之地。

(6) 将管理器配置成始终显示扩展名。因为一些扩展名为.VBS、.SHS、.PIF 的文件多为木马程序的特征文件,一经发现要立即删除,千万不要打开。

(7) 尽量少用共享文件夹。如果计算机连接在互联网或局域网上,要少用、尽量不用共享文件夹,如果因工作等其他原因必须设置成共享,则最好单独开一个共享文件夹,把所有需共享的文件都放在这个共享文件夹中。

(8) 隐藏 IP 地址。这一点非常重要。在上网时,最好用一些工具软件隐藏自己计算机的 IP 地址。

3) 木马的清除

如果发现有木马程序存在,最有效的方法就是马上将计算机与网络断开,防止黑客通过网络对计算机进行攻击,然后使用可以查杀木马的软件对计算机进行检查。一般的木马可以使用这种方法解决。也可以通过修改系统注册表的方式,清除木马程序,但这要求对注册表相当熟悉,否则可能会导致计算机出现另外的故障,一般的用户不建议使用这种方法。当然,也可以重新安装操作系统,来达到清除木马的目的。

3.4.4 防火墙技术简介

由于病毒和木马往往是通过网络进行传播的,因此如何保证内部网络的安全是保障计算机正常工作的前提。作为内部网与外部网之间的第一道屏障,防火墙是最先受到人们重视的网络安全产品之一。

防火墙(Firewall)的本义是指古代人们房屋之间修建的那道墙,这道墙可以防止火灾发生的时候蔓延到别的房屋。而这里所说的防火墙当然不是指物理上的防火墙,而是指隔离在本地网络(Intranet)与外界网络之间的一道防御系统,是这一类防范措施的总称。防火墙技术是最基本的安全技术。典型的防火墙设置如图 3-17 所示。

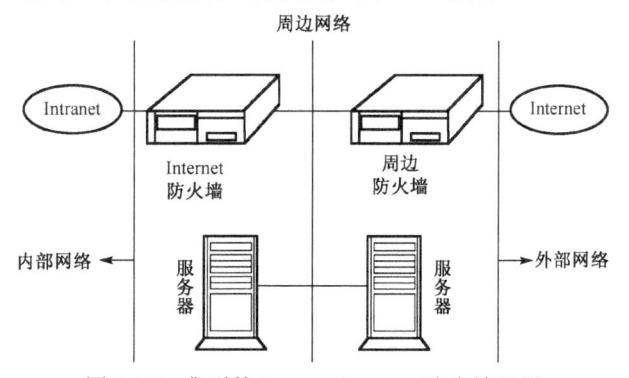

图 3-17 典型的 Internet/Intranet 防火墙配置

习 题

1. 选择题

(1) 从 www.hbzf.gov.cn 可以看出，它是中国的一个（ ）的站点。
① 政府部门　　② 军事部门　　③ 教育部门　　④ 工商部门

(2) 以下操作系统中，不是网络操作系统的是（ ）。
① MS-DOS　　② Windows 2000　　③ Windows NT　　④ Novell

(3) TCP/IP 协议的含义是（ ）。
① 局域网传输协议　　② 拨号入网传输协议
③ 传输控制协议和网际协议　　④ OSI 协议集

(4) 现有一个 C 类 IP 地址，其默认的子网掩码应为（ ）。
① 255.255.255.0　　② 255.255.555.192
③ 255.255.255.224　　④ 255.555.255.240

(5) IPv4 协议中，对地址的规定是（ ）位。
① 32　　② 64　　③ 128　　④ 48

(6) 在常见的有线传输介质当中，传输距离最长的是（ ）。
① 双绞线　　② 同轴电缆　　③ 光纤　　④ 微波

(7) 下列不属于计算机病毒特征的是（ ）。
① 模糊性　　② 高速性　　③ 传染性　　④ 危急性

2. 简答题

(1) 计算机网络的概念是什么？
(2) 简述计算机网络的组成和功能。
(3) 常见的网络传输介质有哪些？
(4) 简述局域网的构成。
(5) 说明局域网的几种常见拓扑结构。
(6) 如何保存网页？如何保存网页中的图片？
(7) 如何申请和使用免费电子邮箱？
(8) 网络互联使用哪些设备？
(9) 什么是计算机病毒？
(10) 什么是木马程序？
(11) 如何防范计算机病毒？

第 4 章 常用工具软件

如今，不管是工作还是生活，人们都离不开软件，软件应用与人们息息相关。本章介绍一些常用工具软件的使用方法，主要包括下载软件、压缩和解压缩软件、播放软件、阅读软件、翻译软件、杀毒软件等。

4.1 下 载 软 件

计算机网络的出现为人们共享数据和信息提供了方便，尤其是 Internet 的普及更方便了人们获取各种数据和信息。人们可以随时打开浏览器浏览各种信息，也可以自由下载网上他人共享的资源，如音乐、电影、电视剧、软件等。浏览器自带的下载功能由于下载速度慢，一般不适合下载比较大的文件，如电影、电视剧等。为了实现高速稳定的下载，可以使用下载软件，常用的下载软件有迅雷（Thunder）、网际快车（FlashGet）、比特彗星（BitComet）、电驴（eMule）、Vagaa 哇嘎、QQ 旋风、脱兔（TuoTu）、比特精灵（BitSpirit）等。本节以迅雷为例介绍常用下载软件的使用方法。

迅雷是深圳市迅雷网络技术有限公司开发的一款下载软件。迅雷使用的超线程技术基于网络原理，能够将存在于第三方服务器和计算机上的数据文件进行有效整合，构成独特的迅雷网络。通过这种先进的超线程技术，用户能够以更快的速度从第三方服务器和计算机获取所需的数据文件。这种超线程技术还具有互联网下载负载均衡功能，在不降低用户体验的前提下，迅雷网络可以对服务器资源进行均衡，有效降低了服务器的负载。目前最新版本的迅雷 7，主界面如图 4-1 所示。

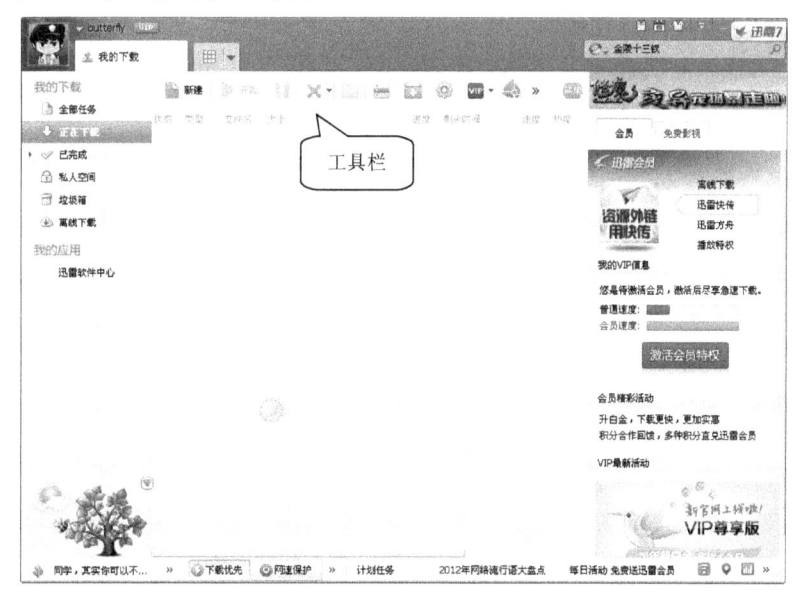

图 4-1 迅雷 7 主界面

1. 安装迅雷

（1）下载安装程序。可到迅雷软件中心下载，其地址为 http://dl.xunlei.com，迅雷产品中心如图 4-2 所示。

图 4-2　迅雷产品中心

（2）运行安装程序，按照安装向导提示进行安装。

2. 设置迅雷

1）通过设置向导设置

第一次运行迅雷 7 时，将会弹出设置向导，如图 4-3 所示，利用设置向导可以直观快捷地设置迅雷 7，也可单击迅雷 7 "最小化" 按钮左侧的 按钮，在弹出的菜单中选择 "设置向导" 命令来启动设置向导。

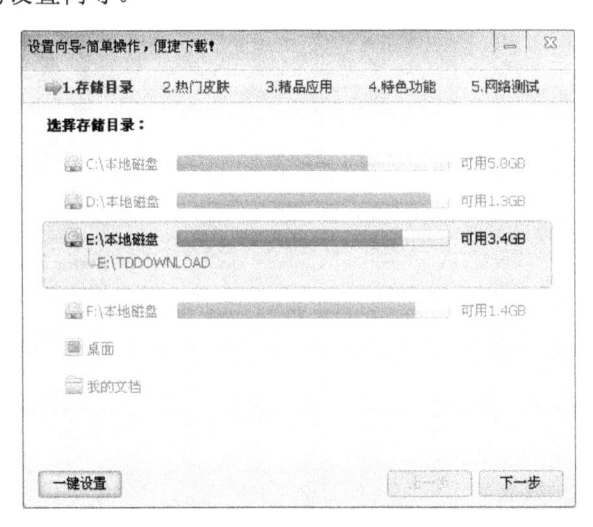

图 4-3　迅雷 7 设置向导

通过设置向导可以设置下载文件时的默认存储目录、选择热门皮肤、安装精品应用等。

2）通过配置中心设置

使用以下三种方法可以打开迅雷 7 的配置中心。

(1) 单击迅雷 7 工具栏上的"配置"按钮。

(2) 单击迅雷 7 "最小化"按钮左侧的▼按钮，在弹出的菜单中选择"配置中心"命令。

(3) 使用 Alt+O 组合键。

迅雷 7 配置中心如图 4-4 所示。

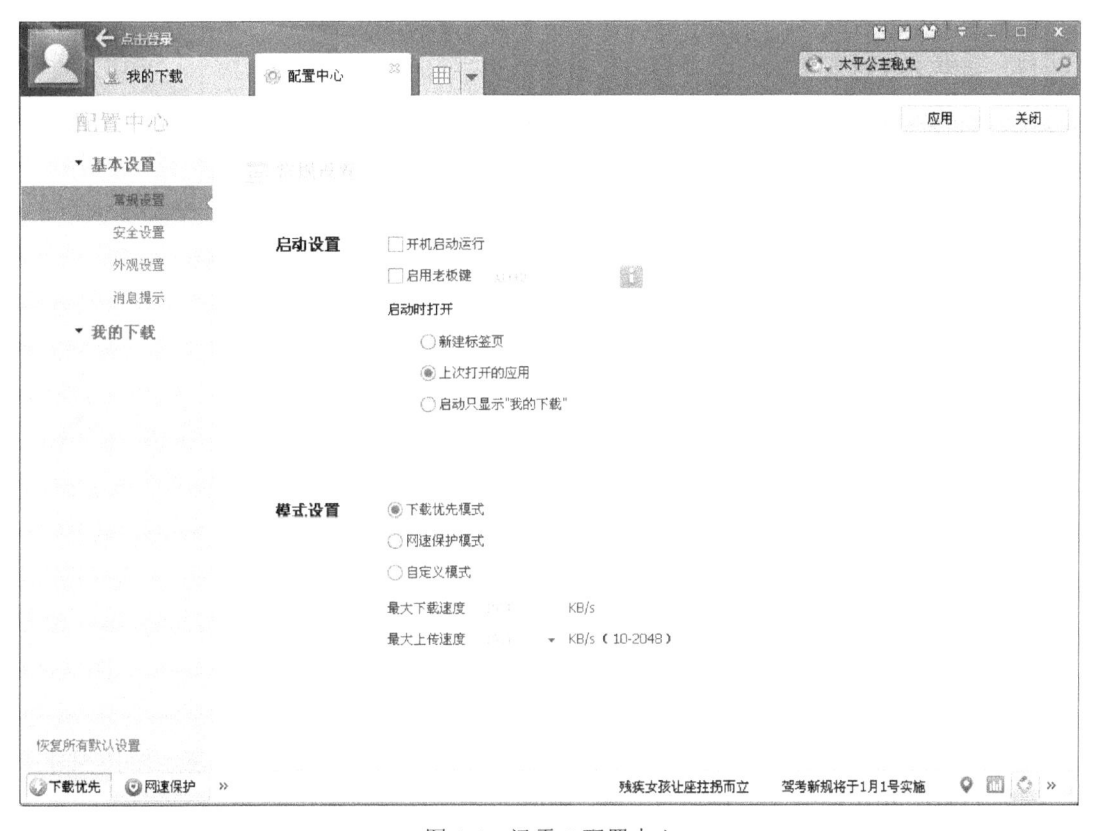

图 4-4　迅雷 7 配置中心

在配置中心界面中，可以设置开机时是否自动启动运行迅雷 7、同时运行的最大任务数、下载文件时的默认存储目录、是否监视剪贴板、是否监视浏览器、是否开启镜像服务器加速、是否开启迅雷 P2P 加速等。

3．使用迅雷

要使用迅雷下载网上他人共享的资源，首先需要找到该资源的下载地址或找到该资源的下载链接(即指向该资源下载地址的超级链接)，图 4-2 中，"下载"按钮上就有迅雷 7 的下载链接，正因为如此，单击"下载"按钮才可以下载迅雷。鼠标指针指向"下载"按钮时，状态栏上显示的"http://down.sandai.net/thunder7/Thunder7.2.11.3788.exe"就是迅雷 7 的下载地址。

找到下载链接后，可以使用以下三种方法下载共享资源。

（1）在下载链接上单击，弹出"新建任务"对话框，如图 4-5 所示。"新建任务"对话框中，"http://down.sa..."为下载地址，单击可完整显示；"Thunder7.2.11.3788.exe"为存储时的文件名，单击可更改；"E:\TDDOWNLOAD\"为存储目录，单击可更改，也可单击右侧的■按钮浏览选择存储目录。设置完成后，单击"立即下载"按钮开始下载。

（2）在下载链接上右击，在弹出的快捷菜单中选择"使用迅雷下载"命令，也会弹出"新建任务"对话框。

（3）将下载链接拖拽到迅雷 7 的悬浮窗内，也会弹出"新建任务"对话框。

若找到的是下载地址，可以使用以下方法下载共享资源。

（1）复制下载地址。

（2）单击迅雷 7 工具栏上的"新建任务"按钮，弹出"新建任务-1"对话框，如图 4-6 所示。

图 4-5 "新建任务"对话框　　　　　　图 4-6 "新建任务-1"对话框

（3）单击"继续"按钮，弹出"新建任务"对话框。

（4）单击"立即下载"按钮开始下载。

4.2　压缩和解压缩软件

压缩，就是使用压缩软件对一个或多个体积较大的文件进行处理，产生一个体积较小的文件的过程，新产生的体积较小的文件，称为压缩文件或压缩包。

在网上下载他人共享的资源时，可能会遇到很多的压缩文件。这是因为压缩文件比原文件小，更方便在网络上传输。此外，相对于原文件，压缩文件可以占用更少的磁盘存储空间。

为了查看原文件，需要将压缩文件恢复到压缩之前的状态，这个过程称为解压缩，简称解压。

Windows 中，常用的压缩和解压缩软件有 WinRAR、WinZip、7-Zip、2345 好压等。本节以 WinRAR 为例介绍常用压缩和解压缩软件的使用方法。

WinRAR 是目前流行的压缩和解压缩软件，界面友好，使用方便，在压缩率和速度方面都有很好的表现。它提供了对 RAR 和 ZIP 压缩包的完全支持，并能够解压 ARJ、CAB、LZH、ACE、TAR、GZ、UUE、BZ2、JAR、ISO、Z、7Z 等格式的压缩包。其主界面如图 4-7 所示。

图 4-7　WinRAR 主界面

1．压缩文件

1）从 WinRAR 图形界面压缩文件

（1）运行 WinRAR。可以在 WinRAR 的图标上双击启动 WinRAR，也可以从 Windows 的"开始"菜单启动 WinRAR。

（2）转到含有要压缩的文件的文件夹。

① 更改当前驱动器：可以使用 WinRAR 工具栏下面的驱动器下拉列表来更改当前驱动器，也可以单击 WinRAR 图形界面左下角的驱动器小图标来更改当前驱动器。

② 转到上一级目录：可以单击工具栏下面的"向上"按钮来转到上一级目录，也可以在文件夹".."上双击转到上一级目录。

③ 进入文件夹：在任何文件夹上双击均可进入该文件夹。

（3）选择要压缩的文件和文件夹。

（4）单击工具栏上的"添加"按钮或执行"命令"→"添加文件到压缩文件中"命令，弹出"压缩文件名和参数"对话框，如图 4-8 所示。

在"压缩文件名和参数"对话框中可更改压缩文件名，可更改压缩文件的存储位置，可选择压缩文件的格式(RAR 格式或 ZIP 格式)，还可为压缩文件设置密码，等等。

（5）设置完成后，单击"确定"按钮，WinRAR 开始压缩，压缩完成后，在指定的目录下生成压缩文件。

2）使用 Windows 界面直接压缩文件

（1）在"我的电脑"或"资源管理器"窗口中选择要压缩的文件和文件夹。

（2）在选择的文件或文件夹上右击，弹出快捷菜单。

（3）选择快捷菜单中的"添加到压缩文件"命令，将弹出如图 4-8 所示的对话框，在对话框中完成设置后单击"确定"按钮。若选择快捷菜单中的"添加到<压缩文件名>"命令，则直接对所选文件和文件夹进行压缩，压缩完成后，在所选文件和文件夹所在目录下生成一个指定的压缩文件。

2. 解压缩文件

1) 使用 WinRAR 图形界面解压缩文件

（1）在 WinRAR 中打开压缩文件。

双击压缩文件即可在 WinRAR 中打开。当压缩文件在 WinRAR 中打开时，它的内容会显示出来，如图 4-9 所示。

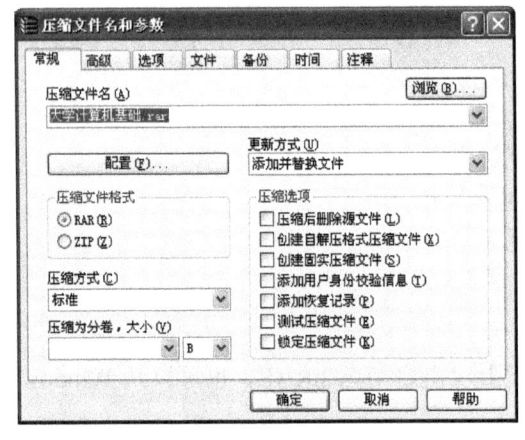

图 4-8 "压缩文件名和参数"对话框

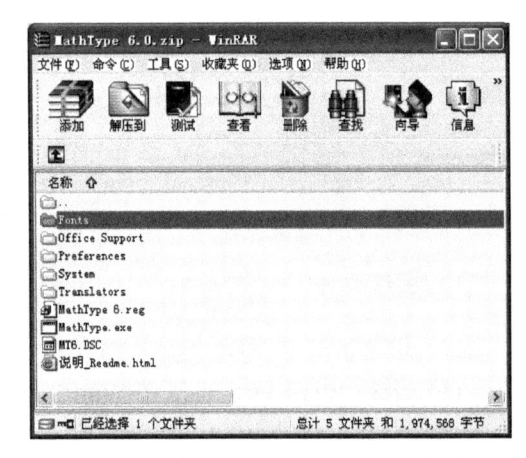

图 4-9 压缩文件 MathType 6.0.zip 的内容

（2）选择要解压缩的文件和文件夹。

（3）单击工具栏上的"解压到"按钮或执行"命令"→"解压到指定文件夹"命令，弹出"解压路径和选项"对话框，如图 4-10 所示。

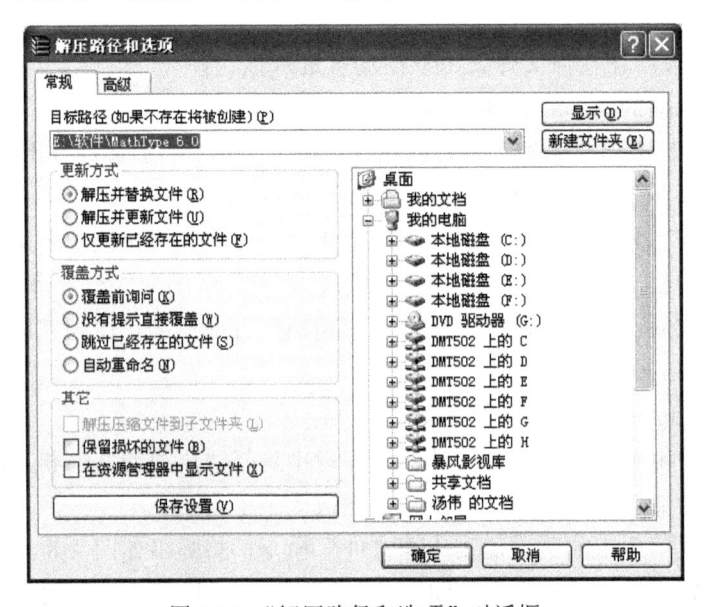

图 4-10 "解压路径和选项"对话框

在"解压路径和选项"对话框中可指定解压缩后文件和文件夹的存放位置等，设置完成后，单击"确定"按钮，开始解压缩，解压缩完成后，所选要解压缩的文件和文件夹解压到指定的文件夹中。

2）使用 Windows 界面直接解压缩文件

（1）在"我的电脑"或"资源管理器"窗口中右击压缩文件，弹出快捷菜单。

（2）选择快捷菜单中的"解压文件"命令，将弹出如图 4-10 所示的对话框，在对话框中完成设置后单击"确定"按钮。选择快捷菜单中的"解压到当前文件夹"命令，则直接将压缩文件中的所有内容解压缩到当前文件夹。选择快捷菜单中的"解压到<文件夹名>"命令，则直接将压缩文件中的所有内容解压缩到指定的文件夹中。

4.3 播 放 软 件

计算机中，音频、视频都是数字信息。常见音频文件的格式有 MP3、WMA、WAV、MIDI 等；常见视频文件的格式有 AVI、DAT、RMVB、MOV、MPEG、FLV、MP4、3GP 等。要用计算机播放音频文件或视频文件，需要使用播放软件。常用的播放软件有千千静听、Winamp、酷狗音乐、酷我音乐、Windows Media Player、暴风影音、迅雷看看、百度影音、QQ 影音、RealOne Player、豪杰超级解霸、金山影霸、PPTV 网络电视、PPS 网络电视等。本节以暴风影音为例介绍常用播放软件的使用方法。

暴风影音是北京暴风科技股份有限公司推出的一款多媒体播放软件，它是目前中国最流行、使用人数最多的一款播放器，具有支持的音频和视频文件格式多、占用资源少、播放效果好、易于使用等特点。

目前最新版本的暴风影音 5 采用"MEE 媒体专家引擎"专利技术，实现万能播放，目前已能支持 670 余种格式；采用先进的 P2P 架构，在线播放稳定流畅、速度快；采用 SHD 专利技术，1M 带宽即可流畅播放 720P 高清视频；采用"左眼"专利技术，利用 CPU 和 GPU 有效提升画质；采用智能 3D 技术，完美支持 3D 播放；使用 HRTF 和后期环绕技术，完美还原最真实的现场声效；采用极速皮肤引擎，实现秒速启动暴风影音。

暴风影音 5 完整界面如图 4-11 所示，它由左右两个小窗口组成，分别为暴风影音主窗口和暴风盒子，通过暴风影音主窗口右下角的"暴风盒子"按钮可显示或隐藏暴风盒子。

图 4-11 暴风影音 5 完整界面

1. 播放影音文件

1）播放在线影视

双击暴风影音播放列表中"在线影视"下的视频文件即可在线播放，也可选择暴风盒子中的视频在线播放。

在暴风影音播放列表中"在线影视"下可以搜索在线影视，在暴风盒子中也可搜索在线影视。

2）播放本地影音文件

若要播放影音文件的打开方式为暴风影音，则直接双击影音文件即可用暴风影音播放。

若要播放影音文件的打开方式不是暴风影音，通过以下4种方法可以使用暴风影音播放该影音文件。

（1）右击该影音文件，在弹出的快捷菜单中选择"打开方式"→"暴风影音"命令。

（2）单击暴风影音主窗口中的"打开文件"按钮，弹出"打开"对话框，选择要播放的影音文件后(可选择多个影音文件)，单击"打开"按钮。

（3）单击暴风影音左上角的 暴风影音 按钮，弹出暴风影音主菜单，选择"文件"→"打开文件"命令，弹出"打开"对话框，选择要播放的影音文件后(可选择多个影音文件)，单击"打开"按钮。

（4）将要播放的影音文件拖拽到暴风影音主窗口中。

播放过程中，单击暴风影音主窗口下方的"暂停"按钮、按空格键或在播放画面上单击可暂停播放，"暂停"按钮同时变为"播放"按钮；单击"播放"按钮、按空格键(若有广告需先关闭广告)或再在播放画面上单击可继续播放，"播放"按钮同时变为"暂停"按钮；单击"停止"按钮可停止播放；拖动播放进度条上的滑块或单击播放进度条上的其他位置可以实现定位播放；单击"静音 开/关"按钮可开启/关闭静音，拖动其后的滑块可增大/减小音量；单击"全屏"按钮或按Enter键可全屏播放；单击"上一个"按钮可播放上一个视频；单击"下一个"按钮可播放下一个视频。

2．画质、音频、字幕调节

播放视频时，暴风影音5的调节功能被激活，鼠标指针移到播放画面顶端时，会出现如图4-12所示的浮动工具栏。

图4-12 暴风影音5浮动工具栏

单击浮动工具栏上的"画质调节"按钮，弹出"画质调节"对话框，如图4-13所示，在其中可调节画面质量；单击"音频调节"按钮，弹出"音频调节"对话框，如图4-14所示，在其中可调节音量、选择声道、提前/延后声音等；单击"字幕调节"按钮，弹出"字幕调节"对话框，如图4-15所示，在其中可载入字幕、设置字幕字体格式、提前/延后字幕、设置字幕显示方式、位置等。

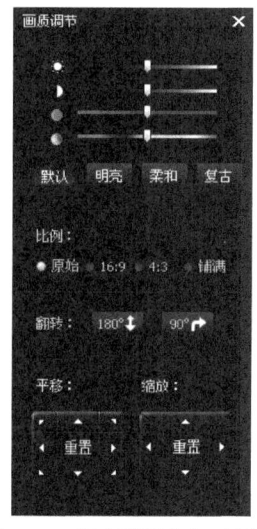

图 4-13 "画质调节"对话框　　图 4-14 "音频调节"对话框

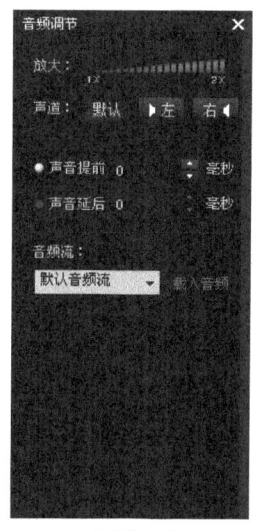

3. 音视频优化

单击暴风影音主窗口左下角的"工具箱"按钮打开暴风影音工具箱，如图 4-16 所示。可以根据需要确定是否打开 3D 开关、左眼开关和环绕声开关，是否在界面上显示 3D 开关、左眼开关，还可对 3D、左眼和环绕声进行设置。

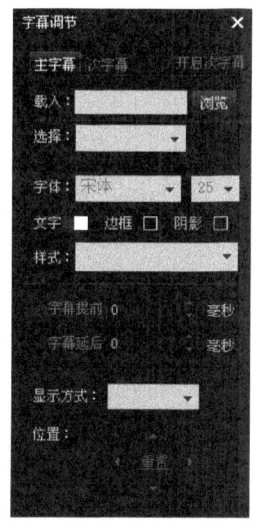

图 4-15 "字幕调节"对话框　　图 4-16 暴风影音工具箱

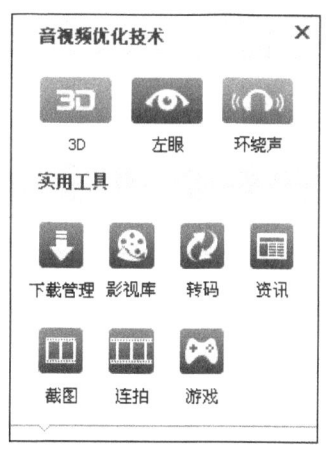

若已在界面上显示 3D 开关和左眼开关，则可以直接单击界面上的 3D 开关和左眼开关来打开和关闭。

4.4 阅 读 软 件

书作为人类历史长河中文化的载体，在漫长的发展中，以各种各样的形式出现：龟甲、竹简、布帛、纸等。而今，又出现了电子图书，电子图书由于其环保、便携、易于更新等诸多优势，受到越来越多消费者的青睐。

电子图书的格式主要有 PDF、CAJ、KDH、NH、PDG、CEB、TXT、EXE、CHM 等，阅读 PDF、CAJ、KDH、NH、PDG、CEB 等大多数格式的电子图书需要使用其专用的阅读软件。其中，PDF 格式电子图书的阅读软件较多，有 Adobe Reader、福昕 PDF 阅读器（Foxit Reader）、CAJViewer、方正 Apabi Reader 等；CAJ、KDH、NH 格式电子图书的专用阅读软件为 CAJViewer；PDG 格式电子图书的专用阅读软件为超星阅览器；CEB 格式电子图书的专用阅读软件为方正 Apabi Reader。本节以 CAJViewer 为例介绍阅读软件的使用方法。

CAJViewer 又称为 CAJ 全文浏览器，由清华同方知网（北京）技术有限公司开发，是中国期刊网的专用全文格式阅读器，支持阅读中国期刊网的 CAJ、NH、KDH 和 PDF 格式文件。它可以在线阅读中国期刊网的原文，也可以阅读下载到本地磁盘上的中国期刊网全文。它的打印效果与原版的效果一致。目前最新版本是 CAJViewer 7.1，其主窗口如图 4-17 所示。

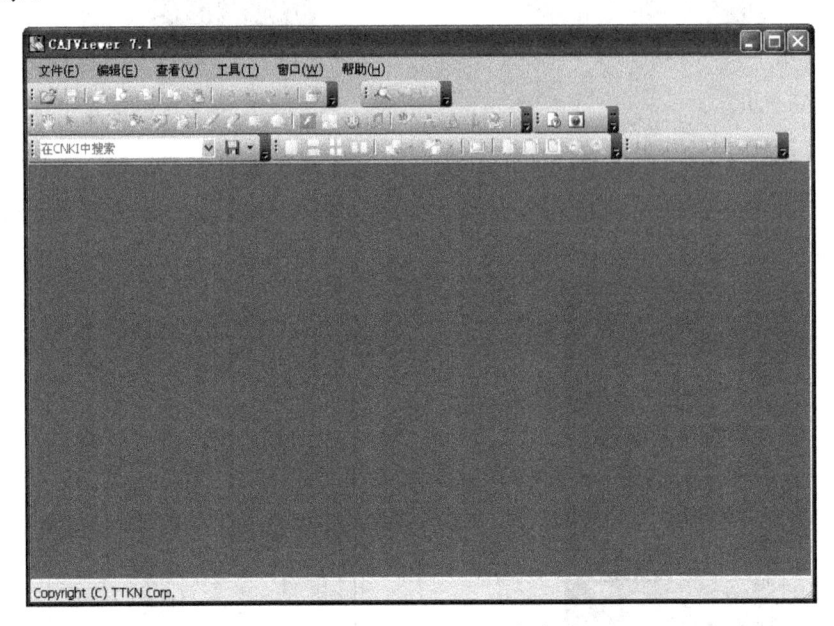

图 4-17 CAJViewer 7.1 主窗口

1. 浏览文档

通过以下三种方法可以使用 CAJViewer 打开文档，然后浏览或阅读：

（1）直接双击 CAJ、NH 或 KDH 格式文件。

（2）将 CAJ、NH、KDH 或 PDF 格式文件拖拽到 CAJViewer 主窗口中。

（3）选择"文件"→"打开"命令或单击"文件"工具栏上的"打开"按钮，弹出"打开文件"对话框，在对话框中选择要浏览或阅读的 CAJ、NH、KDH 或 PDF 格式文件，单击"打开"按钮。

打开文档后，显示文档实际内容的区域叫做主页面。通过鼠标、键盘可以直接控制主页面，当屏幕光标呈手形状时，使用鼠标可以随意拖动页面；使用键盘上的光标控制键也可以移动页面。

2. 跳转页面

浏览文档时，使用以下五种方法可以跳转至指定的页面，以浏览页面的不同区域。

(1) 选择"查看"→"跳转"命令，弹出下一级菜单，如图 4-18 所示。

① 选择"第一页"，跳转至文档的第一页。
② 选择"上一页"，跳转至当前页的上面一页。
③ 选择"下一页"，跳转至当前页的下面一页。
④ 选择"最后一页"，跳转至文档的最后一页。
⑤ 选择"数字定位"，弹出"页码跳转"对话框，如图 4-19 所示。

图 4-18 "跳转"命令的子菜单

在"跳转至"下面的文本框中输入要跳转至页面的页码，单击"跳转"按钮。

图 4-19 中，"1-50"表示文档有 50 页，在"跳转至"下面的文本框中输入 1~50 之间的任何一个数字，单击"跳转"按钮可以跳转至指定的页面，否则将弹出如图 4-20 所示的错误提示。

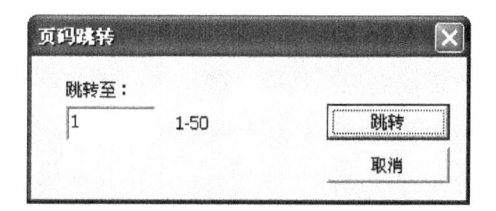

图 4-19 "页码跳转"对话框

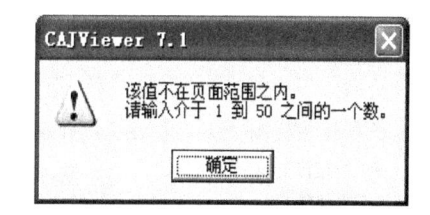

图 4-20 CAJViewer 7.1 错误提示

(2) 单击页面窗口中页面的索引，可跳转至指定的页面，页面窗口如图 4-21 所示。
通过执行"查看"→"页面"命令可显示/隐藏页面窗口。

(3) 若打开的是一个带有目录索引的文档，则单击目录窗口中的目录项，可跳转至指定的页面，目录窗口如图 4-22 所示。

图 4-21 页面窗口

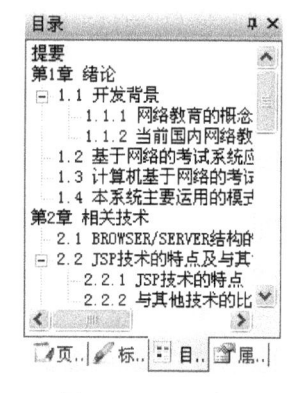

图 4-22 目录窗口

通过执行"查看"→"目录"命令可显示/隐藏目录窗口。

(4) 打开文档后，主页面下方将出现一个工具条，如图 4-23 所示。

图 4-23　CAJViewer 工具条

单击工具条上的"第一页"、"上一页"、"下一页"、"最后一页"按钮可分别跳转至文档的第一页、当前页的上面一页、当前页的下面一页、文档的最后一页,"上一页"和"下一页"中间的文本框中显示的是当前页/总页数,在其中输入要跳转至页面的页码,按 Enter 键,可跳转至指定的页面。

图 4-23 中,"上一页"和"下一页"中间的文本框中显示的"25/50",表示当前为第 25 页,文档共 50 页。

（5）在主页面上右击,弹出快捷菜单,选择其中的"第一页"、"上一页"、"下一页"、或"最后一页"命令。

3. 更改显示模式

CAJViewer 7.1 提供了"单页"、"连续"、"对开"、"连续对开"等多种显示模式,使用户浏览文档的方式更加灵活,其中,"连续"为默认的显示方式。使用以下三种方法可以更改显示模式。

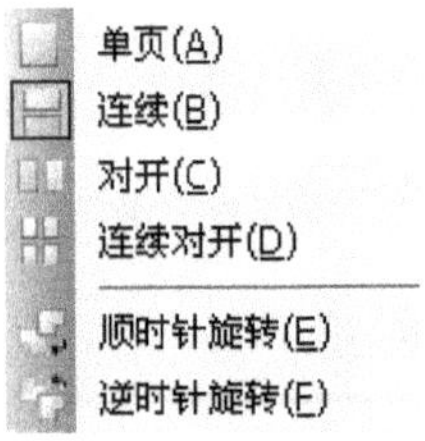

图 4-24　"页面布局"命令的子菜单

（1）选择"查看"→"页面布局"命令,弹出下一级菜单,如图 4-24 所示。

① 选择"单页",页面布局更改为单页模式,一次只能浏览文档的某一页。

② 选择"连续",页面布局更改为连续页模式,文档的所有页都在屏幕上,可以任意浏览。

③ 选择"对开",页面布局更改为对开模式,一次只能并排浏览文档的两页。

④ 选择"连续对开",页面布局更改为连续对开模式,文档的所有页都在屏幕上对开显示,可以任意浏览。

（2）单击"布局"工具栏上的"单页"、"连续"、"对开"或"连续对开"按钮。

（3）在主页面上右击,弹出快捷菜单,选择其中的"单页"、"连续"、"对开"或"连续对开"命令。

4. 调整显示比率

主页面上的文档,其显示比率可以调整,默认情况下是实际大小,也就是 100%的比率,显示比率最小不能小于 25%,最大不能大于 6400%。可以使用以下五种方法调整显示比率。

（1）按住 Ctrl 键滚动鼠标滚轮。

（2）使用"查看"菜单中的"实际大小"、"适合宽度"、"适合页面"、"放大"或"缩小"命令。

① 选择"实际大小",则按文档的实际大小显示。

② 选择"适合宽度",CAJViewer 将计算文档正好能够全部适合当前显示窗口宽度的比率,按照这个比率显示文档。

③ 选择"适合页面",CAJViewer 将计算文档正好能够全部适合当前显示窗口的比率,按照这个比率显示文档。

④ 选择"放大",主页面的鼠标指针形状变成一个中间带+号的放大镜,每单击主页面一次,显示比率将增加 20%。

⑤ 选择"缩小",主页面的鼠标指针形状变成一个中间带−号的放大镜,每单击主页面一次,显示比率将减少 20%。

(3) 单击"布局"工具栏上的"实际大小"、"适合宽度"、"适合页面"、"放大"或"缩小"按钮。

(4) 在主页面上右击,弹出快捷菜单,选择其中的"实际大小"、"适合宽度"、"适合页面"、"放大"或"缩小"命令。

(5) 使用主页面底部的工具条。

① 单击"缩小"或"放大"按钮。

② 在"缩小"和"放大"按钮之间的文本框中输入显示比率后按 Enter 键。

③ 单击 按钮,在弹出的菜单中选择显示比率、"适合页面"、"适合宽度"或"实际大小"命令。

此外,单击主页面底部工具条上的"全屏"按钮可全屏浏览文档;单击"全屏读书模式"按钮可切换至全屏读书模式。

5. 复制文本

选择"工具"→"文本选择"命令或单击"选择"工具栏上的"文本选择"按钮,主页面的鼠标指针形状变成"I"形,此时可在主页面上拖动鼠标选择文本,在选定的文本上右击,弹出快捷菜单,选择"复制"命令即可将选定的文本复制到剪贴板。

也可选择"工具"→"文字识别"命令或单击"选择"工具栏上的"文字识别"按钮,鼠标指针变成"✢"形,此时拖动鼠标可以选择一页上的一块区域进行识别,识别结果将在"文字识别"对话框中显示,并且允许修改,做进一步的操作,如将文字复制到剪贴板、发送文字到 WPS/Word 等。"文字识别结果"对话框如图 4-25 所示。

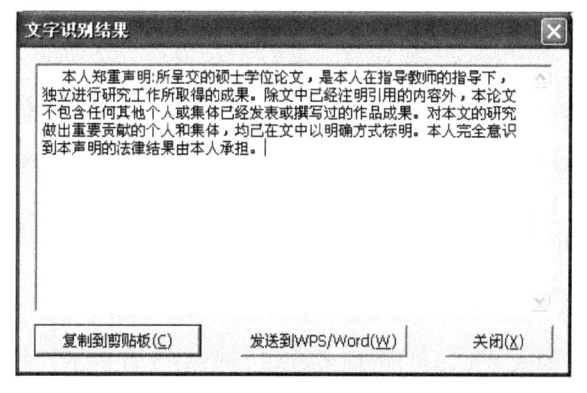

图 4-25 "文字识别结果"对话框

6. 打印文档

选择"文件"→"打印"命令或单击"文件"工具栏上的"打印"按钮，弹出"打印"对话框，如图 4-26 所示。

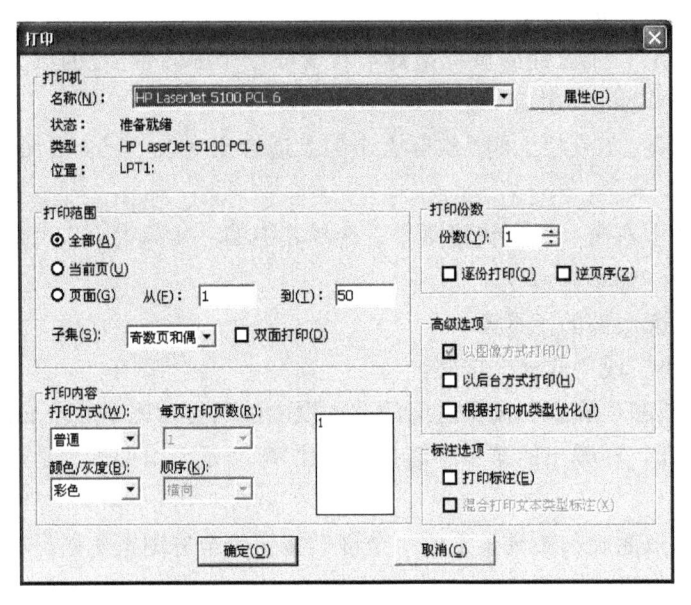

图 4-26 "打印"对话框

根据需要设置打印范围、打印份数、打印内容等，然后单击"确定"按钮。

4.5 翻译软件

在学习一些软件或者在网上浏览信息时，常常遇到界面全是英文或者其他外文字符的情况，特别是在浏览国外网站时，面对大量外文资源，很多人一筹莫展，英语水平有限，没有办法使用，这时可以借助翻译软件。常用的翻译软件有金山词霸、金山快译、灵格斯词霸、有道词典等。本节以金山词霸为例介绍常用翻译软件的使用方法。

金山词霸是一款免费的词典翻译软件。由金山公司 1997 年推出第一个版本，经过 16 年锤炼，今天已经是上亿用户的必备选择。它最大的亮点是内容海量权威，收录了 141 本版权词典，32 万真人语音，17 个场景 2000 组常用对话。最新版本的金山词霸 2012 还支持离线查词，计算机不联网也可以轻松用词霸。还可以直接访问爱词霸网站，查词、查句、翻译等功能强大，还有精品英语学习内容和社区，在这里可以学英语、交朋友。金山词霸 2012 启动后，主界面如图 4-27 所示。

1. 词典查询

启动金山词霸后，输入要查询的单词或词组，单击"查一下"按钮或按 Enter 键，即可获得所查单词或词组的详细解释，如图 4-28 所示。

图 4-27 金山词霸 2012 主界面

图 4-28 词典查词

鼠标指针指向单词或词组后的图标时，金山词霸会朗读单词或词组。

2. 在线翻译

单击"翻译"按钮，进入在线翻译界面，如图 4-29 所示。

在上边的文本框中输入或粘贴要翻译的内容，单击"翻译"按钮，在下面的文本框中即可获得翻译结果，单击"复制译文"按钮可将翻译结果复制到剪贴板，单击"清空全部"按钮可清除上下两个文本框中的全部内容。

图 4-29　在线翻译

3. 写作句库

单击"句库"按钮，进入写作句库界面，如图 4-30 所示。

图 4-30　写作句库

在上边的文本框中输入单词或词组，单击"查一下"按钮或按 Enter 键，即可获得双语例句。

4. 词典设置

单击金山词霸 2012"最小化"按钮左侧的按钮，在弹出的菜单中选择"设置"→"功能设置"命令，弹出金山词霸 2012 的设置窗口，如图 4-31 所示。

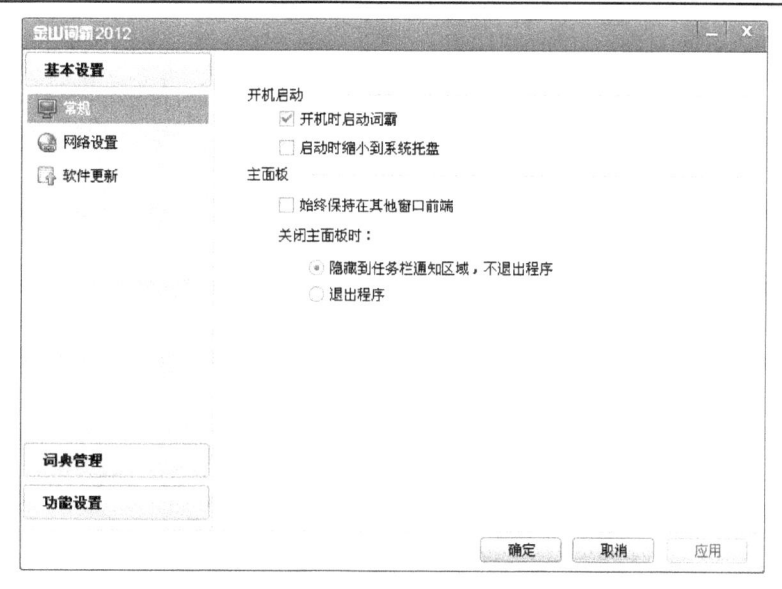

图 4-31 金山词霸设置窗口

用户可以根据需要设置开机时是否自动启动词霸；关闭主面板时是隐藏到任务栏通知区域不退出程序，还是直接退出程序；是否自动添加查询词到当前生词本；是否开启取词及取词方式；是否开启划译等。

5. 屏幕取词

金山词霸的取词功能给用户带来了极大的方便，使用屏幕取词功能，无论鼠标指针点到哪里，都会弹出一个解释提示小窗口，显示英文单词的音标及基本含义或中文字词的读音及引文翻译。取词方式除鼠标悬停取词外，还可以使用 Ctrl+鼠标取词、Shift+鼠标取词、Alt+鼠标取词、鼠标中键取词、鼠标左键取词五种方式。

4.6 杀毒软件

随着计算机应用的日益普及和网络技术的迅速发展，计算机病毒越来越多，严重威胁着计算机系统的安全，给用户的使用带来了很大的麻烦。在第 3 章中已经介绍了计算机病毒和木马的基本概念，本节将介绍常用杀毒软件的使用方法。

常用的杀毒软件有 360 杀毒、金山毒霸、瑞星杀毒软件、江民杀毒软件、卡巴斯基反病毒软件等。本节以 360 杀毒为例介绍常用杀毒软件的使用方法。

360 杀毒是 360 安全中心出品的一款免费的云安全杀毒软件。它创新性地整合了五大领先防杀引擎，包括国际知名的 BitDefender 病毒查杀引擎、小红伞病毒查杀引擎、360QVM Ⅱ人工智能引擎、360 系统修复引擎、360 云查杀引擎。五个引擎智能调度，为用户提供全面的病毒防护，不但查杀能力出色，而且能第一时间防御新出现的病毒木马。360 杀毒 4.0 主界面如图 4-32 所示。

图 4-32　360 杀毒 4.0 主界面

1. 设置 360 杀毒

单击 360 杀毒主窗口上的"设置"按钮，弹出"360 杀毒-设置"对话框，如图 4-33 所示，在其中进行设置，设置完后单击"确定"按钮。

图 4-33　"360 杀毒-设置"对话框

"360 杀毒-设置"对话框中，包含常规设置、升级设置、多引擎设置、病毒扫描设置、实时防护设置、文件白名单、免打扰设置、异常提醒、系统白名单九类。其中，在常规设置下，可选择登录 Windows 后是否自动启动 360 杀毒、是否将"360 杀毒"添加到右键菜单等；在升级设置下，可选择"自动升级病毒特征库及程序"，也可关闭自动升级或设置为定时升级；在多引擎设置下，可调整病毒查杀引擎；在病毒扫描设置下，可选择需要扫描的文件类型、发现病毒时的处理方式等。

2. 使用 360 杀毒扫描病毒

1) 快速扫描

快速查杀将扫描系统设置、常用软件安装目录、内存活跃程序、开机启动项、系统关键位置等。单击"快速扫描"图标，出现如图 4-34 所示界面。

图 4-34　快速扫描病毒

扫描病毒过程中，可以单击进度条后的"暂停"按钮暂停扫描，单击"停止"按钮停止扫描。

2) 全盘扫描

全盘扫描将扫描系统设置、常用软件安装目录、内存活跃程序、开机启动项和所有磁盘文件。单击"全盘扫描"图标，出现如图 4-35 所示界面。

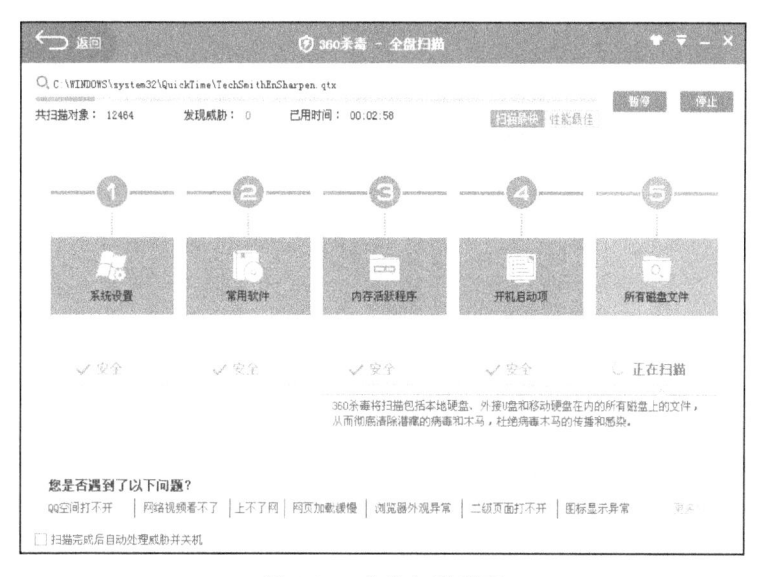

图 4-35　全盘扫描病毒

3）自定义扫描

自定义扫描将扫描用户指定的范围。单击"自定义扫描"图标，弹出"选择扫描目录"对话框，如图 4-36 所示。在对话框中选择要扫描的目录或文件后单击"扫描"按钮即可。

4）扫描指定对象中的病毒

直接右击对象，如文件、文件夹、磁盘、可移动磁盘等，在弹出的快捷菜单中选择"使用 360 杀毒 扫描"命令即可。

5）宏病毒查杀

宏病毒查杀将查杀 Office 文件中的宏病毒。单击"宏病毒查杀"图标，出现如图 4-37 所示界面。

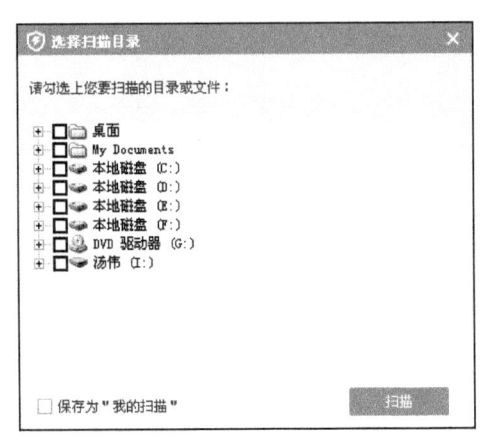

图 4-36 "选择扫描目录"对话框

图 4-37 宏病毒扫描

习　题

1. 选择题

（1）下列（　　）软件可以对压缩文件进行解压缩。

　　① FlashGet　　　　② WinRAR　　　　③ IE　　　　④ Foxmail

（2）WinRAR 压缩后生成的文件后缀名是（　　）。

　　① ZIP　　　　② RAR　　　　③ ACE　　　　④ BAK

（3）下列（　　）不属于下载软件。

① 迅雷　　　　　② 网络蚂蚁　　　　③ 比特精灵　　　　④ IE

(4) 关于迅雷下载，下列说法中错误的一项是(　　)。
① 支持多点连接和断点续传技术　　　② 不支持 BT 下载
③ 可以进行批量下载　　　　　　　　④ 可以对下载资源进行分类

(5) 暴风影音不能播放下列(　　)格式的文件。
① AVI　　　　　② WMV　　　　　③ ASF　　　　　④ JPEG

(6) 下列软件中不能将英文翻译为中文的是(　　)。
① 东方快车　　　② CAJViewer　　　③ 金山词霸　　　④ 灵格斯词霸

(7) 下列不属于杀毒软件的是(　　)。
① 瑞星　　　　　② 卡巴斯基　　　③ Partition Magic　　　④ 360 杀毒

2. 简答题

(1) 什么是文件的压缩，常见的压缩文件格式有哪些？
(2) 使用下载软件下载网络资源有什么优势，什么是 BT 下载？
(3) 360 杀毒软件具有哪些功能？

3. 操作题

(1) 使用迅雷从华军软件园上(http://www.onlinedown.net/index.htm)下载 WinRAR、暴风影音，再到百度网站上(http://www.baidu.com)下载自己喜欢的歌曲。
(2) 利用下载的文件练习压缩和解压缩操作。
(3) 安装暴风影音播放器，并使用它播放下载的歌曲。
(4) 在中国知网下载一篇文章，并用 CAJViewer 打开查看。
(5) 利用金山词霸的词典查词功能查询学习过程中遇到的陌生单词或词组。
(6) 使用 360 杀毒扫描自己的 U 盘或 MP3。

第 5 章　文字处理系统 Word 2010

　　Word 2010 是 Office 2010 办公组件之一，是当今各种行业办公中处理日常工作使用频率最高的工具之一，主要用于文字处理工作。Word 2010 的"所见即所得"功能表现得更加突出，即选定对象后，光标指向某些格式设置项，在文本编辑区就可以马上看到设置效果。本章只整体介绍一下 Word 2010 基本操作的要领，大部分内容仅仅介绍到在哪里执行该项操作，而如何操作则留给学生者自己通过 Word 自带的帮助系统来学习，通过实践来验证，通过资料查询来解疑。希望大家在学习过程中感受到这款文档编辑软件的精妙之处，并掌握到它的使用技巧。

5.1　Word 2010 简介

　　在使用 Word 2010 编辑文档之前，首先要认识 Word 窗口的工作界面，这样才能熟练使用 Word 2010 丰富的功能。

5.1.1　Word 2010 的功能区

　　Word 2010 取消了传统的菜单操作方式，代替的是各种功能区。在 Word 2010 窗口上方是各功能区的名称，当单击这些选项卡时会切换到与之相对应的功能区面板，在每个功能区根据功能的不同又分为若干个选项组，如下所述。

　　1. "开始"功能区

　　"开始"功能区中包括剪贴板、字体、段落、样式和编辑五个选项组，该功能区用于帮助用户对 Word 2010 文档进行文字编辑和格式设置，是最常用的功能区，如图 5-1 所示。

图 5-1　"开始"功能区

　　2. "插入"功能区

　　"插入"功能区包括页、表格、插图、链接、页眉和页脚、文本、符号和特殊符号几个选项组，用于在 Word 2010 文档中插入各种元素，如图 5-2 所示。

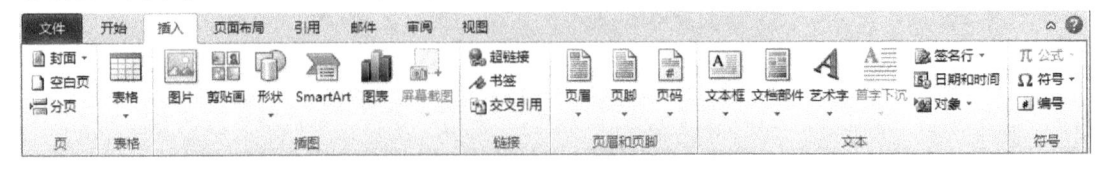

图 5-2　"插入"功能区

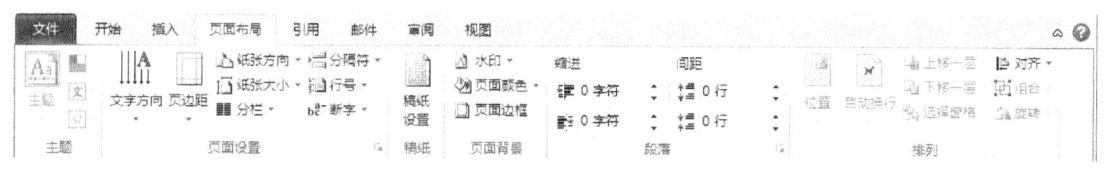

3. "页面布局"功能区

"页面布局"功能区包括主题、页面设置、稿纸、页面背景、段落、排列几个选项组，用于设置 Word 2010 文档页面样式，如图 5-3 所示。

图 5-3 "页面布局"功能区

4. "引用"功能区

"引用"功能区包括目录、脚注、引文与书目、题注、索引和引文目录几个选项组，用于实现在 Word 2010 文档中插入目录等比较高级的功能，如图 5-4 所示。

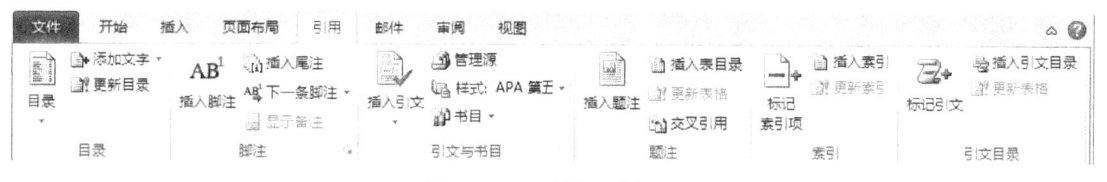

图 5-4 "引用"功能区

5. "邮件"功能区

"邮件"功能区包括创建、开始邮件合并、编写和插入域、预览结果和完成几个选项组，该功能区的作用比较专一，专门用于在 Word 2010 文档中进行邮件合并方面的操作，如图 5-5 所示。

图 5-5 "邮件"功能区

6. "审阅"功能区

"审阅"功能区包括校对、语言、中文简繁转换、批注、修订、更改、比较和保护几个选项组，用于对 Word 2010 文档进行校对和修订等操作，适用于多人协作处理 Word 2010 长文档，如图 5-6 所示。

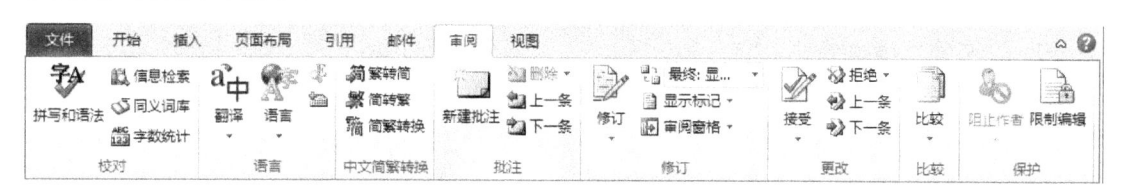

图 5-6 "审阅"功能区

7. "视图"功能区

"视图"功能区包括文档视图、显示、显示比例、窗口和宏几个选项组，用于设置 Word 2010 操作窗口的视图类型，如图 5-7 所示。

图 5-7 "视图"功能区

5.1.2 Word 2010 的启动与退出

1. 启动 Word 2010

（1）单击"开始"按钮，选择"所有程序"→"Microsoft Office"→"Microsoft Office Word 2010"命令。

（2）双击计算机中已存在的 Word 2010 文档。

2. 退出 Word 2010

（1）单击 Word 2010 窗口右上角的"关闭"按钮。

（2）单击标题栏左侧的 Word 图标按钮，在弹出的下拉菜单中执行"关闭"命令。

（3）在 Word 2010 窗口中直接按 Alt+F4 组合键。

5.1.3 Word 2010 的工作界面

启动 Word 2010 后，打开的程序窗口由标题栏、快速工具栏、"文件"选项卡、功能区、文档编辑区和状态栏等若干区域组成。

1. 标题栏

标题栏位于窗口最上方，从左到右依次为控制菜单图标、快速访问工具栏、正在操作的文档名称、程序的名称和窗口控制按钮。

（1）控制菜单图标。单击该图标，会弹出控制菜单，通过该菜单可以进行最小化、最大化、还原和关闭等操作。

（2）快速访问工具栏。用于显示常用的工具按钮，默认显示的按钮包括"保存"、"撤消"和"恢复"三个按钮，单击这些按钮可操作相应命令。单击工具栏右侧的下拉按钮，在弹出的下拉菜单中将经常使用的工具按钮添加到快速访问工具栏中。如果要将快速访问工具栏中某个按钮删除，可以对其右击，在弹出的快捷菜单中执行"从快速访问工具栏删除"命令。

2. "文件"选项卡

"文件"选项卡是一个类似于菜单的选项卡，位于 Word 2010 窗口左上角。单击"文件"选项卡可以打开"文件"面板，其中包括"保存"、"另存为"、"打开"、"关闭"、"信息"、"最近所用文件"、"新建"、"打印"、"保存并发送"等常用命令，如图 5-8 所示。

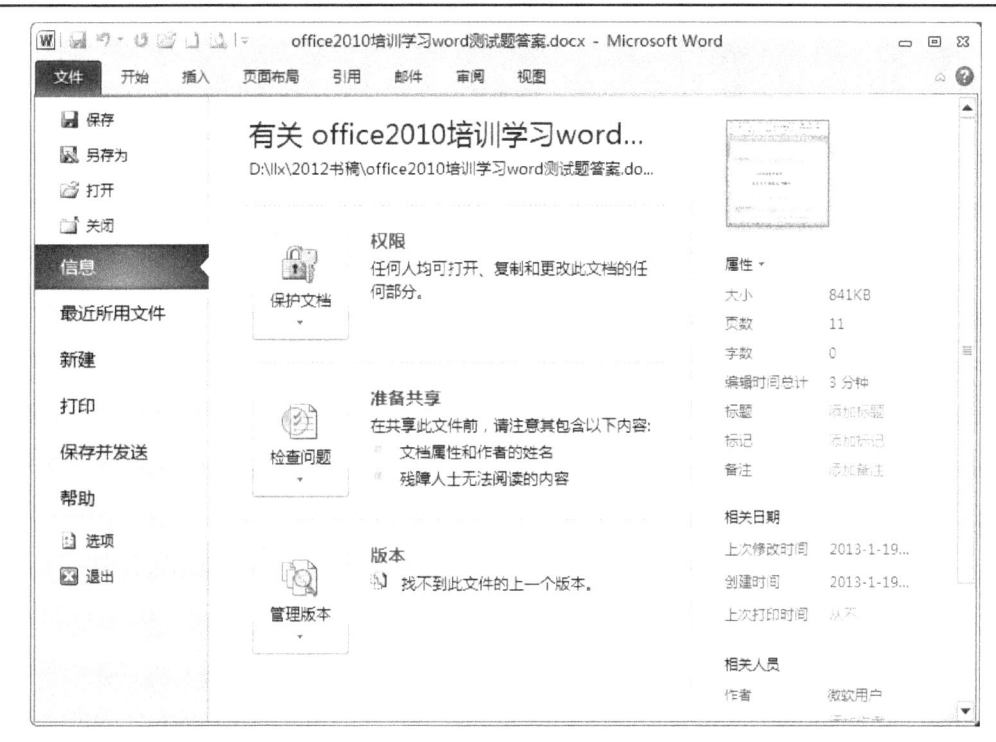

图 5-8 "文件"选项卡

（1）在默认打开的"信息"命令面板中，用户可以进行旧版本格式转换、保护文档（包含设置 Word 文档密码）、检查问题和管理自动保存的版本。

（2）打开"最近所用文件"命令面板，在面板右侧可以查看最近使用的 Word 文档列表，可以通过该面板快速打开使用的 Word 文档。

（3）打开"新建"命令面板，可以看到丰富的 Word 2010 文档类型，包括"空白文档"、"博客文章"、"书法字帖"等 Word 2010 内置的文档类型，还可以通过 Office.com 提供的模板新建诸如会议日程、证书、奖状、小册子等实用 Word 文档。

（4）打开"打印"命令面板，在该面板中可以详细设置多种打印参数，如双面打印、指定打印页等参数，从而有效控制 Word 2010 文档的打印结果。

（5）打开"保存并发送"命令面板，可以在面板中将 Word 2010 文档发送到博客文章、发送电子邮件或创建 PDF 文档。

（6）打开"帮助"命令面板，可以在面板中获得 Word 帮助及 Office 的版本信息。

（7）单击"选项"命令，可以打开"Word 选项"对话框，在该对话框中开启或关闭 Word 2010 中的许多功能或设置参数。

3．文档编辑区

文档编辑区是 Word 操作界面中最大的也是最重要的区域，输入与编辑文档等操作过程都是在这里进行的。文档编辑区的四周围绕着水平标尺、垂直标尺、垂直滚动条、水平滚动条等，如图 5-9 所示。如果需要导航，导航窗格也会在此区域中显示。可以在"视图"选项卡的"显示"选项组中设置"标尺"和"导航窗格"的显示与否。

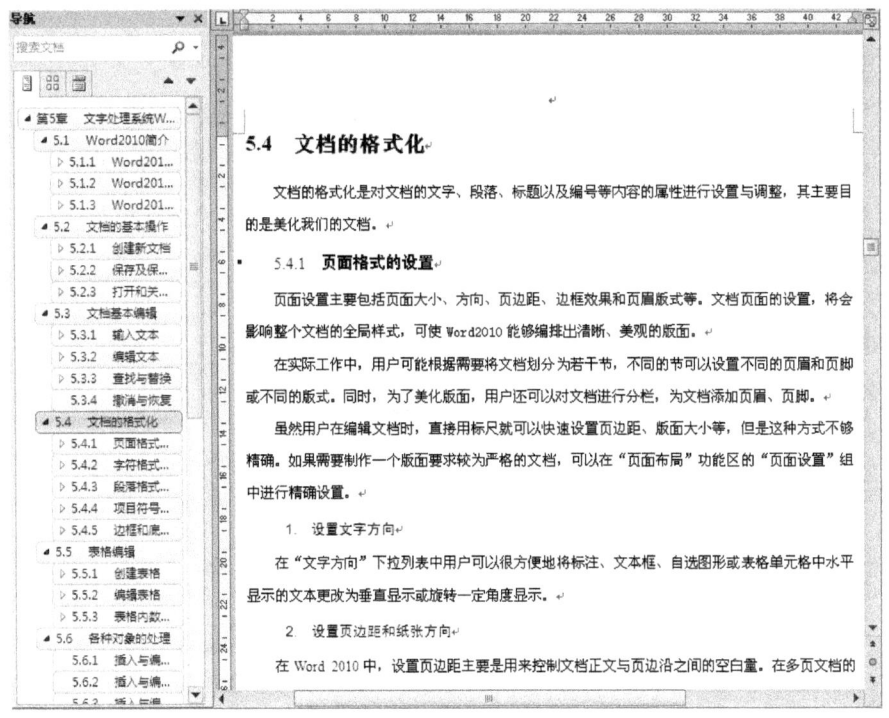

图 5-9　文档编辑区

4. 状态栏

状态栏位于窗口最底端，显示了文档的当前页码/总页数、字数、拼写和语法、语言、插入/改写、宏、文档视图切换按钮和显示比例等，如图 5-10 所示。

图 5-10　状态栏

5.2　文档的基本操作

使用 Word 2010 可以进行文字编辑、图文混排及制作表格等多种操作，但前提是要掌握 Word 文档的基本操作方法，主要包括新建、保存、打开和关闭。

5.2.1　创建新文档

新建文档可以是空白文档，也可以是根据模板创建的带有一些固定内容和格式的文档。

1. 创建空白文档

（1）系统自动创建。启动 Word 2010 后，系统会自动创建一个名为"文档 1"的空白文档，再次启动该程序，系统会以"文档 2"、"文档 3"……依次对新文档进行命名。其默认的扩展名为.docx。

（2）"新建"命令创建。在"文件"选项卡中，选择左侧窗格中的"新建"，在右侧窗格的"可用模板"栏中选择"空白文档"，单击"创建"按钮。

2. 根据模板创建文档

Word 2010 为用户提供了许多模板，包括会议议程、证书奖状、名片、日历等，以便用户直接使用。根据模板创建了文档后，只需在对应的栏填写需要的内容，无须再费时间制作文档轮廓。

打开"文件"选项卡，选择左侧窗格中的"新建"，在右侧窗格的"可用模板"栏中选择"样本模板"（图 5-11），选择需要的模板样式（图 5-12），在预览栏的下方选择"文档"单选项，单击"创建"按钮，打开使用选中的模板创建的文档，用户可以在该文档中进行编辑。

图 5-11 "新建"命令面板

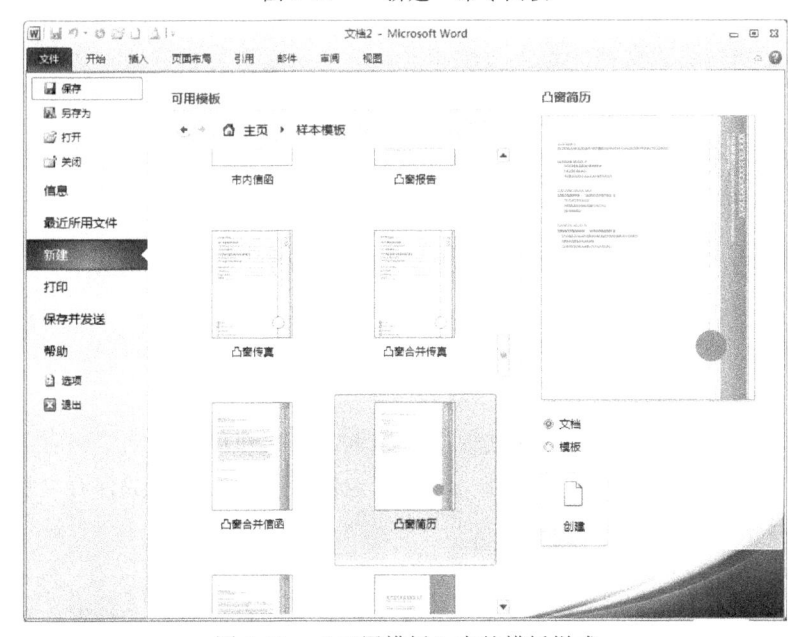

图 5-12 "可用模板"中的模板样式

5.2.2 保存及保护文档

对文档进行相应的编辑后,可通过 Word 的保存功能将文档存储到计算机中,便于以后查看和使用。如果不保存,编辑的文档内容就会丢失。

1. 保存新建的文档

单击快速访问工具栏中的"保存"按钮 或者执行"文件"选项卡中左侧窗格的"保存"命令,在弹出的"另存为"对话框中设置文档的保存路径、文件名及保存类型,然后单击"保存"按钮即可,如图 5-13 所示。

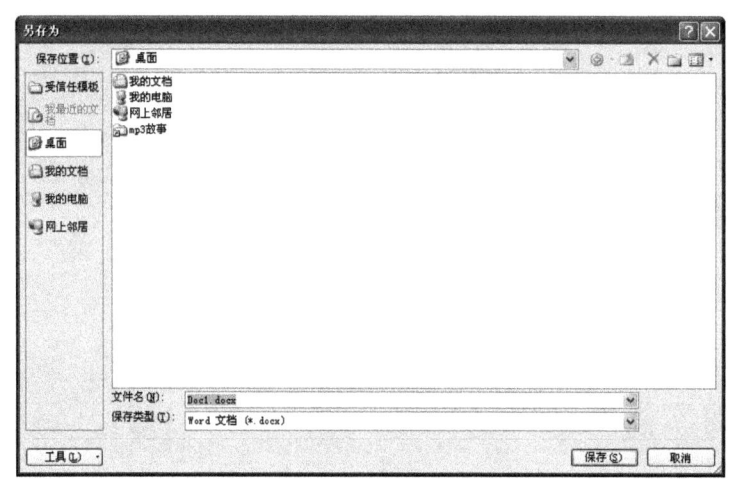

图 5-13 "另存为"对话框

2. 对已有的文档进行保存

在编辑过程中也需要及时保存,以防止因断电、死机或系统自动关闭等情况而造成信息丢失。已有文档与新建文档的保存方法相同,只是对它进行保存时,仅是将对文档的更改保存到原文档中,因而不会弹出"另存为"对话框,但会在状态栏中显示"Word 正在保存……"的提示,保存完成后提示立即消失。

3. 对已有文档进行另存

对已有的文档,为了防止文档的意外丢失,用户可将其进行另存,即对文档进行备份。另外,对原文档进行了各种编辑后,如果希望不改变原文档的内容,可将修改后的文档另存为一个文档。

1) 另存为 docx 文件

在需要进行另存的文档中打开"文件"选项卡,单击左侧窗格的"另存为"命令,在弹出的"另存为"对话框中设置与当前文档不同的保存位置或不同的保存名称,设置完成后单击"保存"按钮即可。

2) 另存为 doc 文件或 PDF 文件

为了避免其他计算机没有安装 Word 2010 而导致不能打开文档的情况,可将文档保存为 2003 低版本文档。在打开的"另存为"对话框中的"保存类型"下拉列表中选择"Word 97-2003 文档"选项或 PDF 类型,最后单击"保存"按钮。保存的文件名在标题栏中会显示"兼容模式"字样,在这类文档中有些 Word 2010 的新功能是不可保留的,进行部分格式设置时使用的是原来的设置方法。

4. 加密文档

很多时候用户都需要加密文档,如一些重要资料、毕业论文等,以防止资料外泄。要想使用 Word 2010 加密保护自己的文档,比以往任何一个版本的 Office 都要简单,只需要执行"文件"选项卡下"信息"命令面板中的"权限"命令,如图 5-14 所示,即可清楚地看到多种保护文档的方法,在此仅介绍一种加密文档。

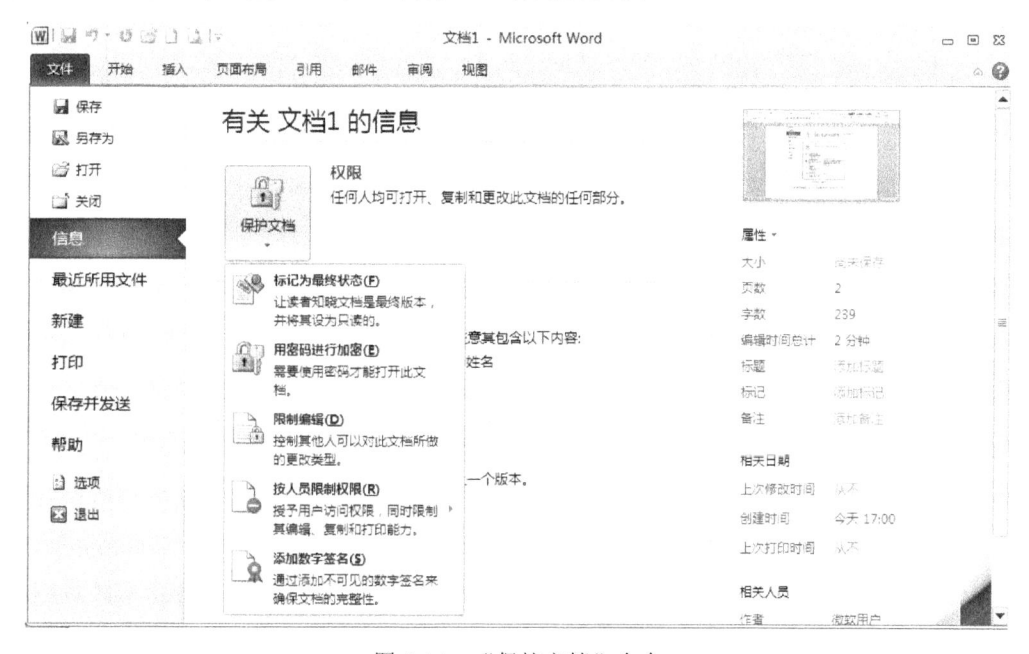

图 5-14 "保护文档"命令

打开"文件"选项卡的"信息"命令面板,在"保护文档"下拉列表中执行"用密码进行加密"命令,弹出"加密文档"对话框,输入密码即可(切记密码不可遗失,否则无法恢复)。

5.2.3 打开和关闭文档

如果要编辑已存在的文档,必须先将其打开。

1. 正常打开文档

(1) 双击打开。找到要打开的文档,双击其图标即可打开,这也是常用的打开文档的方法。

(2) "打开"命令打开。在"文件"选项卡中,在左侧窗格中单击"打开"命令(或在页面视图下使用 Ctrl+O 组合键),在弹出的"打开"对话框中设置好需要打开文档存放的路径,选中需要打开的文档,单击"打开"按钮,如图 5-15 所示。

图 5-15 "打开"对话框

2. 打开已损坏的文档

在打开某个文档时 Word 提示当前文档已损坏或文件无法打开的情况下，可使用修复打开的方式打开文件。执行"打开"命令，在弹出的"打开"对话框中选择需打开的文件，单击"打开"按钮右侧的下拉按钮，在弹出的下拉菜单中选择"打开并修复"命令。

3. 打开时将 Word 2003 文档转换成 Word 2010 文档

为了使在 Word 2003 中创建的 Word 文档具有 Word 2010 文档的新功能，用户可以将 Word 2003 文档转换成 Word 2010 文档。

打开 Word 2010 文档窗口，打开一个 Word 2003 文档，用户可以看到在文档名称后边标识有"兼容模式"字样，单击"文件"选项卡，在"信息"命令面板中执行"转换"命令，弹出如图 5-16 所示的对话框，在打开的对话框中单击"确定"按钮即可完成转换操作。完成版本转换的 Word 文档名称将取消"兼容模式"字样。

图 5-16 "转换"对话框

4. 关闭文档

（1）在要关闭的文档中，单击窗口右上角的"关闭"按钮。
（2）在要关闭的文档中，打开"文件"选项卡，执行左侧窗格的"关闭"命令。
（3）在要关闭的文档中，使用 Alt+F4 组合键。

5.3 文档的基本编辑

5.3.1 输入文本

1. 光标定位

启动 Word 后，在编辑区中不断闪烁的光标"｜"为插入点。而鼠标指针在文档中自由移动时呈现为"I"状，此时双击即可将插入点定位到光标所在的位置。定位光标的方法如下。

1) 用键盘移动光标

使用键盘上的四个方向键来实现定位，这是一种最基本的方法，这种方法适合于小范围内移动光标。

2) 用鼠标移动光标

若需将光标移动到某一处，只需将鼠标移动到所需定位处单击即可；若光标的位置不在当前屏幕上，则可以先通过鼠标利用垂直滚动条翻滚屏幕，找到要定位的目标，再进行定位操作。当单击滑块时，屏幕上会显示它所指向页的页码。

2. 文本输入

当用户确定了插入点的位置后，就可以输入文本内容了。根据输入的内容(如中文、英文)和自己熟悉的中文输入法，选择一种输入法即可开始文本的输入。

在 Word 中文本的输入可以分为两种模式：插入模式和改写模式。如果要在两者之间进行切换，可单击状态栏中的"插入"按钮来进行切换，或使用键盘上的插入键(Insert 键)进行切换。

在 Word 2010 中，文本的输入操作说明如下：按 Enter 键，将结束本段落并在插入点的下一行重新创建一个新的段落；按空格键，将在插入点的左侧插入一个空格符号；按 Backspace 键，将删除插入点左侧的一个字符；按 Delete 键，将删除插入点右侧的一个字符。

5.3.2 编辑文本

在文本编辑过程中经常需要对一块文本进行编辑操作，如需要将某块文本定义成某种字形、字体，或需要将某块文本复制、移动等，下面将介绍文本块的基本操作。

1. 选定文本块

使用鼠标进行文本选择的主要方法如下：

(1) 将光标定位到需要选定文本块的开始处，按住鼠标左键不松手，拖动鼠标到文本块的最后一个字符处，若按住 Ctrl 键拖动，可以选择不连续的多个文本块。

(2) 在编辑工作区中隐含着一个选择条，当光标移到文档左边的空白处时，鼠标指针就变成了略向右上方指的空心箭头，这就是选中选择条的标志。单击鼠标左键，选定箭头指向的一行；双击鼠标左键，选定箭头指向的一段；三击鼠标左键，可以选定整个文档。

(3) 选定一大块文字，先将光标定位在要选定文本块的第一个字符前并单击，按住

Shift 键，然后将光标移到所要选定的文本块的最后一个字符后并单击，则此文本块即被选定。选定一个矩形文本块，可按住 Alt 键的同时拖动鼠标即可选定一个矩形文本块。

选定文本块示例如图 5-17 所示。

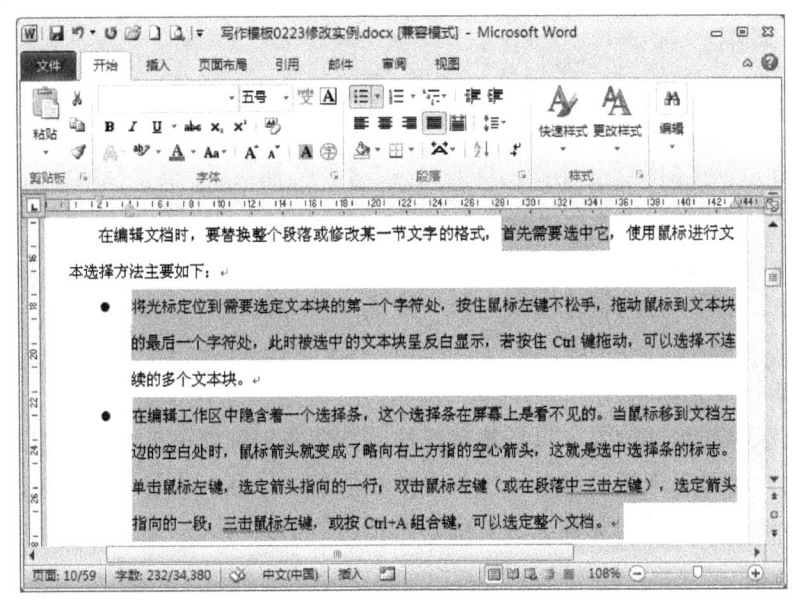

图 5-17 选定文本块示例

2. 复制文本块

文本块的复制只是把选定的文本块放到剪贴板中，可使用的方法如下：单击"开始"选项卡中的"复制"按钮；使用 Ctrl+C 组合键；指向选定文本块右击，在弹出的快捷菜单中执行"复制"命令。

3. 剪切文本块

文本块的剪切也是将所选定的文本块放到剪贴板上，但剪切与复制的区别在于执行过剪切操作后，所选择的文本便被删除了，原文中没有这个文本块的内容了。可使用的方法如下：单击"开始"选项卡中的"剪切"按钮；使用 Ctrl+X 组合键；指向选定文本块右击，在弹出的快捷菜单中执行"剪切"命令。

4. 粘贴文本块

文本块粘贴是把剪贴板中的内容粘到光标所在处，可使用的方法如下：单击"开始"选项卡中的"粘贴"按钮；使用 Ctrl+V 组合键；在光标处右击，在弹出的快捷菜单中执行"粘贴"命令。

在 Word 2010 中先复制选定文本块，然后在需要粘贴的地方右击，就可以在右键菜单中看到有粘贴选项。Word 2010 的粘贴方式有四种：保留源格式、使用目标样式、合并格式和仅保留文本。一般来说，在同一文档内粘贴内容可以在保留源格式、合并格式和仅保留文本三种粘贴方式中选择，保留源格式粘贴是 Word 2010 默认选项，如图 5-18 所示。跨文档粘贴时，两个文档的格式不同，用户可以在"选择性粘贴"对话框中进行不同的选择，如图 5-19 所示。

图 5-18 "Word 选项"对话框中剪切、复制和粘贴设置

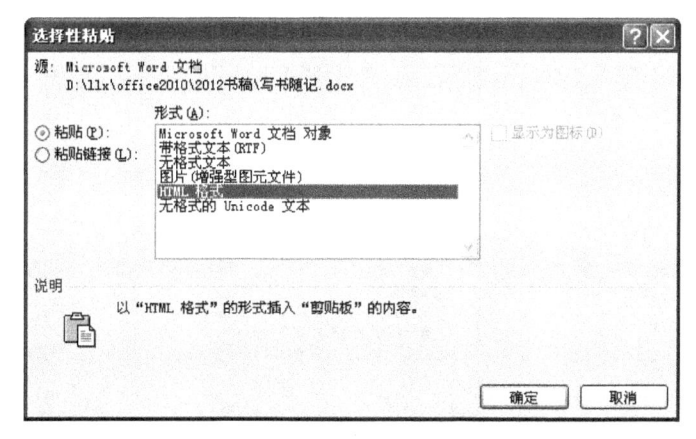

图 5-19 "选择性粘贴"对话框

如果用户从网页中复制内容粘贴到 Word 2010 文档中，可以选择仅保留文本的粘贴方式，这是因为使用保留文本可以节省 Word 2010 与网页交互数据的时间。当用户在文档中粘贴图片时，可以选择嵌入、四周、紧密等格式，一般来说，使用默认的嵌入就可以了。

5. 文本块的删除

将文本块彻底地从文档中删除，并不放到剪贴板中，其方法有以下几种：使用键盘上的 Delete 键或 Backspace 键。此外，当选定了文本块后，按其他键也有可能将文本块删除，所以选定文本块后，用户应小心操作。

如果想要复制或移动被选中的文本，可以使用工具按钮操作或鼠标拖动操作，其操作文法与 Windows 下复制或移动文件方法一样，只不过选定的操作对象是文本而已。

5.3.3 查找与替换

1. 查找

Word 2010 不仅可以查找文字，还可以搜索指定格式的文字段落标记、域或图形之类的特定项，这给用户的编辑工作带来了方便。但在使用查找与替换命令之前应指定查找范围，选择一个文本块，或按系统默认的从当前光标处开始到文本结束。

Word 2010 在"开始"选项卡的"编辑"选项组中的"查找"命令分三种方式：查找、高级查找、转到。

1) 查找

执行"查找"命令后会弹出"导航"对话框，如图 5-20 所示。用户可以通过在搜索框中键入内容来搜索文档中的文本，单击放大镜旁边的下拉按钮可指定搜索对象，如图形、表格、公式或批注。

2) 高级查找

执行"高级查找"命令后会弹出"查找和替换"对话框并显示"查找"选项卡，如图 5-21 所示。

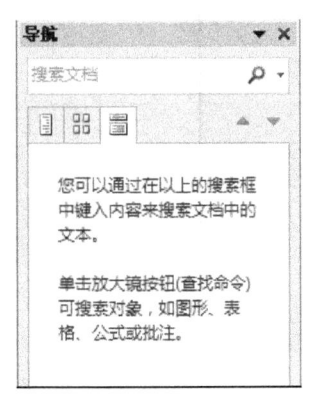

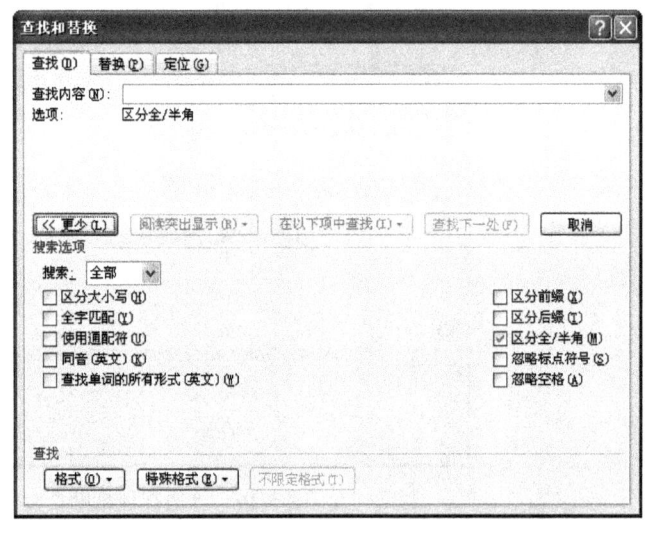

图 5-20 "导航"窗口　　　　图 5-21 "查找和替换"对话框中的"查找"选项卡

"查找"对话框分高级和常规两种，这两种状态可通过单击"更多"和"更少"按钮实现，图 5-21 是高级状态。常规状态下只有"查找内容"一项，而高级状态下则有更丰富及详细的查找设置，如在搜索选项中设置搜索的范围、区分大小写、全字匹配、区分全/半角等，在查找选项中设置查找对象的字体、段落等格式，甚至还可以查找一些特殊格式的对象（如段落标记等）。有了这些条件设置，用户不仅可以查找文本中的某些字符，也可以限定要查找对象的格式，格式不符即使查找内容匹配，也不会被查找出来。

设置好查找内容后，用户可以在"在以下项中查找"设置查找的范围是主文档、页眉和页脚还是批注,每单击一次"查找下一个"按钮,便可以依次找到下一个符合查找条件的字符,直到搜索完所设范围为止,最后屏幕会弹出一个完成搜索的提示窗口。在进行查找的过程中,可以单击编辑窗口,在不关闭"查找和替换"对话框的情况下进行文档编辑。

3) 转到

执行"转到"命令后会弹出"查找和替换"对话框并显示"定位"选项卡,如图 5-22 所示。

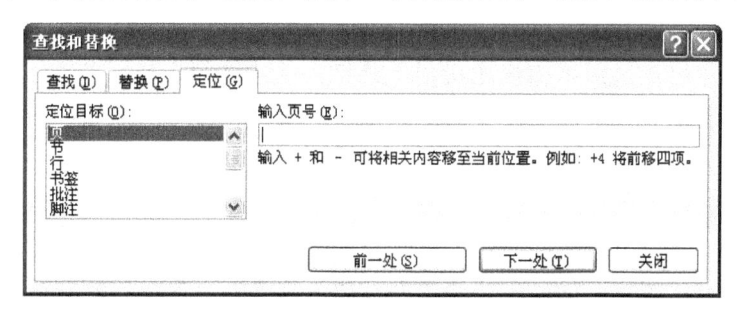

图 5-22 "查找和替换"对话框中的"定位"选项卡

在"定位目标"列表框中,可以选择"页"、"节"、"行"、"书签"、"批注"、"脚注"等选项,然后在右边的编辑框中可以输入相应的页号、节号、行号等内容,或者单击下边的"前一处"或"下一处"按钮,就可以快速将光标定位。

2. 替换

如果要查找并替换某些字符,可以执行"开始"选项卡的"编辑"选项组中的"替换"命令,弹出如图 5-23 所示的对话框并显示"替换"选项卡。"替换"选项卡与"查找"选项卡很相似,也分高级和常规两种,而且它的各种选项也与"查找"相似。只是应该在"替换为"栏中输入要替换成的字符,然后单击"查找下一处"按钮,找到后,如果需要替换就单击"替换"按钮,否则可以继续单击"查找下一处"按钮,直到找到最后一个符合要求的字符。如果用户确定要替换所有符合查找条件的字符,就可以直接单击"全部替换"按钮。最后屏幕会弹出一个窗口,显示所替换的数量。

图 5-23 "查找和替换"对话框中的"替换"选项卡

5.3.4 撤销与恢复

在进行文档编辑时，难免会出现输入错误，或对文档的某一部分内容不太满意，或在排版过程中出现误操作的情况。因此，撤销与恢复以前的操作就非常有必要了。用户在排版文档时，只需轻轻单击"撤消"按钮，就能恢复到以前一步一步的状态，大大提高了工作效率。

执行撤销操作时，只需单击快速访问工具栏上的"撤消"按钮 右边的下拉列表按钮，弹出撤销列表框，从中选择需要撤销的操作；或者逐次单击"撤消"按钮，一直恢复到需要的状态。另外，还可以使用 Ctrl+Z 组合键来撤销误操作。

如果用户又想取消所做的撤销操作或撤销过了头，还可以单击快速访问工具栏上"恢复"按钮 ，或使用 Ctrl+Y 组合键。提醒用户注意：要掌握撤销与恢复操作，以免多做无用功；另外，有些菜单操作是不能撤销的，如"打开"、"保存"等菜单命令。

5.4 文档的格式化

文档的格式化是对文档的文字、段落、标题以及编号等内容的属性进行设置与调整，其主要目的是使文档更规范。

5.4.1 页面格式的设置

页面设置主要包括页面大小、方向、页边距、边框效果和页眉版式等。文档页面的设置，将会影响整个文档的全局样式，可使 Word 2010 编排出清晰、美观的版面。在实际工作中，用户可能根据需要将文档划分为若干节，不同的节可以设置不同的页眉和页脚或不同的版式。同时，为了版面的需要，用户还可以对文档进行分栏。

虽然用户在编辑文档时，直接用标尺就可以快速设置页边距、版面大小等，但是这种方式不够精确。如果需要制作一个版面要求较为严格的文档，可以在"页面布局"选项卡的"页面设置"选项组中进行精确设置。

1. 设置文字方向

在"文字方向"下拉列表中用户可以很方便地将标注、文本框、自选图形或表格单元格中水平显示的文本更改为垂直显示或旋转一定角度显示。

2. 设置页边距和纸张方向

在 Word 2010 中，设置页边距主要是用来控制文档正文与页边沿之间的空白量。在多页文档的每一页中，都有上、下、左、右四个页边距。页边距的值与文档版面位置、页面所采用的纸张类型等元素紧密相关，在改变页边距时，新的设置将直接影响到整个文档的所有页。纸张的方向也是页面设置的另一个重要功能。通过纸张方向与页边距的配合，可编排出贺卡、信封、名片等特殊版面。

用户通常可以在页边距内部的可打印区域中插入文字和图形，也可以将某些项目放置在页边距区域中，如页眉、页脚和页码等。

用户可以使用"页面设置"选项组中的"页边距"和"纸张方向"命令直接进行设置或单击"页面设置"选项组右下角的按钮，在弹出的"页面设置"对话框（图5-24）进行更详细的设置。

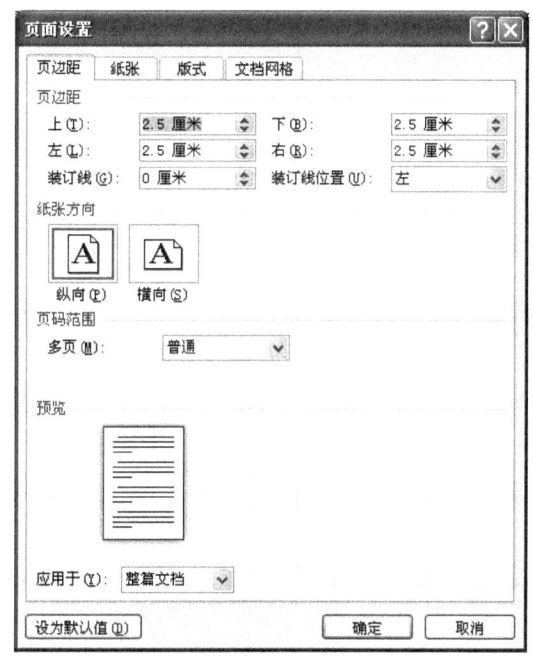

图 5-24 "页面设置"对话框中的"页边距"选项卡

在对话框中不仅可以设置"上"、"下"、"左"、"右"的边距值及纸张方向，而且还可以设置"装订线"、"装订线位置"、"页码范围"和"应用于"范围。

在"页码范围"选项组的"多页"下拉列表框中，可以指定当前正在编排文档的装订方式，不同的装订方式将影响到装订线的位置。如果不需要装订，则选择"普通"选项，并在"装订线"文本框中指定数值为0。若要更改部分文档的页边距，请选择相应的文本，然后设置所需的页边距，方法是在"应用于"列表框中，单击"插入点之后"选项，自动在应用新页边距设置的文字前后插入分节符。如果文档已划分为若干节，则可以单击某节或选定多个节，然后更改页边距。

3. 选择纸型与纸张来源

用户可以在"纸张大小"命令或"页面设置"对话框的"纸张"选项卡中，选择纸张型号或"自定义大小"。在对话框的"纸张来源"栏中，左边的"首页"列出的是要从中打印每节首页的打印机纸盒。下边列出了用于当前打印机的送纸选项，右边的"其他页"列出的是要从中打印每节第二页及后续各页的打印机纸盒。

4. 设置版式和文档网格

有些文档要设置节的起始位置、不同的页眉和页脚、页面垂直对齐方式、插入行号及页面边框，设置每页包含固定的行数及每行固定的字数，还有一些文档要求文字纵向排版、分栏等。这些操作都可以在"页面设置"对话框中的"版式"和"文档网格"选项卡（图 5-25、图 5-26）中进行设置。

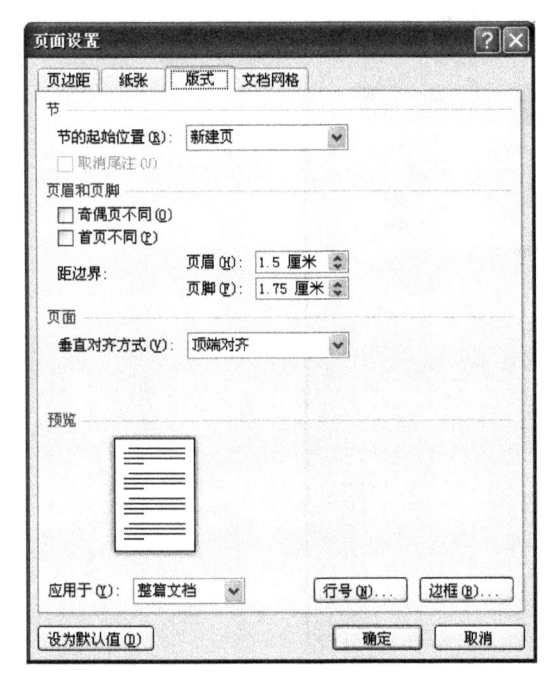

图 5-25 "版式"选项卡　　　　　　图 5-26 "文档网格"选项卡

5. 插入分隔符

在 Word 2010 中输入文本，到页面底部时，Word 都会自动分页，即 Word 会自动插入一个"软"分页符。另外，用户也可以根据需要在文档中的特定位置强制分行、分页、分栏或分节，这就需要插入对应的分隔符。插入分页符的方法是将光标定位在需要分页的地方，在"页面布局"选项卡中"页面设置"选项组中执行"分隔符"命令，并在其下拉列表中选择所要插入的分隔符类型(分页符、分栏符、换行符)和分节符类型(下一页、连续、偶数页、奇数页)。

6. 设置页眉、页脚、页码

页眉和页脚是指在文档页面的顶端和底端重复出现的文字或图片等信息。在普通视图中用户无法看到页眉和页脚；在页面视图中看到的页眉和页脚会变淡。

1) 在文档中创建页眉和页脚

执行"插入"选项卡中的"页眉"或"页脚"命令，可以选择不同的页眉或页脚的样式，或者进入到"页眉"或"页脚"的编辑状态(图 5-27)，在显示的"页眉和页脚工具"功能区中进行个性化、具体的设置。

在这种"页眉和页脚"处于可编辑的状态下，正文不可编辑，但可以在"页眉和页脚"编辑区插入页码、日期和时间、文档部件、图片、剪贴画，切换上下节，设置首页与奇偶页状态，与页眉和页脚距页边的距离，"页眉和页脚"编辑状态的关闭按钮在"页眉和页脚工具"的最右边。

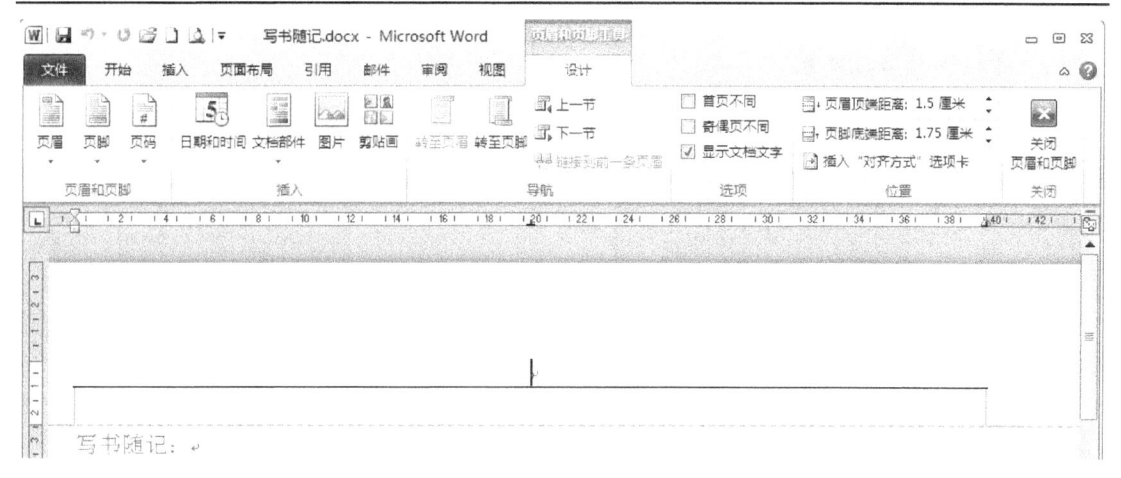

图 5-27 "页眉和页脚工具"功能区

2）在同一文档中创建不同的页眉和页脚

用户可以在一篇文档中创建不相同的页眉和页脚，创建的前提是该文档必须被分为不同的节，如果该文档没有分节，在创建前必须为它分节。然后再进入页眉和页脚的编辑状态，单击工具栏中的"链接到前一条页眉"按钮，就可以链接或断开当前节中的页眉和页脚与上一节的链接。

3）创建首页不同的页眉或页脚

在一篇文档中，首页常常是比较特殊的，它往往是文章的封面或图片简介等，此时可以在首页不显示页眉或页脚。在进入页眉和页脚的编辑状态后，选中"首页不同"复选框，这时在页眉区顶部显示"首页页眉"字样，可以不设置内容或设置页眉独有的内容。

4）创建奇偶页不同的页眉或页脚

用户有时需要在文档的奇数页和偶数页上显示不同的页眉或页脚。在进入页眉和页脚的编辑状态，选中"奇偶页不同"复选框，这时在页眉区顶部显示"奇数页页眉"或"偶数页页眉"字样，根据需要在页眉区创建奇数页或偶数页的页眉。

5）插入页码

首先把插入点定位到要添加页码的节中，若文档没有分节，那么就默认给整篇文档加页码。用户可以在"插入"选项卡中的"页码"下拉列表中选择已有样式，或
执行"设置页码格式"命令，如图 5-28 所示，在"页码格式"对话框中设置编号格式、起始页码等。

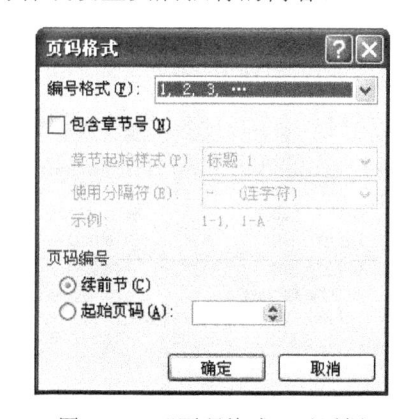

图 5-28 "页码格式"对话框

5.4.2 字符格式的设置

Word 2010 提供了丰富的字符格式，用户可以从字号、字体或字形等方面来设计文档的效果，还可以给某些需要着重强调的文字加上下划线或将它们变为粗体或斜体，这样既美化了文档的外观，又突出了文章的重点。

1. 常规字符格式设置

先选定要设置字符格式的文本块，然后使用"开始"选项卡"字体"选项组中各命令按钮进行不同效果的格式设置，如字体、字号、加粗、倾斜、字符颜色、字符边框、拼音指南、带圈字符、文本效果等，示例如图 5-29 所示。

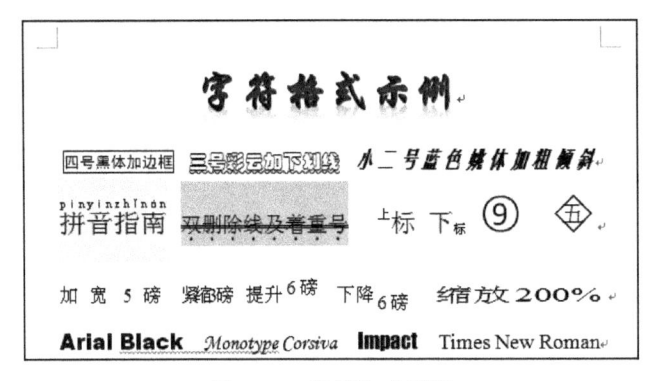

图 5-29　字符格式示例

此外，还可以对选定字符进行字符缩放、字符间距、字符位置进行设置，单击"字体"选项组右下角的按钮，在弹出的"字体"对话框的"高级"选项卡中设置，如图 5-30 所示。

2. 首字下沉

在编排某些文档时，需要将光标所在段落的第一个字放大，这时可以执行"插入"选项卡"文本"选项组中的"首字下沉"命令，在其下拉列表中选择"下沉"或"悬挂"样式。如果需要进行更准确的格式设置，可以执行下拉列表中的"首字下沉选项"命令，在弹出如图 5-31 所示的"首字下沉"对话框中进行设置。

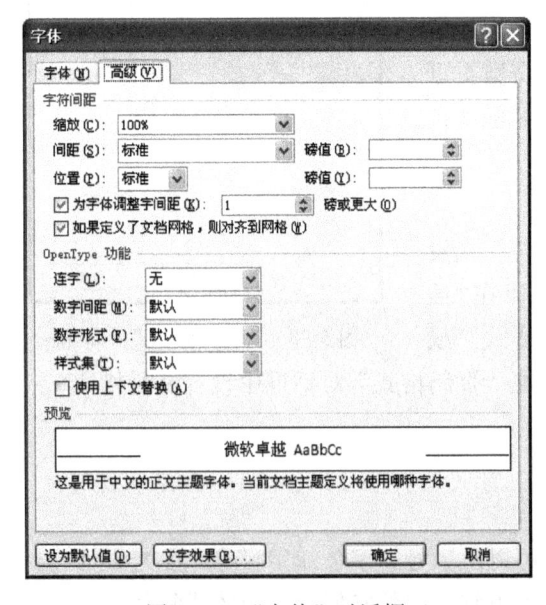

图 5-30　"字体"对话框　　　　　图 5-31　"首字下沉"对话框

5.4.3 段落格式的设置

段落就是以 Enter 键结束的一段文字，它是独立的信息单位。字符格式表现的是文档中局部文本的格式化效果，而段落格式的设置则将优化设计文档的整体外观。一般一篇文章由很多段落组成，每个段落都可以有它的格式，这种格式包括字体格式、段落缩进、段落行间距等。选定要设置格式的段落，执行"开始"选项卡"段落"选项组中的各项命令，如图 5-32 所示。

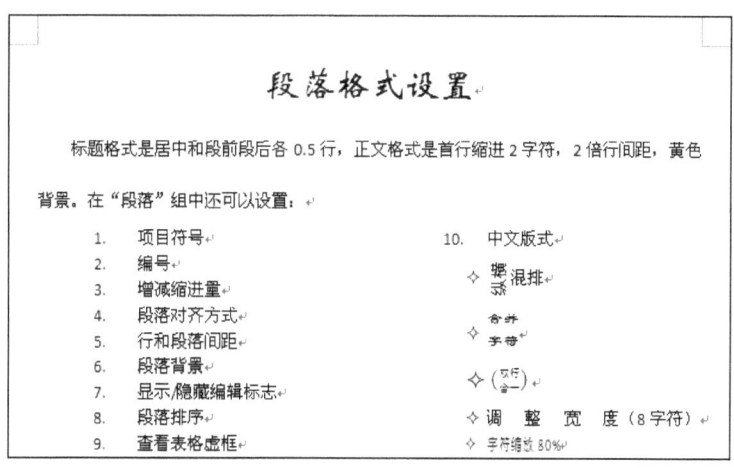

图 5-32 段落格式设置示例

另外，还有一些复杂的段落格式设置，如缩进、间距、分页、格式设置例外项、换行、字符间距等，可以在"段落"对话框中的三个选项卡中分别进行设置，如图 5-33～图 5-35 所示。

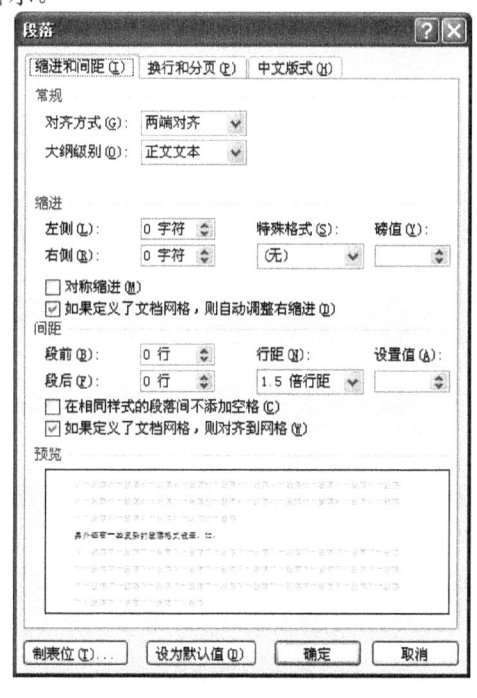

图 5-33 "缩进和间距"选项卡　　　　图 5-34 "换行和分页"选项卡

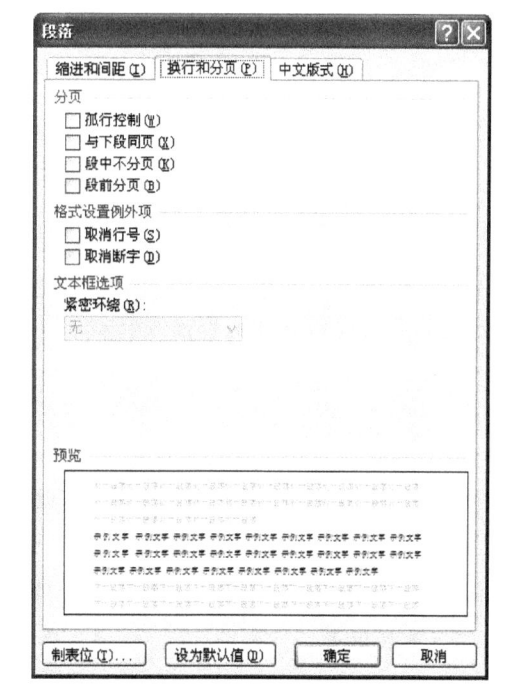

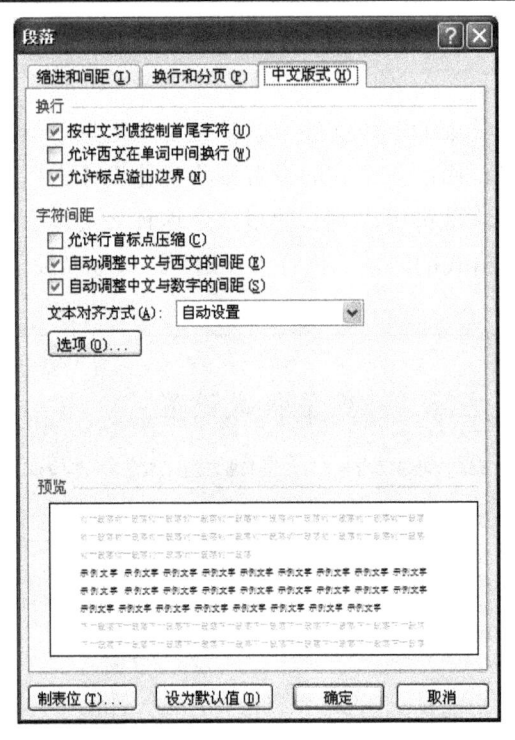

图 5-35 "中文版式"选项卡

5.4.4 项目符号和编号的设置

在 Word 中可以快速地给列表添加项目符号和编号，使得文档更有层次感，易于阅读和理解。

1. 自动创建项目符号和编号

用户在 Word 中输入时可自动产生带项目符号和编号的列表。

（1）若在某个段落的开始处输入连字符"–"或星号"*"，其后紧跟着输入空格，然后输入文本，Word 自动将段落转换为带有项目符号的列表项，星号转换为黑色的圆点。

（2）若在某个段落的开始处输入数字或字母，如"1."、"一."、"壹."、"A."、"1)"等格式，其后紧跟一个空格，然后输入文本，Word 自动将段落转换为带有编号的列表项。

在当前项目符号或编号所在行输入内容，当按 Enter 键时会自动产生下一个编号。如果连续按两次 Enter 键将取消编号输入状态，恢复到 Word 常规输入状态。

2. 添加项目符号

选定需要添加项目符号的段落，选择"开始"选项卡"段落"选项组中"项目符号"下拉列表中合适的项目符号类型，或者执行"定义新项目符号"命令，在弹出的"定义新项目符号"对话框中进行具体的设置，如图 5-36 所示。

3. 添加编号

编号主要用于文档中相同类别文本的不同内容，一般具有顺序性。编号一般使用阿拉伯数字、中文数字或英文字母，以段落为单位进行标识。在"开始"选项卡的"段落"选项组中，单击"编号"下拉列表选中合适的编号类型，或者执行"定义新编号格式"命令，在弹出的"定义新编号格式"对话框中进行具体的设置，如图 5-37 所示。需要注意的是，在这个对话框中"编号格式"编辑框中可以键入任意字符(编号字符不可以输入，必须在"编号样式"中选择)，并通过单击"字体"按钮，在显示的"字体"对话框中选择字体字号和设置字体的各种格式。

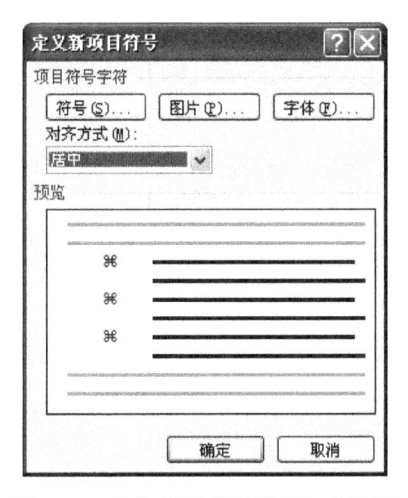

图 5-36　"定义新项目符号"对话框 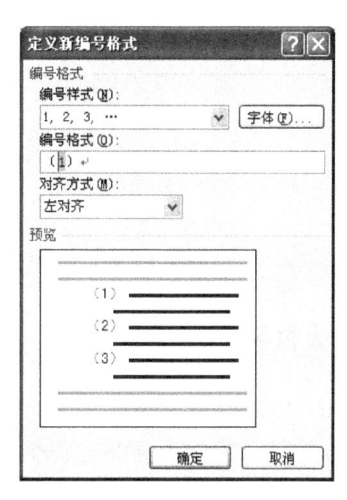　　　　图 5-37　"定义新编号格式"对话框

4. 插入特殊符号

如果用户要在文档中输入某些特殊的符号，如 Σ、Φ、※等，可以在"插入"选项卡"符号"选项组中"符号"命令下拉列表中选择要插入的特殊符号，或执行"其他符号"命令，在弹出的"符号"对话框中进行选择，如图 5-38 所示。选择"特殊字符"选项卡，弹出如图 5-39 所示选项卡，用户可以选择其中的特殊字符，插入到文档中。

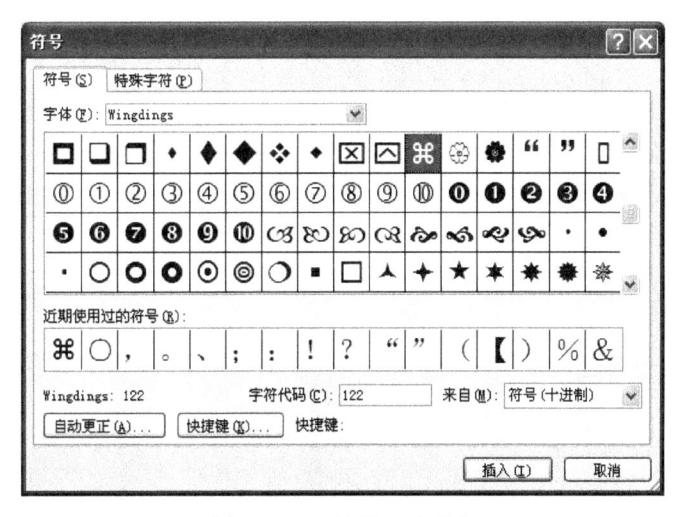

图 5-38　"符号"选项卡

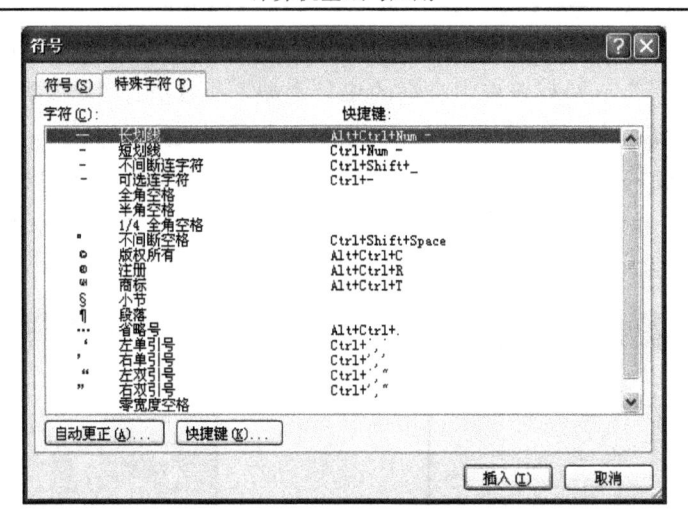

图 5-39 "特殊字符"选项卡

5.4.5 边框和底纹的设置

Word 2010 为用户提供了丰富的底纹和边框效果,可以用底纹填充表格、段落、对象或选定的文本,甚至还可以给整个页面添加一个艺术型的页面边框。

1. 添加边框

先选定对象,然后执行"开始"选项卡"段落"选项组中的"框线"下拉列表中的"边框和底纹"命令,弹出如图 5-40 所示的"边框和底纹"对话框,选择"边框"选项卡,并设置选定对象边框的样式、颜色、宽度等。"页面边框"与"边框"设置相同,只是多了"艺术型"选项。

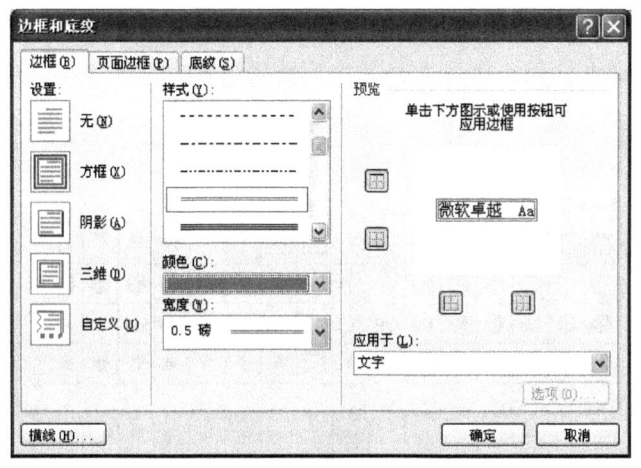

图 5-40 "边框"选项卡

2. 添加底纹

在"边框和底纹"对话框中选择"底纹"选项卡,如图 5-41 所示,设置底纹的填充和图案。

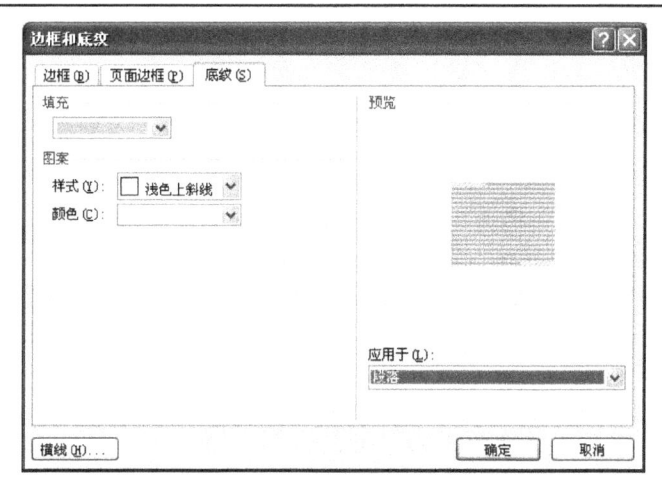

图 5-41 "底纹"选项卡

5.4.6 格式刷的使用

格式刷是 Word 2010 中使用频率非常高的一个功能。通过格式刷可以快速地将当前文本或段落的格式复制到另一段文本或段落上,从而大大减少排版时的重复劳动。

选定已经设置好格式的文本块或段落,在"开始"选项卡"剪贴板"选项组中双击"格式刷"按钮 (如果单击"格式刷"按钮,则格式刷记录的文本格式只能被复制一次,不利于同一种格式的多次复制),将鼠标指针移动至文档编辑区,鼠标指针已经变成刷子形状。按住鼠标左键拖动选定需要设置格式的文本,则格式刷刷过的文本或段落将被应用已复制的格式。释放鼠标左键,再次拖动选中其他文本实现同一种格式的多次复制。完成格式的复制后,再次单击"格式刷"按钮关闭格式刷。

5.5 表格编辑

表格由一行或多行单元格组成,用于显示数字和其他项以便快速引用和分析。表格常常作为显示成组数据的一种手段,有条理清楚、说明性强、查找速度快等优点,使用非常广泛。

5.5.1 创建表格

1. 插入规则表格

在"插入"选项卡"表格"选项组中选择"表格"下拉列表中要生成的规则表格的行列单元格,在光标所在位置的下一行即可生成相应行列数的表格,或者执行下拉列表中的"插入表格"命令,弹出如图 5-42 所示"插入表格"对话框,在"表格尺寸"和"自动调整操作"选项组中进行设置。

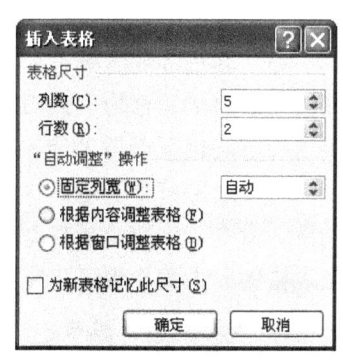

图 5-42 "插入表格"对话框

2. 手动绘制表格

如果要制作复杂的表格，就要使用绘制表格的功能。执行"开始"选项卡"段落"选项组中的"下框线"下拉列表中的"绘制表格"命令，光标就变成了"铅笔"状，在当前光标处拖动鼠标，用户可以先确定表格的外围边框，即从表格的一角拖动到它的对角位置，然后再画各行及各列，用水平线、垂直线和斜线来填充表格。

5.5.2 编辑表格

在执行过插入规则表格或手动绘制表格操作后，会显示"表格工具"功能区，包含"设计"和"布局"两个选项卡，如图5-43、图5-44所示。

图 5-43 "表格工具"功能区中"设计"选项卡

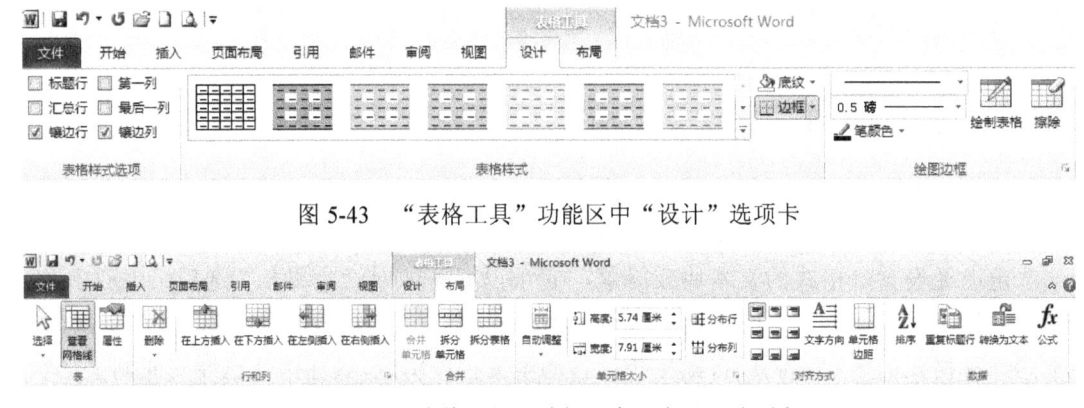

图 5-44 "表格工具"功能区中"布局"选项卡

1. 表格的选定

同文本一样，在设置表格某一部分单元格的格式时，需要先选中这部分单元格，然后再对单元格中的文字或单元格进行编辑操作。

(1) 选定一格：在单元格中的段落标记或文字左边，当鼠标指针变为↗形时单击鼠标，这个单元格都将反白显示，表示被选中。

(2) 选定一行或一列：在某一行单元格的外边框左侧，当鼠标指针变为↗形时单击鼠标，这行的单元格都将反白显示，表示被选中。在某一列单元格的上边框上边，当鼠标指针变为↓形时单击鼠标，这列的单元格都将反白显示，表示被选中。

(3) 选定部分区域：如果要选取表格的部分矩形区域，只要按住鼠标左键从这部分区域的左上角单元格拖动到右下角单元格，则整个矩形区域都将反白显示，表示被选中。其实这种方法也可以用来选定一个、一行或一列单元格。

(4) 选定整个表格：执行"布局"选项卡"表"选项组中"选择"下拉列表的"选择表格"命令，则整个表格都将成反白显示，表示被选中。或者当鼠标指针位于表格中时，在表格的左上角出现⊞符号，单击此符号，可以选中整个表格。

2. 表格的基本编辑

简单地制作好一张表格之后，往往需要对这张表格作一些局部调整，这就是对表格的编辑。

(1) "设计"选项卡：包括表格样式选项、表格样式、绘图边框各选项组。

(2)"布局"选项卡：包括表、行和列、合并、单元格大小、对齐方式、数据各选项组。

在这两个选项卡中可以进行表格的样式、表格的边框和底纹、绘制表格、擦除表格、设置表格属性、删除表格的行或列、插入行或列、拆分或合并表格、设置单元格大小、平均分布各行各列、文本在单元格中位置、文字方向、单元格边距、排序、重复标题行、转换为文本、公式等编辑操作。

3. 设置表格的列宽和行高

如果需要更改表格某行或某列的高度或宽度，最方便的操作是用鼠标拖动标尺栏上的边框标记或者鼠标指向表格框线变成双线双箭头标志后拖动框线。拖动方式可分为以下几种（以未选定对象，鼠标向右拖动使中间一列变宽为例）：

（1）直接用鼠标拖动，所拖框线前面一列变宽，后面一列将变窄，整个表格宽度不变。
（2）按住 Shift 键并拖动鼠标，则其他所有列的宽度不变，整个表格宽度更改。
（3）按住 Ctrl 键并拖动鼠标，则该列左侧各列宽度不变，右侧各列宽度均匀变窄，整个表格宽度不变。

如果只对一个单元格的列宽进行调整，方法同上，应先选定这个单元格，但无需使用 Ctrl 键。当然也可以调整行高，但只能对一行操作，不能只对单元格起作用，并且不必使用 Shift 和 Ctrl 键。

4. 表格与文本的对齐方式及环绕

表格与表格外文本的对齐方式，包括左对齐、居中、右对齐，对每一种对齐方式来说，文字的环绕包括"无"和"环绕"两种样式。

先将光标定位在表格中，或选定整个表格，执行"布局"选项卡"表"选项组中的"属性"命令，弹出如图 5-45 所示"表格属性"对话框，选择"表格"选项卡，在"对齐方式"和"文字环绕"选项组中根据需要选择相应的对齐方式和有无环绕。当选择"左对齐"和"无环绕"时，还可以在"左缩进"文本框中设置表格的左缩进量。

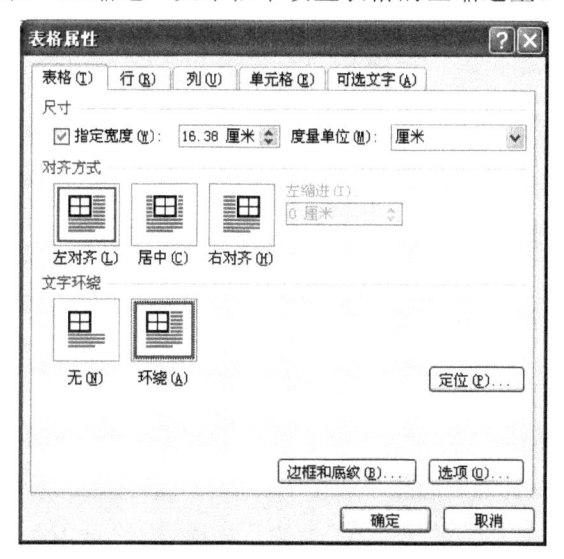

图 5-45 "表格属性"对话框的"表格"选项卡

5. 表格自动调整

表格在编辑完毕后，由于每个数据元的长度不一致，往往面临着调整的问题，但是手动操作起来比较麻烦，而且精确度不高。Word 在"布局"选项卡的"单元格大小"选项组中为用户提供了五种"自动调整"命令。

（1）根据内容调整表格：Word 会自动根据单元格内容的多少调整相应单元格的大小。

（2）根据窗口调整表格：Word 会自动根据单元格内容的多少以及窗口的大小自动调整相应单元格的大小。

（3）固定列宽：Word 固定了单元格的宽度，不管内容怎么变化，列宽不变，行高可变化。

（4）平均分布各行：Word 会平均分布选中的各行，使各行行高一致。

（5）平均分布各列：Word 会平均分布选中的各列，使各列列宽一致。

5.5.3 表格内数据的处理

1. 表格排序

很多情况下，为了方便查阅，要求表格中存储的信息具有一定的排列规则，因此需要对表中存储的记录按照一定规则进行排序。手动排序操作比较麻烦也容易出错，Word 为用户提供了将表格中的文本、数字或数据按"升"或"降"两种顺序排列的功能。执行"布局"选项卡"数据"选项组中的"排序"命令，弹出如图 5-46 所示"排序"对话框。在此对话框中可以设置三个排序关键字，每个关键字可以指定"笔画"、"数字"、"日期"、"拼音"四种类型按升、降序进行排列。

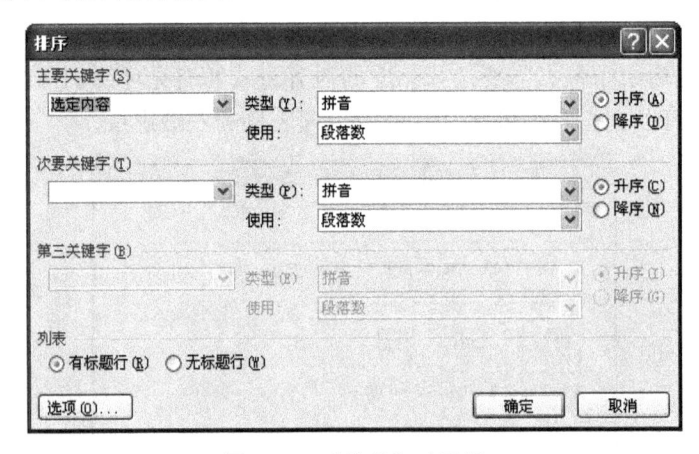

图 5-46 "排序"对话框

2. 重复标题行

在 Word 文档中，如果一张表格需要在多页中跨页显示，则设置标题行重复显示很有必要，因为这样会在每一页都明确显示表格中的每一列所代表的内容。选中标题行（必须是表格的第一行），执行"布局"选项卡的"数据"选项组中"重复标题行"命令来设置跨页表格标题行重复显示。

3. 表格与文字的转换

1) 将表格转换成文字

选定要转换成文本的行或表格，然后执行"布局"选项卡"数据"选项组中"转换成文本"命令，弹出如图 5-47 所示"表格转换成文本"对话框，在"文字分隔符"位置选择合适的符号。

2) 将文字转换成表格

选定要转换成表格的文字，其中应包含有分隔符，如制表符或段落标记，以便 Word 能确定表格单元格的起始及终止位置。然后执行"插入"选项卡"表格"选项组"表格"下拉列表中的"文本转换成表格"命令，弹出如图 5-48 所示对话框，如果系统检测到选定的内容中有制表符，就会给出默认的列数。如果要使用其他分隔符，可在"文字分隔位置"选项组中进行选择。

图 5-47 "表格转换成文本"对话框

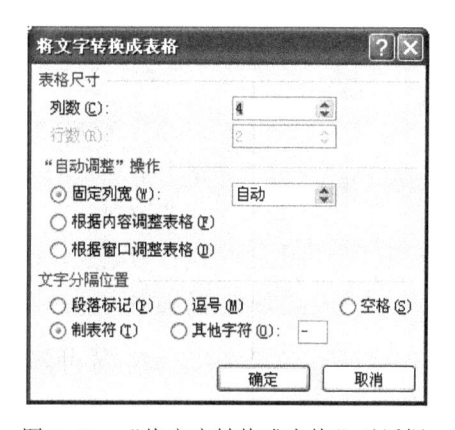

图 5-48 "将文字转换成表格"对话框

4. 使用公式

Word 的表格提供了计算功能，可以对表格中的数据进行简单的运算，如求和、求平均值、求最大值和求最小值等。

将光标定位在要放置计算结果的单元格中，执行"布局"选项卡"数据"选项组中的"公式"命令，弹出如图 5-49 所示"公式"对话框。该对话框中的"公式"项中包括三部分："="、"函数"和"参数"，如"=SUM(ABOVE)"。

如果默认的公式不符合要求，也可以删除原公式，在"公式"文本框中直接输入新公式，或在"粘贴函数"下拉列表中选择相应功能的函数，然后在函数右边的括号内输入参数即可。编辑完公式后，如果需要指定结果单元格的显示格式，可在"编号格式"下拉列表中选择公式结果的显示格式。有关表格中较为复杂的计算问题在 Excel 章节中会有详细的介绍，本节不再赘述。

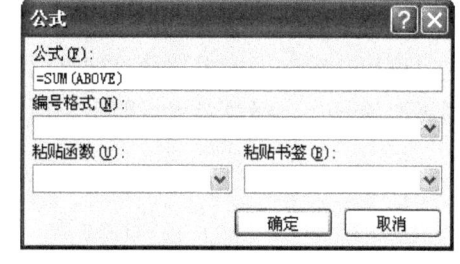

图 5-49 "公式"对话框

5.6 各种对象的处理

在 Word 中,用户可以插入图片、文本框、艺术字、图形和公式等对象,添加这些元素有助于文档的美化,使文档看起来更加生动、形象、充满活力。

5.6.1 插入与编辑图片

1. 插入图片

如果需要使用图片为文档增色添彩,首先将光标定位在要插入图片的位置,执行"插入"选项卡"插图"选项组的"图片"命令,弹出"插入图片"对话框,在该对话框中选择要插入的图片文件,然后可以直接执行"插入"命令或在"插入"下拉列表中选择"链接到文件"或"插入和链接"命令。

2. 插入剪贴画

将光标定位在要插入剪贴画的位置,执行"插入"选项卡"插图"选项组的"剪贴画"命令,弹出如图 5-50 所示的"剪贴画"任务窗口,在"搜索文字"文本框处输入要搜索图片的关键字,执行搜索后,搜到的相关图片会在下面显示出来,选择需要的剪贴画后,所选图片就插入到光标处。

3. 使用屏幕截图功能插入图片

借助 Word 2010 中的"屏幕截图"功能,用户可以方便地将已经打开且未处于最小化状态的窗口截图插入到当前文档中。

选择"插入"选项卡"插图"选项组的"屏幕截图"命令,在出现的"可用视窗"面板中,Word 2010 会自动显示监测到的可用窗口,选择需要插入的屏幕截图即可,如图 5-51 所示。如果只需要把特定窗口的一部分作为截图插入到文档中,则保留该特定窗口为非最小化状态,在"可用视窗"面板中选择"屏幕剪辑"选项,进入屏幕剪辑状态后,单击并拖动鼠标选择需要的部分,释放鼠标后即可将所需截图插入到当前文档中,如图 5-52 所示。

图 5-50 剪贴画

图 5-51 "可用视窗"面板

图 5-52 屏幕截取部分图示示例

4. 设置图片格式

选定需要设置格式的图片，会显示"图片工具"功能区，如图 5-53 所示，可以设置图片的亮度、对比度、重新着色、压缩图片、重设图片、阴影效果、自动换行、位置、裁剪、大小等格式，或者选定图片后右击，执行快捷菜单中的"设置图片格式"命令，弹出如图 5-54 所示"设置图片格式"对话框，在该对话框中可以设置图片的填充、线条、阴影、三维格式等。

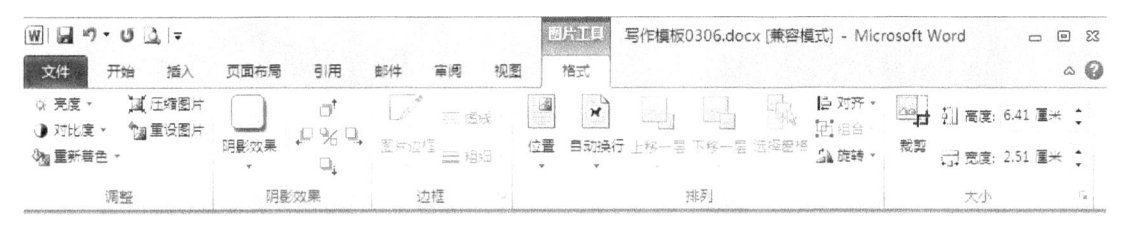

图 5-53 "图片工具"功能区

图 5-54 "设置图片格式"对话框

5. 移除图片背景

有时为了使图片更好地融入到文档中，用户可以通过 Word 2010 提供的修改图片功能移除图片的背景。选定需要移除背景的图片，在"图片工具"功能区选择"格式"选项卡，在"调整"选项组中执行"删除背景"命令，显示出"背景消除"选项卡，如图 5-55 所示。在该选项卡中的"优化"选项组中执行"标记要保留的区域"命令，然后在图片中单击要保留的区域，该区域会出现⊕标识，再标记出要删除的区域，该区域会出现⊖标识。最后在"关闭"选项组中执行"保留更改"命令，即可移除图片背景。移除图片背景的示例如图 5-56 所示。

图片格式设置示例，如图 5-57 所示。

图 5-55 "背景消除"选项卡

图 5-56 移除图片背景的示例

蜡笔平滑及椭圆　　　棱台透视　　　柔化边缘 25 磅

图 5-57 图片格式设置示例

5.6.2 插入与编辑文本框

1. 插入文本框

将光标定位后，选择"插入"选项卡"文本"选项组中"文本框"命令，在其下拉列表框中可选择系统提供的文本框样式，也可以执行"绘制文本框"命令后手动绘制一个普通文本框。

2. 编辑文本框

选定需要编辑的文本框，在图 5-58 所示的"绘图工具"功能区，可以设置文本框中的文字方向、文本框样式、形状填充、形状轮廓、阴影效果、三维效果、排列位置和文本框大小。文本框示例如图 5-59 所示。

图 5-58 "绘图工具"功能区

图 5-59　文本框示例

5.6.3　插入与编辑艺术字

1. 插入艺术字

将光标定位后，选择"插入"选项卡"文本"选项组的"艺术字"命令，在其下拉列表框中可选择系统提供的艺术字样式，这时文本编辑区就会出现该样式的一个艺术字"请在此放置您的文字"。

2. 编辑艺术字

光标定位在所插入的艺术字文本区，修改艺术字内容及字体格式。选定需要设置格式的艺术字（艺术字周围出现选定句柄），会显示"绘图工具"功能区，大部分的格式设置与文本框的相同，只是有关艺术字的独特设置在"艺术字样式"选项组中，艺术字示例如图 5-60 所示。

图 5-60　艺术字示例

5.6.4　绘制与编辑图形

在 Word 中，可以插入现成的形状，如矩形、圆形、线条、箭头、流程图符号和标注等，还可以对图形进行编辑并设置图形效果。

1. 绘制图形

将光标定位在要插入图形的位置，执行"插入"选项卡"插图"选项组的"形状"命令，弹出如图 5-61 所示的列表框，主要包括线条、矩形、基本形状、箭头总汇、公式形状、流程图、星与旗帜、标注几大类，在该列表框中选择要插入的形状，然后在文本编辑区中绘制。

2. 在自选图形中添加文字

右击要添加文字的图形，在弹出的快捷菜单中执行"添加文字"命令，此时插入点出现在图形的内部，输入所需文字，并可对该文字进行格式设置。

3. 编辑图形对象

选定插入的图形，会显示出"绘图工具"功能区，其设置方法与文本框和艺术字的设置方法相同。另外，选定图形并右击，在弹出的快捷菜单中执行"设置形状格式"命令，会弹出如图 5-62 所示的"设置形状格式"对话框，也可以在这个对话框中对形式进行各种编辑操作。

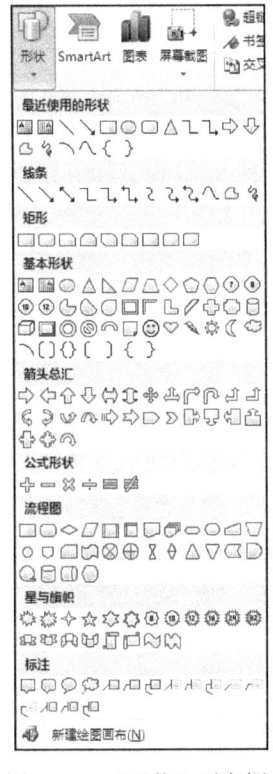

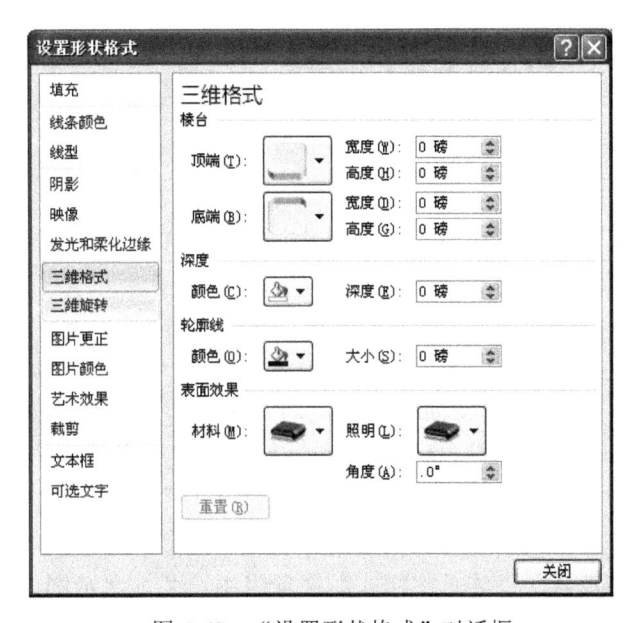

图 5-61 "形状"列表框　　　　图 5-62 "设置形状格式"对话框

4. 选定多个对象

如果要选定多个对象，则按住 Shift 键，然后分别单击要选定的对象即可；如果要选定的多个对象比较集中，可以将鼠标左键移到要选定对象的左上角，按住鼠标左键向右下角拖动，此时会出现一个虚线框，当把所有要选定对象都框住时，释放鼠标左键。

5. 调整图形对象的大小

选定对象后，在四角和边界会出现尺寸句柄，通过拖动对象的尺寸句柄来调整选定对象的大小。

6. 移动或复制图形对象

选定对象后可以用鼠标拖动或用"剪切"、"复制"和"粘贴"命令的方法移动或复制对象，操作方法与文本块的复制和移动相同，在此不再赘述。

7. 对齐对象

如果使用鼠标移动操作对象,很难使多个对象排列整齐,Word 提供了快速对齐对象的工具。选定要对齐的多个对象,执行"绘图工具"功能区"排列"选项组中的"对齐"命令,从"对齐或分布"下拉列表中选择所需的对齐方式,如图 5-63 所示。

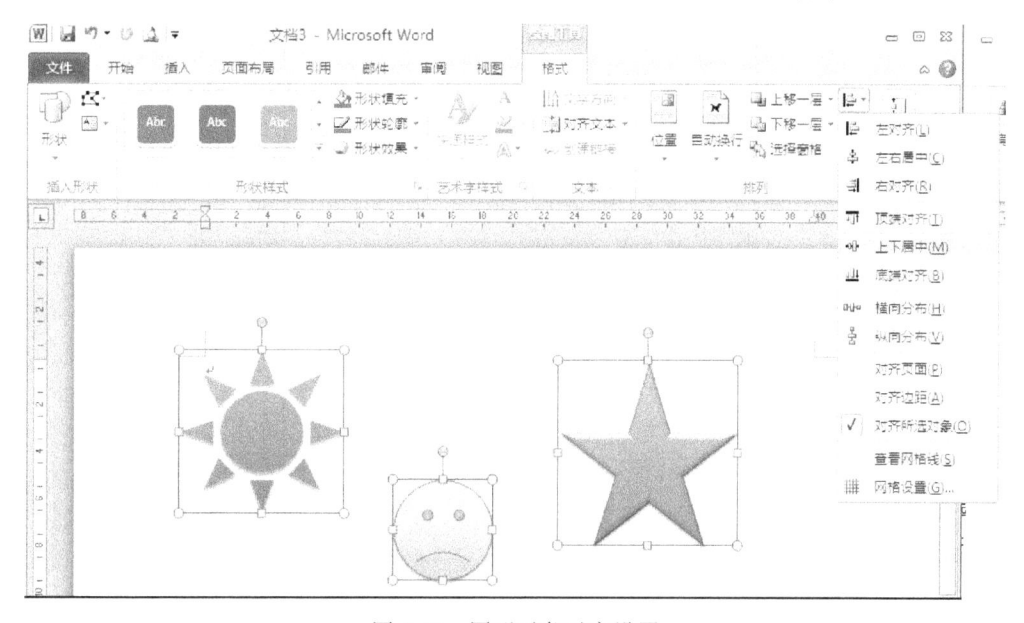

图 5-63　图形对象对齐设置

8. 叠放对象

在同一个区域绘制多个图形时,后来绘制的图形将覆盖前面的图形。有时,可能需要改变图形对象的叠放次序。

选定要移动层次的对象,如果该对象被隐藏在其他对象之下,可以按 Tab 键或 Shift+Tab 组合键来选定该对象。执行"绘图工具"功能区"排列"选项组的"上移一层"或"下移一层"命令,也可以设置"置于顶层"、"置于底层",如果与文本有环绕,还可以设置与文字的关系"浮于文字上方"或"衬于文字下方"。

使用图形工具制作的流程图示例,如图 5-64 所示。

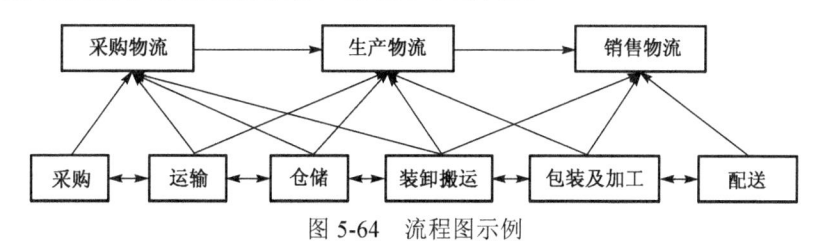

图 5-64　流程图示例

5.6.5　插入与编辑公式

Word 2010 中提供了多种常用公式,用户可以根据需要直接在文档中插入这些内置公式。选择"插入"选项卡,单击"符号"选项组中"公式"下拉列表按钮,在弹出的下拉列表中选择合适的公式样式或执行最后的"插入新公式"命令,如图 5-65 所示。在文档的编辑区中可以看到以蓝色底纹显示的"在此处键入公式"字样的公式编辑框。选择"公式工具"功能区中的"设计"选项卡,单击所需要的公式样式插入即可,如图 5-66 所示。插入的公式默认为内嵌式,格式的设置与普通文本相同。

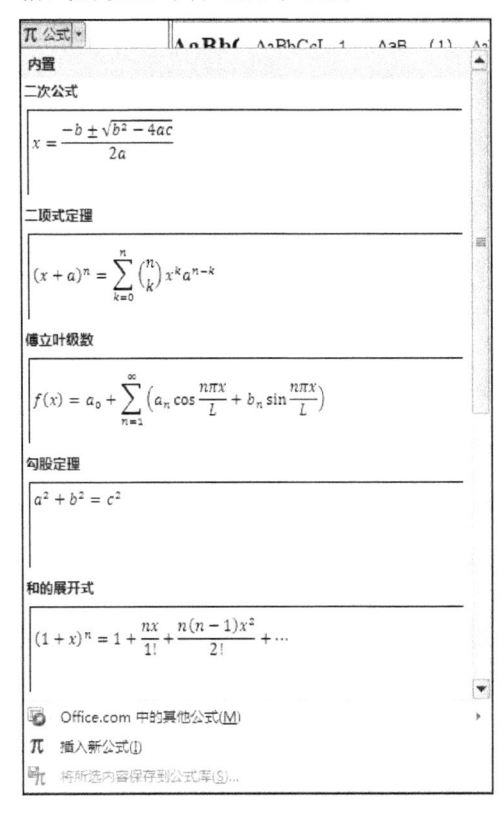

图 5-65 "公式"下拉列表

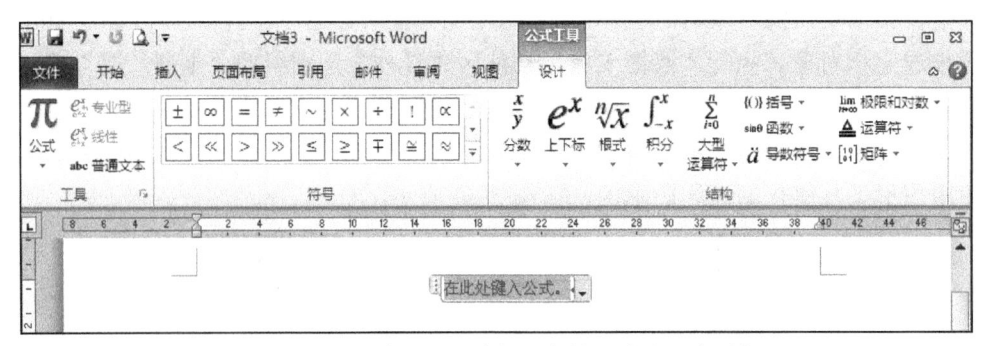

图 5-66 "公式工具"功能区中的"设计"选项卡

5.6.6 插入与编辑 SmartArt 图形

Word 一直提供着各种辅助工具来帮助用户完成文档中使用的各种图示,如前面所介绍的"形状"。而对于经常使用的各种关系,Word 2010 提供了一种绘图方法——SmartArt,用户通过这个工具可以制作出专业的图形。SmartArt 图形是信息和观点的视觉表示形式,可以通过在多种不同布局中进行选择来创建 SmartArt 图形,从而快速、轻松和有效地传达信息。

1. SmartArt 提供的图示类型

SmartArt 中提供了 8 种展示不同关系的图形，分别是列表、流程、循环、层次结构、关系、矩阵、棱锥图和图片，每种类型的图形都有各自的作用。

（1）列表：用于显示无序的信息，或者地位基本相同的信息条目，该类型中包括 40 种布局样式，适合表现一些宣传理念、条目罗列、要点提示等内容。

（2）流程：用于显示组成一个总工作的几个流程的行径或一个步骤中的几个阶段，该类型中包括 48 种布局样式，它可以简单到只要将过程的环节填写到合适的位置。

（3）循环：用于以循环流程表示阶段、任务或事件的过程，也可以用于显示循环行径与中心点的关系，该类型中包括 16 种布局样式，适合表现一些时间有周期的主题。

（4）层次结构：用于显示组织中各层的关系或上下层关系，该类型中包括 17 种布局样式。

（5）关系：用于比较或显示若干个观点之间的关系，有对立、延伸或促进关系等，该类型中包括 40 种布局样式。

（6）矩阵：用于显示部分与整体的关系，该类型中包括 4 种布局样式。

（7）棱锥图：用于显示比例、互连或某些层次关系，按照从高到低或从低到高的顺序进行排列，该类型中包括 4 种布局样式。

（8）图片：包括一些可以插入图片的 SmartArt 图形，该类型中包括 36 种布局样式。

不同类型 SmartArt 图形之间的转换都是十分容易的，除了避免包含级别不同的类型相互转换可能出现缺失外，整个过程简单到只需调整一下文字大小，甚至完全不用作任何变动。选定原来的 SmartArt 图形，在"SmartArt 工具"功能区"设计"选项卡的"布局"选项组中进行类型的更改，如图 5-67 所示。

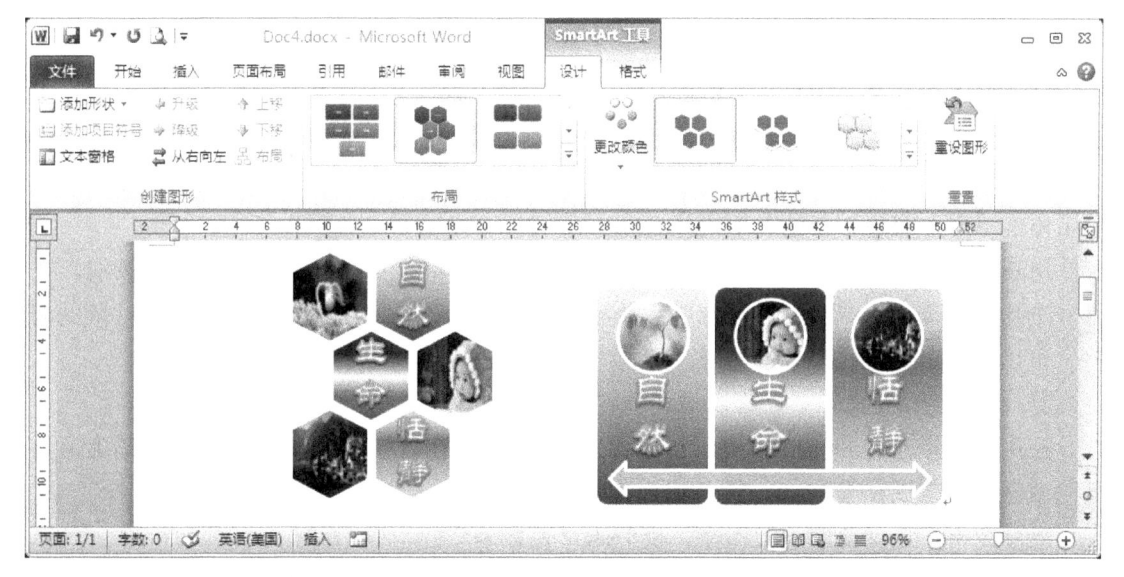

图 5-67 "SmartArt 工具"功能区中的"设计"选项卡

2. 将图片转换成 SmartArt 图形

选定要编辑的所有图片，选择"图片工具"功能区"格式"选项卡，单击"图片样式"

选项组中的"图片样式"下拉列表按钮,在弹出的列表中选择一种 SmartArt 样式。在转换后的图形中的"文本"字样处输入文字,图形中的图片还可以调整大小和位置。

3. 插入 SmartArt 图形

执行"插入"选项卡"插图"选项组的"SmartArt"命令,弹出如图 5-68 所示的"选择 SmartArt 图形"对话框。在该对话框的左侧列表框中选择 SmartArt 图形的类型,然后在中间选择一种布局,即可插入一个 SmartArt 图形。

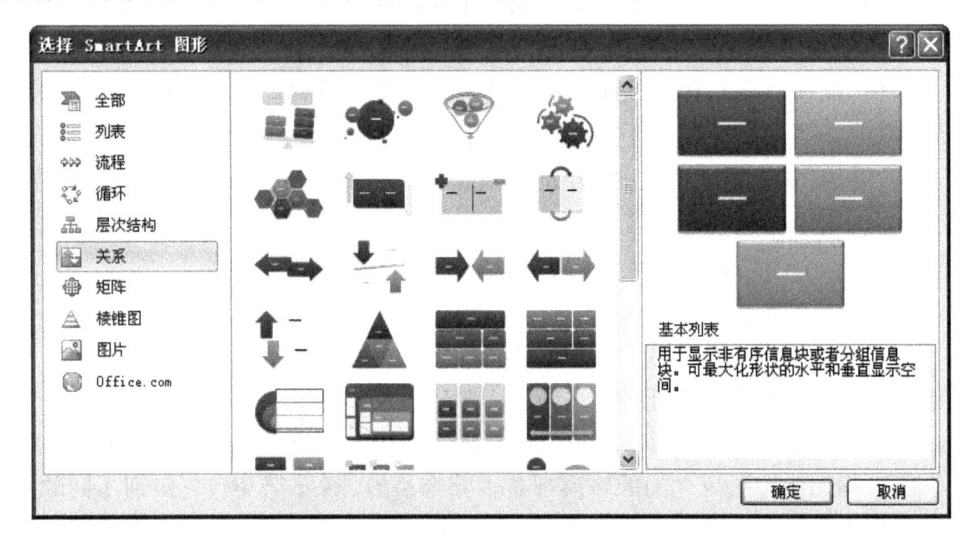

图 5-68 "选择 SmartArt 图形"对话框

4. 编辑 SmartArt 图形

1) 在 SmartArt 图形中输入文本

SmartArt 图形是形状与文本框的结合,所以图形中一定会有文本。单击需要输入文本的图框,直接输入所需的文本。另外,用户还可以选择执行"SmartArt 工具"功能区"设计"选项卡的"创建图形"选项组中的"文本窗格"命令,即可显示或隐藏文本窗格,在显示出的"文本窗格"中输入所需要文本。

用户还可以使用"设计"选项卡上的"升级"或"降级"命令来调整形状的级别。在每一个形状被选中,或者同时被选中后单独或等比例调整长宽比和大小,同时辅以角度调整,可以实现很多意想不到的效果。

2) 向 SmartArt 图形中删除或添加形状

在用户实际建立 SmartArt 图形的过程中,一般都要在该样式 SmartArt 图形的基础上再删除或添加一些图框等。

删除图框:选定要删除的图框,按 Delete 键删除。

添加图框:选择 SmartArt 图形中添加新图框的图框,单击"设计"选项卡"创建图形"选项组的"添加形状"下拉列表按钮,在弹出的下拉列表中选择"在后面添加形状"、"在前面添加形状"、"在上方添加形状"、"在下方添加形状"或"添加助手"等命令。

5.7 文档的打印

打印文档可以说是制作文档的最后一项工作了，要想打印出满意的文档，就需要设置各种有关的打印参数。Word 可以在打印文档之前预览文档、设置打印范围、打印份数、版面缩放、排序打印，也可以只打印文档的奇数页或偶数页，并且打印出来的文档和在打印预览中看到的效果完全一样。

5.7.1 打印预览

在准备打印文档之前，用户应该查看文档的打印格式是否符合要求、整体效果如何，这就需要进行打印预览操作。执行"快速访问工具栏"中的"打印预览和打印"命令，或者打开"文件"选项卡，执行其中的"打印"命令，将显示如图 5-69 所示的"打印"窗口。

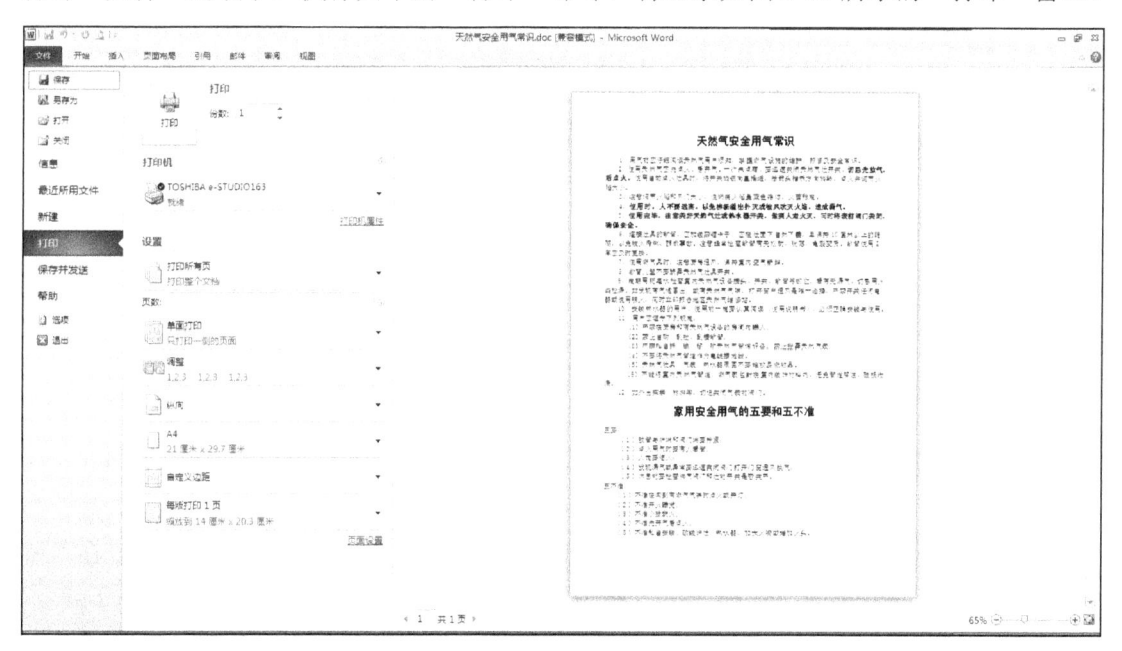

图 5-69 "打印"窗口

在此窗口右边的"打印预览"区域中，中间为预览的文档效果图，左下角显示为文档的总页数及当前预览的页码，右下角可直接设置"缩放到页"的效果。

5.7.2 打印设置

如果通过"打印预览"已确定文档的打印效果，可以直接执行"打印"窗口中的"打印"命令，还可以设置打印份数、选择打印机、打印范围(图 5-70)、打印顺序、页面设置(方向、纸型、页边距)、打印缩放(图 5-71)等操作。

1. 打印范围的设置

在打印范围处可以选择"打印所有页"、"打印当前页"或"打印自定义范围"选项，如果选择后者，需要输入页码范围，如 2,6（第 2 页和第 6 页）或 8-10（第 8 至 10 页）等。其至根据需要还可以选择"仅打印奇数面"、"仅打印偶数页"、"单面打印"和"手动双面打印"选项，在没有双面打印机的情况下，可以在纸张的两面打印文档，在打印完一面后，Word 会提示用户重新放入纸张。

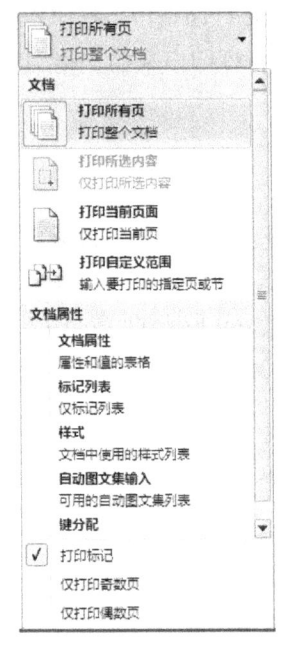

图 5-70　"打印范围"下拉列表　　　　图 5-71　"打印缩放"下拉列表

2. 打印缩放的设置

（1）每页的版数：设置需要在一张纸上打印文档中几页，如设置"每版打印 4 页"，打印出来即是文档的 4 页全在一张纸上。

（2）缩放至纸张大小：如果设置的纸型是 A3，而用户需要用 A4 打印，就可以在"缩放至纸张大小"下拉列表中选择"A4"纸型，这样就会将 A3 的文档缩成 A4 大小了。

5.8　Word 2010 的高级功能

前面介绍的是 Word 的基本操作，但有时用户会遇到一些比较特殊的格式设置，如插入脚注和尾注、定义样式、设置级别、提取目录等，这些都是在进行论文编辑时常常要用到的。

5.8.1　脚注和尾注的插入

脚注一般位于页面的底部，作为文档某处内容的注释；尾注一般位于文档的末尾，列出引文的出处等。光标定位在需要插入脚注或尾注的位置，执行"引用"选项卡"脚注"选项组中的"插入脚注"或"插入尾注"命令，如图 5-72 所示。此时在页面底部或文档末尾出现脚注或尾注区域，光标定位后，输入需要的脚注或尾注文字即可，示例如图 5-73 所示。

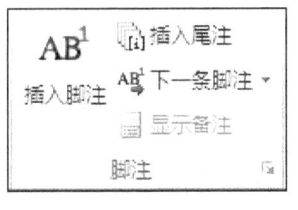

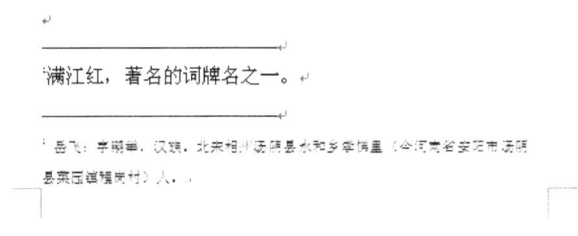

图 5-72　"脚注"选项组　　图 5-73　插入"脚注"和"尾注"示例

5.8.2　样式的设置

样式其实就是特定格式的集合，它规定了文本和段落的格式，且各有不同的样式名称。通过样式可以简化操作、节约时间，还有助于保持整篇文档格式的一致性。

1. 内置样式

Word 2010 提供了许多样式，并将常用的多个样式放在快速样式列表中，使用快速样式可以更加方便地设置文档的格式。

1) 使用快速样式

选定需要应用样式的文本，或者将光标定位到要应用样式的段落，选择"开始"选项卡"样式"选项组中的快速样式名时，所选定的文本或段落将会显示选中样式后的格式，单击样式名即可应用新的样式。Word 2010 中的快速样式如图 5-74 所示。

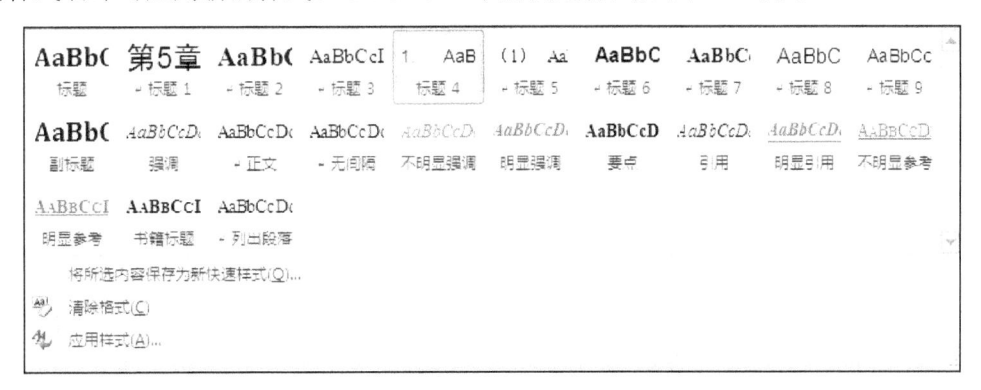

图 5-74　快速样式

2) 使用样式列表

选定需要应用样式的文本，或者将光标定位到要应用样式的段落，单击"开始"选项卡"样式"选项组右下角的"样式"按钮，弹出如图 5-75 所示"样式"窗口。执行右下角的"选项"命令，弹出"样式窗格选项"对话框，如图 5-76 所示，在"选择要显示的样式"

下拉列表框中选择显示的类型,在"样式"窗口的列表框中单击需要的样式选项,最后关闭"样式"窗口。

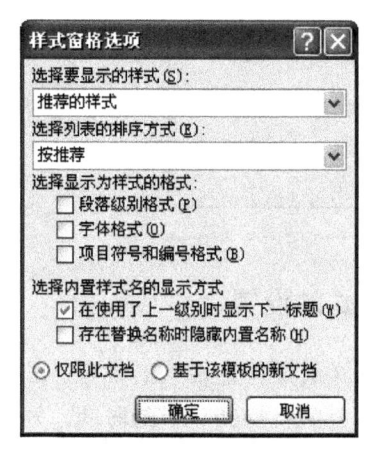

图 5-75 "样式"窗口　　　　图 5-76 "样式窗格选项"对话框

2. 自定义样式

当系统内置的样式不能满足需求时,用户可以添加自定义样式。打开"样式"窗口,单击"新建样式"按钮,弹出如图 5-77 所示"根据格式设置创建新样式"对话框。在此对话框中,可以设置新建样式的"名称"、"样式类型"、"样式基准"、"后续段落样式"和"格式"等。

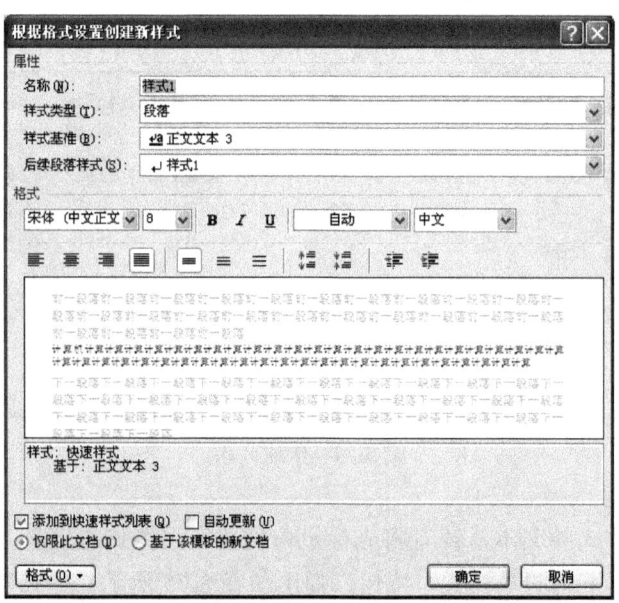

图 5-77 "根据格式设置创建新样式"对话框

文档的编辑，特别是目录的提取、长文档、包含很多层次和元素的文档编辑需要自行设置相关样式。所以用户应该好好掌握样式的使用。

5.8.3 级别的设置

目录是有层次的，包含章、节等内容，相应的文章内容也必然有层次。使用过的"1.、2.和(一)、(二)"，还有本章的"第 5 章、5.1、5.1.1"，都体现的是一篇文档中内容的层次，如果使用级别的概念来描述，那就是一级、二级……以此类推。

5.8.2 节所讲述的"样式"选项组中的标题 1、标题 2 中数字的含义，除了在 5.8.2 节中提到的字体、字号等内容外，还包含了级别的属性。在 Word 中，这个级别称为大纲级别。

1. 通过样式为段落设置级别

在设置新样式的段落格式时，可以在"段落"对话框中设置大纲级别，如图 5-78 所示。Word 2010 中一共设置了包含正文级别在内的 10 级，用户最多可以将文档细分为 10 个层次，这对于一般文档来说足够用了。

2. 使用段落属性为段落设置级别

段落可以设置级别，选定要设置级别的段落，单击"开始"选项卡"段落"选项组右下角的"段落"按钮，在弹出的"段落"对话框中设置或更改大纲级别即可。更改段落的大纲级别之后，在导航窗格中立即有显示，段落的面貌却不会被改变。

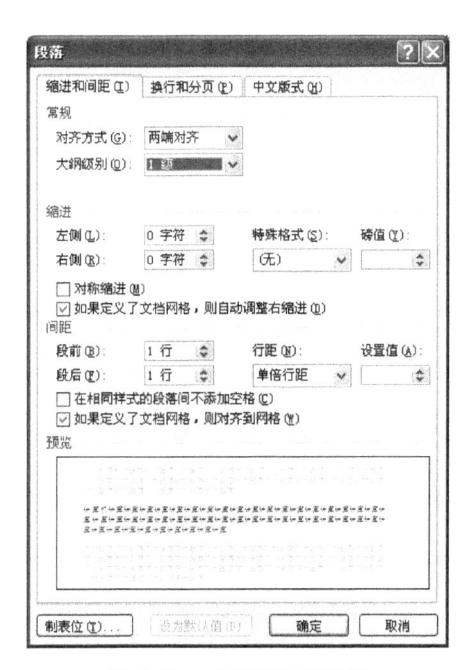

图 5-78 "段落"对话框

5.8.4 目录的制作

有了样式和级别的概念，目录的制作就很容易了，目录是在设置样式和级别之后自动生成的。制作目录的步骤如下：

（1）检查即将生成目录的文档的层次是不是已经完备了，方法是：在"视图"选项卡的"显示"功能组中选择"导航窗格"命令。如果已经设置好了各种级别，则文档的层次结构立刻呈现在页面视图左侧，如图 5-79 所示。

（2）光标定位在文档的起始部分，插入一个分页符，单独为目录空出一页。

（3）将光标定位在第一页，单击"引用"选项卡"目录"选项组中"目录"的下拉列表按钮，在弹出的如图 5-80 所示的下拉列表中选择"自动目录 1"。对插入到文档中的目录，还可以进行字体和段落格式的设置，示例如图 5-81 所示。在提取的目录中按住 Ctrl 键单击相应的章节，可以直接跳转到相应章节内容处。如果文档中的内容发生变化或者章节内容发生变化，不必重新提取目录，只需要执行"目录"选项组中的"更新目录"命令，在弹出的如图 5-82 所示的"更新目录"对话框中选择"只更新页码"或"更新整个目录"单选按钮进行更新。

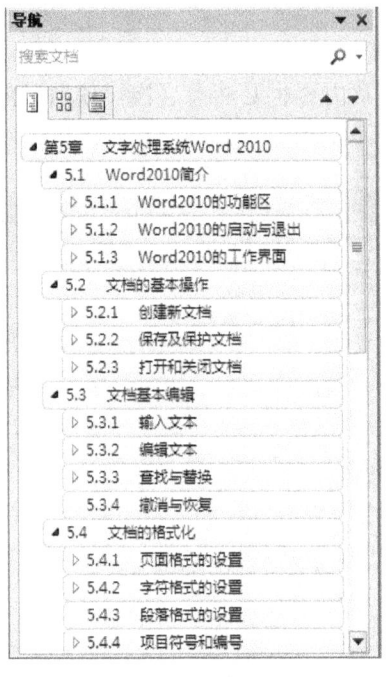

图 5-79 "导航"窗口

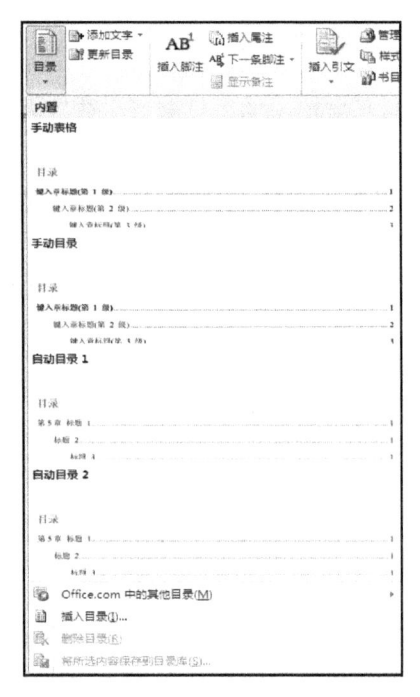

图 5-80 "目录"下拉列表

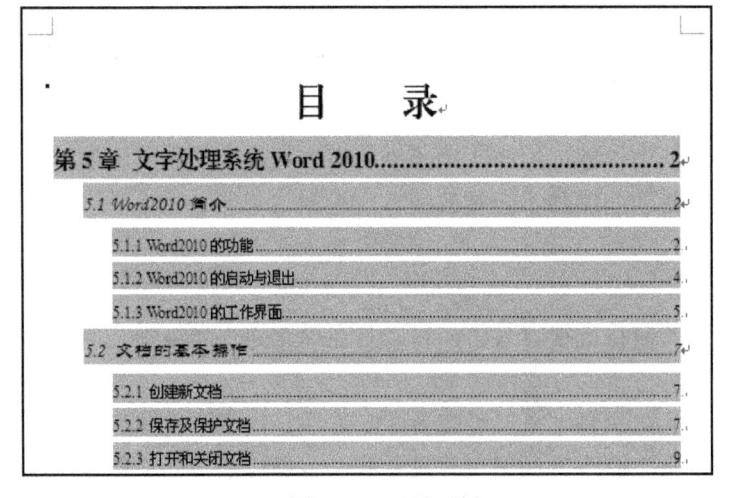

图 5-81 目录示例

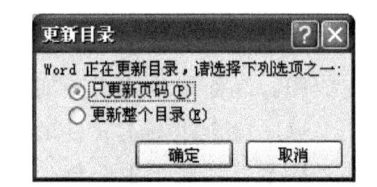

图 5-82 "更新目录"对话框

自动目录 1、2 是 Word 内置的目录,从格式到深度都可能会有不能满足用户要求的地方,所以就需要在插入目录时对目录的细节进行设置,执行"引用"选项卡"目录"选项组"目录"下拉列表中的"插入目录"命令,在弹出的"目录"对话框(图 5-83)中进行详细设置。

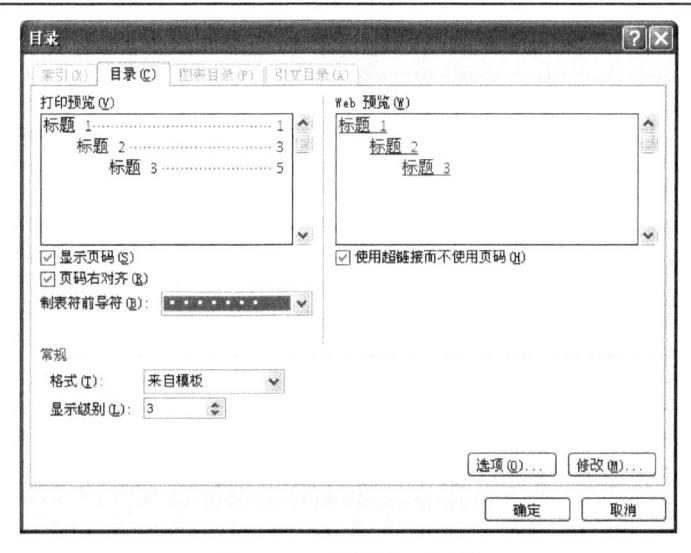

图 5-83 "目录"对话框

习　　题

1. 选择题

(1) 中文 Word 2010 是(　　)。
　① 字处理软件　　　② 硬件　　③ 系统软件　　④ 操作系统

(2) 快速访问工具栏中∩按钮的功能是(　　)。
　① 撤销上次操作　　② 加粗　　③ 设置下划线　　④ 改变所选择内容的字体颜色

(3) 用 Word 进行编辑时，要将选定区域的内容放到剪贴板上，可单击工具栏中(　　)。
　① 剪切或替换　　　② 剪切或清除　　③ 剪切或复制　　④ 剪切或粘贴

(4) 在 Word 2010 软件中，下面关于"页脚"的几种说法，错误的是(　　)。
　① 页脚不能是图片　　　　　　　　② 页脚中可以设置页码
　③ 页脚是打印在文档每页底部的描述性内容　④ 页脚可以是页码、日期、简单的文字等

(5) 在 Word 2010 中，当文档中插入图形对象后，可以通过设置图片的环绕方式进行图文混排，下列哪种方式不是 Word 2010 提供的环绕方式(　　)。
　① 紧密型　　　② 四周型　　③ 嵌入型　　④ 中间型

(6) 某个文档基本页是纵向的，如果某一页需要横向页面(　　)。
　① 将整个文档分为 3 个文档来处理
　② 在该页开始处插入分节符，在该页下一页开始处插入分节符，将该页通过页面设置为横向，但在应用范围内必须设为"本节"
　③ 将整个文档分为 2 个文档来处理
　④ 不可以这样做

(7) 当文档插入了新的目录之后，如果正文中的内容有了变化，页码也会发生变化，此时目录就需

要更新。更新操作步骤如下：回到目录页，右击目录区域，在弹出的快捷菜单中选择“更新域”命令，会弹出对应的对话框，选定(　　)后单击“确定”按钮即可。

① 更新整个目录　　② 增加新页码　　③ 删除原页码　　④ 只更新页码

(8) 使图片按比例缩放应选用(　　)。

① 拖动中间的句柄　　② 拖动四角的句柄　　③ 拖动图片边框线　　④ 拖动边框线的句柄

(9) Word 2010 在编辑一个文档完毕后，要想知道它打印后的结果，可使用(　　)功能。

① 打印预览　　② 模拟打印　　③ 提前打印　　④ 屏幕打印

2. “五一”放假通知的制作(样文如图 5-84 所示)

(1) 新建一个空白文档，将文档保存在 D 盘，文件名为：学号+姓名_五一放假通知.docx，如：121651001 张小亮_五一放假通知.docx。

(2) 输入文本：

① 第 5 行输入标题：五一放假通知

② 第 6 行输入如下正文内容：根据市教育局《关于 2012 年“五一”国际劳动节放假的通知》的要求，现将有关事宜通知如下：4 月 29 日(星期日)至 5 月 1 日(星期二)放假调休，共 3 天。4 月 28 日(星期六)上 4 月 30 日(星期一)的课。请各班通知到学生，安排好工作。

③ 另起一段输入落款：东南小学

④ 另起一段输入日期：二〇一二年四月二十日

(3) 格式设置：

① 设置页面格式：纸张大小为 A4，上下边距各为 2.5 厘米，左右边距各为 3 厘米。

② 设置标题格式：一号，黑体，居中，段后 2 行。

③ 设置正文格式：三号，中文楷体，西文 Times New Roman，两端对齐，首行缩进 2 字符，双倍行间距。

④ 设置落款格式：四号，宋体，右对齐，段前 2 行，字符间距 6 磅。

⑤ 设置日期格式：四号，宋体，右对齐。

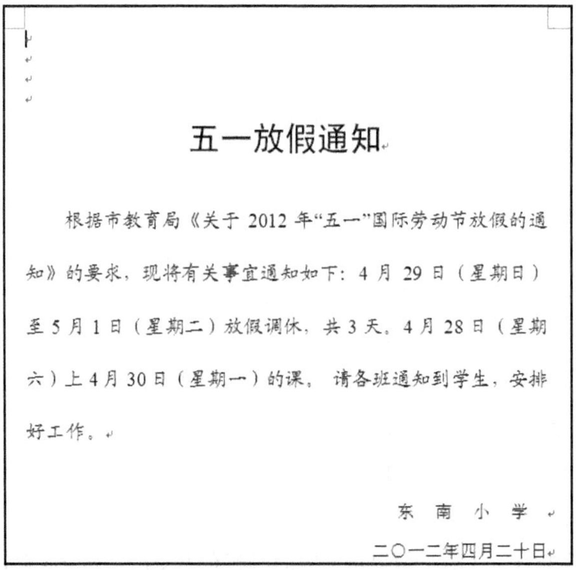

五一放假通知

根据市教育局《关于 2012 年“五一”国际劳动节放假的通知》的要求，现将有关事宜通知如下：4 月 29 日（星期日）至 5 月 1 日（星期二）放假调休，共 3 天。4 月 28 日（星期六）上 4 月 30 日（星期一）的课。请各班通知到学生，安排好工作。

东　南　小　学

二〇一二年四月二十日

图 5-84　“五一放假通知”样文

3. 工作总结的排版（样文如图 5-85 所示）

（1）新建一个空白文档，将文档保存在 D 盘，文件名为：学号+姓名_工作总结.docx。

（2）从网上下载一篇较长篇幅的工作总结，将纯文本复制到文档中，新建 4 个样式，并在文章对应段落应用其样式。

① 工作总结一级标题：一号，方正大标宋简体，居中，段前段后各 12 磅，大纲级别 1 级。

② 工作总结二级标题：三号，黑体，段前段后各 6 磅，大纲级别 2 级。

③ 工作总结三级标题：四号，楷体，大纲级别 3 级。

④ 工作总结正文：小四号，宋体，1.25 倍行间距，首行缩进 2 字符。

（3）显示"导航"窗口，查看文档标题结构。

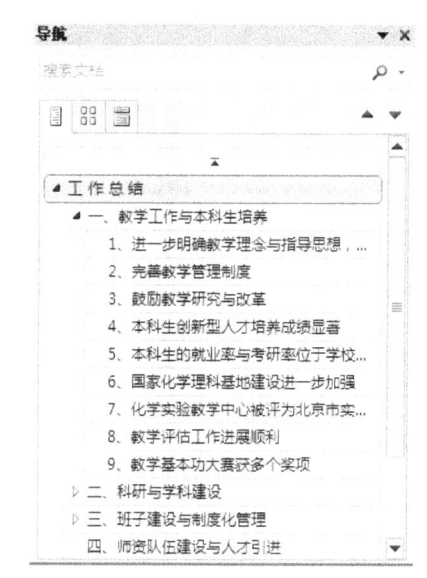

图 5-85 "工作总结"导航窗口

（4）在页面右下角插入页码，从 0 开始，并且首页不显示页码，在第一页抽取目录。

4. 货物出门单的制作（样文如图 5-86 所示）

（1）新建一个空白文档，将文档保存在 D 盘，文件名为：学号+姓名_货物出门单.docx。

（2）设置纸张大小为 B5，横向纸张，页边距：上下各为 3 厘米，左右各为 2.5 厘米，参照图 5-86 绘制"货物出门单"表格内容。

图 5-86 "货物出门单"样文

5. 开业庆典流程图的制作（样文如图 5-87 所示）

（1）新建一个空白文档，将文档保存在 D 盘，文件名为：学号+姓名_开业庆典流程图.docx。

（2）参照图 5-87 所示制作"开业庆典流程图"内容。

1	• 工作人员提前到位
2	• 播放迎宾曲
3	• 嘉宾入场就座
4	• 司仪上台宣布公司开业庆典正式开始，介绍贵宾
5	• 邀请领导致辞
6	• 宣布剪彩人员名单
7	• 主礼嘉宾为入伙仪式剪彩，鼓乐齐鸣
8	• 开业庆典圆满结束

图 5-87 "开业庆典流程图"样文

6. 简单的图文混排制作

（1）新建一个空白文档，将文档保存在 D 盘，文件名为：学号+姓名_简单的图文混排制作.docx。

（2）参照图 5-88～图 5-91 所示制作图文混排样文，选做其中 2 个。

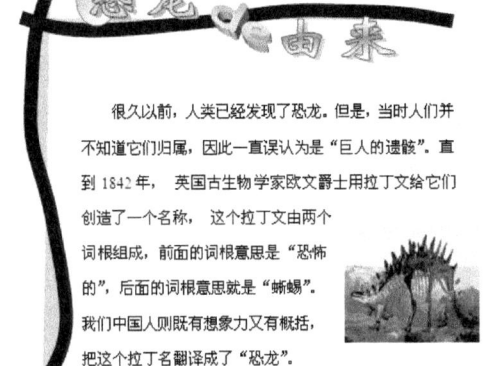

图 5-88 "简单的图文混排"样文 1

图 5-89 "简单的图文混排"样文 2

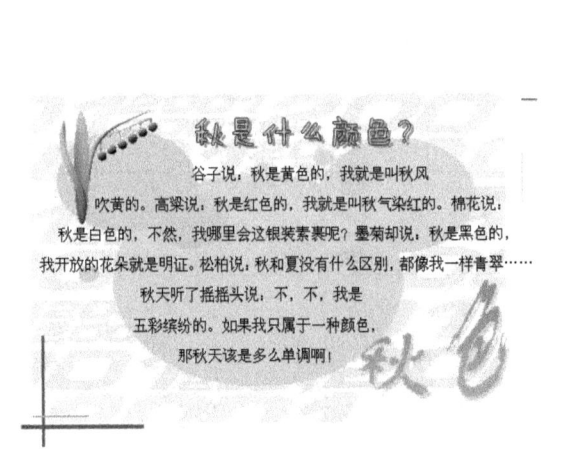

图 5-90 "简单的图文混排"样文 3

图 5-91 "简单的图文混排"样文 4

7. 手抄报的制作

(1) 新建一个空白文档，将文档保存在 D 盘，文件名为：学号+姓名_手抄报的制作.docx。

(2) 参考图 5-92 制作类似的手抄报。

图 5-92 "手抄报的制作"样文

第 6 章　电子表格处理系统 Excel 2010

Excel 2010 是微软公司最新推出的一套功能强大的电子表格处理软件，是公司、学校、工厂甚至家庭不可或缺的工具，它可以管理账务、制作报表、对数据进行排序与分析，或者将数据转换为更加直观的图表等。本章将介绍 Excel 2010 的基本操作，主要包括 Excel 2010 的窗口组成、工作簿的基本操作、管理工作表等。让用户能够创建工作簿，处理工作簿中的工作表。

6.1　Excel 2010 简介

6.1.1　Excel 2010 的功能区

1．"开始"功能区

"开始"功能区中包括剪贴板、字体、对齐方式、数字、样式、单元格和编辑几个选项组，该功能区用于对 Excel 2010 工作簿进行文字编辑和格式设置，是用户最常用的功能区，如图 6-1 所示。

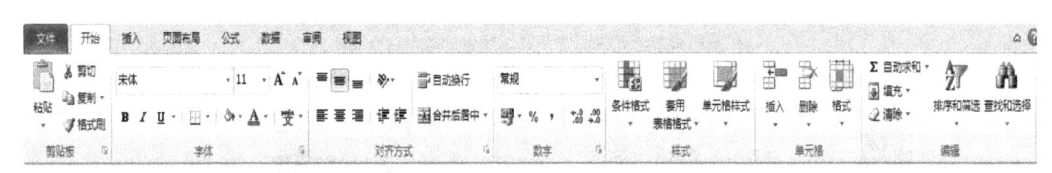

图 6-1　"开始"功能区

2．"插入"功能区

"插入"功能区包括表格、插图、图表、迷你图、筛选器、链接、文本和符号几个选项组，用于在 Excel 2010 工作簿中插入各种元素，如图 6-2 所示。

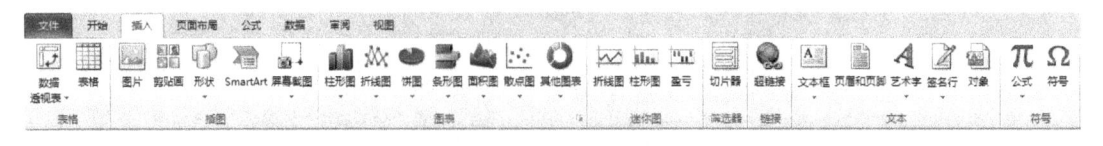

图 6-2　"插入"功能区

3．"页面布局"功能区

"页面布局"功能区包括主题、页面设置、调整为合适大小、工作表选项和排列五个选项组，用于设置 Excel 2010 工作簿的页面样式，如图 6-3 所示。

第 6 章 电子表格处理系统 Excel 2010

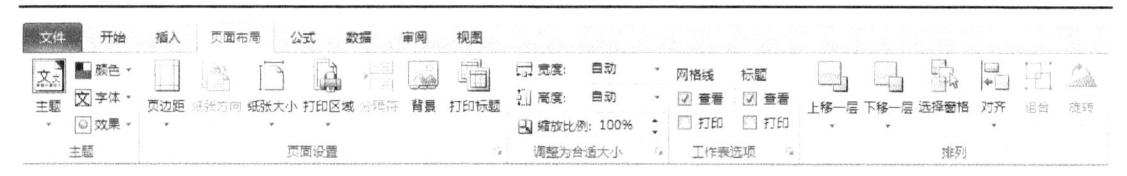

图 6-3 "页面布局"功能区

4. "公式"功能区

"公式"功能区包括函数库、定义的名称、公式审核和计算四个选项组，用于实现在 Excel 2010 工作簿中完成各种计算工作，如图 6-4 所示。

图 6-4 "公式"功能区

5. "数据"功能区

"数据"功能区包括获取外部数据、连接、排序和筛选、数据工具和分级显示五个选项组，用于在 Excel 2010 工作簿中对数据进行筛选、获取等操作，如图 6-5 所示。

图 6-5 "数据"功能区

6. "审阅"功能区

"审阅"功能区包括校对、中文简繁转换、语言、批注和更改四个选项组，用于对 Excel 2010 工作簿进行校对和修订等操作，如图 6-6 所示。

图 6-6 "审阅"功能区

7. "视图"功能区

"视图"功能区包括工作簿视图、显示、显示比例、窗口和宏五个选项组，用于对 Excel 2010 工作簿的页面布局、窗口等操作，如图 6-7 所示。

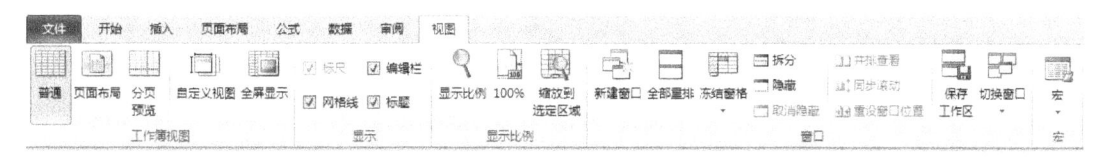

图 6-7 "视图"功能区

6.1.2 Excel 2010 的启动和退出

1. Excel 2010 的启动

常用的启动 Excel 2010 的方法有以下几种。

(1) 使用"开始"菜单中的命令。单击"开始"菜单，选择"所有程序"→"Microsoft Office"→"Microsoft Excel 2010"命令即可启动。

(2) 使用桌面快捷图标。安装 Excel 2010 后，Windows 桌面上有 Excel 2010 的快捷方式图标，双击快捷方式图标即可启动。

(3) 双击 Excel 2010 格式文件。用户亦可通过双击现有 Excel 2010 文件来启动 Excel 2010，同时也打开了该文件。

2. Excel 2010 的退出

常用的退出 Excel 2010 的方法有以下几种。
(1) 单击标题栏右部的"关闭"按钮。
(2) 在 Excel 2010 为当前活动窗口时，按 Alt+F4 组合键。
(3) 双击 Excel 2010 标题栏最左部的按钮。
(4) 单击 Excel 2010 标题栏最左部的按钮，在弹出菜单中单击"关闭"菜单项。

6.1.3 Excel 2010 的工作界面

Excel 2010 的工作界面主要由标题栏、快速访问工具栏、功能区、编辑栏、工作表编辑区、滚动条和状态栏等元素组成。

1. 标题栏

Excel 2010 的标题栏与 Word 2010 基本相同，此处不再详细介绍，请参考前面的相关内容。

2. 快速访问工具栏

Excel 2010 的快速访问工具栏与 Word 2010 基本相同，此处不再详细介绍，请参考前面的相关内容。

3. "文件"选项卡

"文件"选项卡位于 Excel 2010 工作界面的左上角，底色为绿色。单击"文件"选项卡，可以打开"文件"面板，其中包括"保存"、"打开"、"关闭"、"信息"、"最近使用文件"、"新建"、"打印"、"帮助"等常用命令，如图 6-8 所示。

4. 编辑栏

编辑栏位于功能区下方，工作表编辑区的上方。编辑栏由三部分组成，如图 6-9 所示，依次为名称框、编辑按钮和编辑框，用于显示和编辑当前活动单元格中的数据和公式。

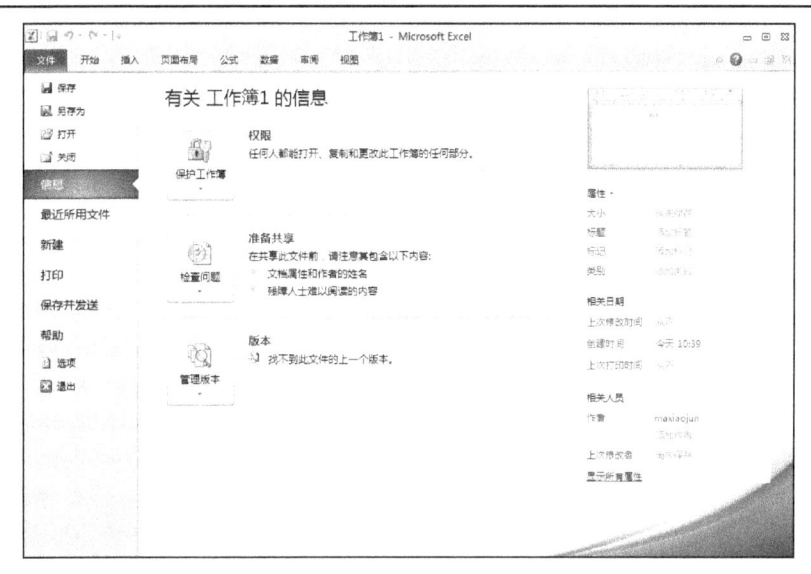

图 6-8 "文件"选项卡

图 6-9 Excel 2010 编辑栏

(1) "名称框"用来定义单元格或单元格区域的地址，编辑状态下显示当前单元格中的函数名。

(2) "编辑按钮"当光标定位在编辑区时，在编辑栏上会出现这样几个按钮：

① "取消"按钮 ✗：取消输入的内容。

② "输入"按钮 ✓：确认输入的内容。

③ "插入函数"按钮 ƒx：用来插入函数。

(3) "编辑框"显示当前单元格中正在编辑的内容。

5. 工作表编辑区

工作表编辑区是用于输入数据的区域，由位于左侧的"行号"、上方的"列标"、左下侧的"工作表标签"、右侧和下方的"滚动条"以及中部的单元格组成。

"行号"由数字构成，"列标"由字母构成，"工作表标签"位于工作表的左下角，每个标签代表工作簿中不同的工作表，显示工作表的名称，默认状态为 Sheet1、Sheet2、Sheet3。当前正在使用的工作表标签以白色底纹显示。

"标签滚动按钮"位于工作表标签的左边，从左到右依次是翻到第一个工作表、向前翻一个工作表、向后翻一个工作表和翻到最后一个工作表 4 个按钮，可以使用这些按钮滚动工作表标签以显示不可见的标签。

6. 状态栏

状态栏位于整个工作界面的最下方，用于显示当前数据的编辑情况和调整页面显示比例。右侧的"页面显示控制区"由视图方式和显示比例两部分组成。以黄色为底的为当前的视图方式，显示比例通过滑动上面的滑块调整文档的显示比例。

6.1.4 工作簿的基本操作

工作簿由一个或多个工作表组成。在 Excel 2010 中，工作簿中包括的工作表个数不再受到限制，在内存足够的前提下，可添加任意多个工作表。关于工作簿的主要操作介绍如下。

1. 建立工作簿

每次启动 Excel，首先显示 Excel 窗口，系统自动建立一个新工作簿，默认命名为"工作簿 1.xlsx"。当单元格处于非编辑状态时，单击"文件"按钮中的"新建"命令，如图 6-10 所示。

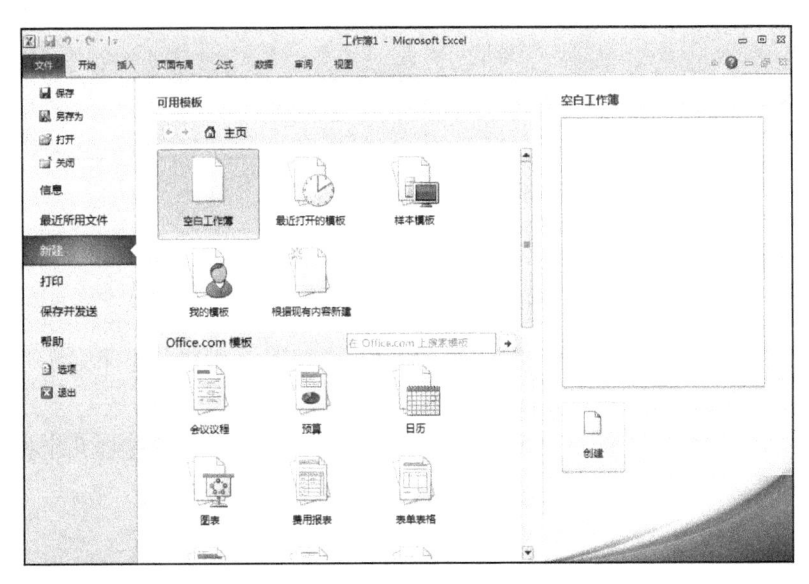

图 6-10 "文件"按钮中的"新建"命令

单击中间窗格列表中的"空白工作簿"选项，可以创建一个空白的工作簿；也可以根据实际需要，单击其他选项。

最简单的创建空白工作簿的方式是按 Ctrl+N 组合键。

2. 打开工作簿

如果要查看某一个 Excel 文件的内容并对其内容进行编辑，需要进行打开工作簿的操作。打开工作簿的方法有多种。

（1）执行"文件"按钮中的"打开"命令，在出现的"打开"对话框中，找到要打开的工作簿文件，双击该文件名即可。

（2）使用 Ctrl+O 组合键，同样会出现"打开"对话框，找到要打开的工作簿文件，双击该文件名即可。

（3）如果要打开的文件在最近编辑过，执行"文件"按钮中的"最近所用文件"命令，在"最近使用的工作簿"列表中，单击所需打开的文件即可。

（4）直接在"我的电脑"窗口中找到需要打开的文件，双击其图标即可。

3. 切换工作簿

用户可以同时打开多个工作簿，但其中只有一个处于工作状态，也就是当前编辑的工作簿，需要处理其他工作簿的数据时，就要进行工作簿的切换。切换工作簿可以单击"视图"选项卡的"窗口"选项组中的"切换窗口"按钮，在展开的列表中单击所需打开的工作簿。

4. 保存工作簿

当对一个工作簿完成编辑后，需把它保存到磁盘中。保存工作簿有下面两种情况。

1) 新工作簿的保存

执行"文件"选项卡中的"保存"命令、单击"快速访问工具栏"中的"保存"按钮、或者使用 Ctrl+S 组合键，将弹出"另存为"对话框，在该对话框的"保存位置"下拉列表中选择文件要保存的确切位置，在"文件名"文本框中输入文件名称，单击"保存"按钮。

2) 已存在工作簿的保存

执行"文件"选项卡中的"保存"命令、单击"快速访问工具栏"中的"保存"按钮、或者使用 Ctrl+S 组合键，将以原文件名保存。如果需要保存为另外的文件名，则执行"文件"按钮下的"另存为"命令，将弹出"另存为"对话框。

此外，为了避免由于断电等意外事故造成的文档丢失，可以设置在编辑的过程中自动保存。执行"文件"按钮中的"选项"命令，在弹出的"Excel 选项"对话框中选择"保存"选项卡，选中"保存自动恢复信息时间间隔"复选框，在其右侧设置自动恢复的时间，如图 6-11 所示。

图 6-11 "文件"按钮中的"选项"命令

"如果我没保存就关闭，请保留上次自动保留的版本"复选框默认为选中状态。也可针对当前工作簿设置"仅禁用此工作簿的自动恢复"复选框。

5. 关闭工作簿

结束工作簿中的数据编辑并保存后，暂时不对其操作时，常需要对其关闭。关闭工作簿文件的方法有多种：
（1）执行"文件"按钮中的"关闭"命令；
（2）单击工作簿窗口右上角的"关闭"按钮；
（3）使用 Alt+F4 组合键；
（4）单击工作簿窗口标题栏中控制菜单按钮，在弹出的下拉式菜单中选择"关闭"选项，或者直接双击工作簿窗口标题栏中控制菜单按钮。

另外，如果当前文件在关闭前没有保存，系统将弹出保存信息提示框，提示是否要保存文件，根据实际需要单击"保存"、"不保存"或"取消"按钮。

6.2　工作表的建立与编辑

6.2.1　输入数据

数据是表格中不可或缺的元素之一，输入数据是在工作表中进行编辑的基础。在 Excel 2010 中，常见的数据类型有文本型、数字型、日期时间型等。本小节将介绍在表格中输入数据的方法。

1. 输入文本

文本是 Excel 常用的一种数据类型，如表格的标题、行标题与列标题等，文本数据包含任何字母（包括中文字符）、数字和键盘符号的组合。

输入文本的具体方法如下：
（1）选定单元格，直接输入文本；
（2）选定单元格，按 F2 功能键，出现输入光标，输入文本；
（3）双击单元格，出现输入光标，输入文本；
（4）选定单元格，将光标点到编辑栏，输入文本。

输入完毕后按 Enter 键，或者单击编辑栏中的"输入"按钮✔。

另外，按 Tab 键选定当前单元格右侧的单元格为活动单元格；按 Enter 键选定当前单元格下方的单元格为活动单元格；按方向键可自由选定其他单元格为活动单元格，如图 6-12 所示。

如果要把纯数字串作为文本处理时，在输入时应先输入一个英文状态下的单撇号再输入数字。如输入学号"100801003"，应该键入"'100801003"，左上角会显示一个绿色的小三角形，如图 6-13 所示。

图 6-12　输入其他单元格数据　　　　　图 6-13　输入纯数字串作为文本

另外，在输入文本时，如果文本的长度超出了单元格的宽度，会出现两种情况：① 当此单元格的右边为空单元格时，则超出的文本内容不会被截断；② 当此单元格右边的单元格不为空时，则单元格中的文本内容会被截断，只显示前部分内容，增加单元格所在列的宽度即可完整显示，内容并不丢失。

文本的对齐方式：默认为水平方向左对齐，垂直方向居中。

2．输入数字

Excel 是处理各种数据最有利的工具，因此在日常操作中会经常输入大量的数字内容。单击要输入数值的单元格，输入数字后按 Enter 键即可，如图 6-14 所示。

图 6-14　输入纯数字串作为文本

如果要在单元格中输入负数，可以在前面加负号，也可以用英文状态下的"()"括起来。

如果在单元格中输入的数值为分数时，应在整数部分和分数部分之间输入一个空格，并在分子和分母之间用"/"隔开，如果要输入的分数小于 1，则应把整数部分看做零。例如，要输入 1/2，应先输入一个"0"，再输入一个空格，然后再输入"1/2"。

如果在单元格中输入的是纯小数，可以省略小数点前面的"0"。例如，输入.38，表示 0.38。

另外，若输入的数字位数太长，系统将在单元格中以科学记数法显示，例如，输入 3600000000000，显示为 3.6E+12；若单元格中填满"#"符号，表示单元格所在列的宽度不够，调整列宽可以完全显示。

数值型数据的对齐方式默认为水平方向右对齐，垂直方向居中。

3．输入日期和时间

Excel 内置了一些日期时间的格式，当输入数据与这些格式匹配时，系统将自动识别它们。

日期型数据输入的格式通常为 yy.mm.dd 和 yy/mm/dd，其中 yy 表示年份，mm 表示月份，dd 表示天数，也可以用 4 位来表示年份，日期型数据输入的格式也可以是 yyyy.mm.dd 和 yyyy/mm/dd。如果输入的年份为 2 位，则默认为 2000 年后的日期，如输入"12/12/10"表示 2012 年 12 月 10 日。要表示 2000 年以前的日期必须用 4 位的年份形式表示。用 Ctrl+; 组合键可以输入系统当前日期。

时间型数据输入的格式通常为 hh:mm:ss，其中 hh 表示小时，mm 表示分钟，ss 表示秒钟。用 Ctrl+Shift+; 组合键可以输入系统当前时间。

另外，日期/时间型数据也可以用其他格式输入。例如，直接输入"2012 年 12 月 10 日"。日期/时间型数据的对齐方式默认为水平右对齐，垂直方向居中。

4. 输入特殊符号

实际应用中可能需要输入符号，如℃、Σ等，在 Excel 2010 中可以轻松输入这类符号。下面以输入"☎"符号为例，介绍在单元格中输入符号的方法。

（1）单击准备输入符号的单元格，切换到功能区中的"插入"选项卡，在"符号"选项组中单击"符号"按钮。

（2）打开"符号"对话框。切换到"符号"选项卡，然后选择要插入的符号，如"☎"。

（3）单击"插入"按钮，即可在单元格中显示特殊符号，如图 6-15 所示。

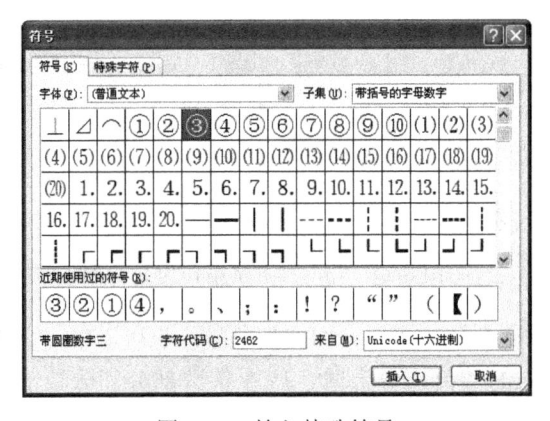

图 6-15　输入特殊符号

5. 输入批注信息

批注是为单元格添加的注释，如果单元格添加了批注信息，在其右上角就会显示一个红色三角形标记，只要将鼠标指针指向或单击该单元格就会显示批注信息。下面介绍在单元格中输入批注信息的方法：

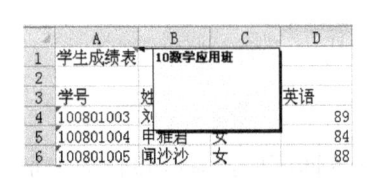

图 6-16　输入批注信息

（1）单击准备输入批注的单元格，切换到功能区中的"审阅"选项卡，在"批注"选项组中单击"新建批注"按钮。

（2）在弹出的批注框中输入批注文本，单击批注框外部的工作表区域的任意单元格完成输入。具有批注的单元格的右上角会有一个红色的小三角，如图 6-16 所示。

6. 设置数据有效性

在默认情况下，用户可以在单元格中输入任何数据，而在实际工作中，经常需要给一些单元格或单元格区域中的数据定义有效数据范围。

下面以设置单元格仅可输入 0～100 之间的数字为例，指定数据的有效范围。具体操作步骤如下：

(1) 选定需要设置数据有效范围的单元格区域，切换到功能区中的"数据"选项卡，单击"数据工具"选项组中的"数据有效性"下拉列表按钮，在弹出的下拉列表中选择"数据有效性"命令，打开"数据有效性"对话框，并切换到"设置"选项卡。

(2) 在"允许"下拉列表框中选择允许输入的数据类型。如果仅允许输入数字，选择"整数"或"小数"；如果仅允许输入日期和时间，则选择"日期"或"时间"。

(3) 在"数据"下拉列表框中选择所需的操作符，然后根据选定的操作符指定数据的上限或下限，单击"确定"按钮，如图 6-17 所示。

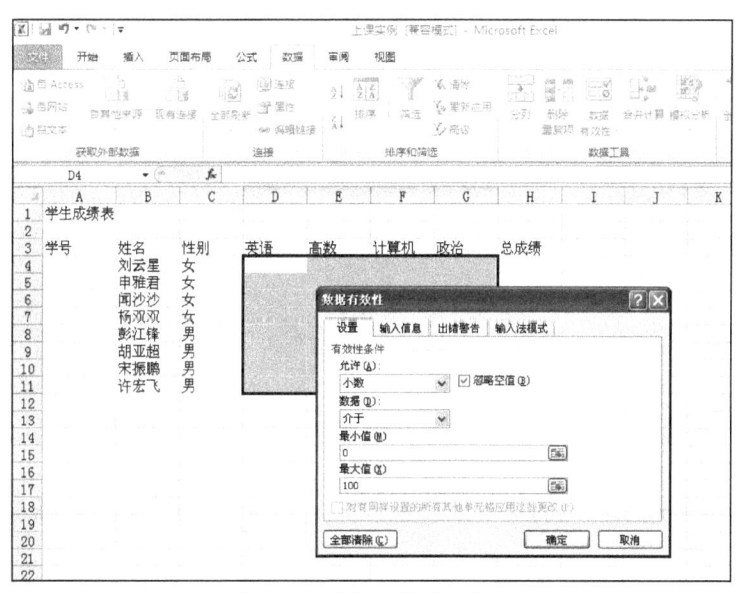

图 6-17　数据有效性的设置

6.2.2　自动填充数据

在输入数据的过程中，经常发现表格中有大量重复的数据，可以将该数据复制到其他单元格中。当需要输入"2、4、6、8…"这样有规律的数字时，可以使用 Excel 的序列填充功能。当需要输入"春、夏、秋、冬"等文本时，可以使用自定义序列功能。本小节介绍一些关于快速输入数据的技巧，以提高工作效率。

1. 在多个单元格中输入相同的数据

在输入数据时，有时需要在多个单元格中输入相同的数据，除了采用复制与粘贴之外，还有一种更快捷的方法：

(1) 按住 Ctrl 键，单击要输入数据的单元格，或者拖动鼠标选择连续的单元格区域。

(2) 选定完毕后，在最后选定的单元格或单元格区域中输入文本。

(3) 按 Ctrl+Enter 组合键，即可在所有选定的单元格中出现相同的文字，如图 6-18 所示。

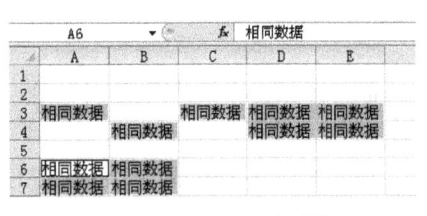

图 6-18 输入相同的数据

2. 快速输入序列数据

在输入数据的过程中，经常需要输入一系列日期、数字或文本。例如，要在相邻的单元格中输入 2、4、6、8 等，或者填入一个等级序列甲、乙、丙、丁等，可以利用 Excel 提供的序列填充功能来快速输入数据。具体操作步骤如下：

(1) 选定要填充区域的第一个单元格输入序列的起始值。如果数据序列的步长值不是 1，则选定区域的下一个单元格输入第二个值，两个数值之间的差决定数据序列的步长值，如图 6-19 所示。

(2) 将光标移动到单元格区域右下角的填充柄上，当鼠标指针变成黑色实心"十"字形时，按住鼠标左键在要填充序列的区域上拖动。

(3) 释放鼠标左键时，Excel 将在这个区域完成填充工作，如图 6-20 所示。

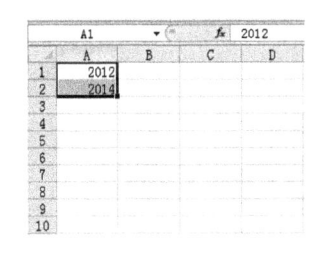

图 6-19 输入第一、第二个值　　　　图 6-20 拖动填充句柄

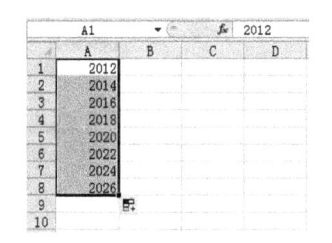

3. 自动填充日期

填充日期时可以选用不同的日期单位，如工作日，则填充的日期将忽略周末。操作步骤如下：

(1) 选定单元格，如在 A2 单元格输入日期"2012-9-3"。

(2) 选择要填充的单元格区域，如 A2:A10（要包括起始数据所在的单元格）。

(3) 在"开始"选项卡中，单击"编辑"选项组中的"填充"按钮，从弹出的下拉列表中选择"系列"命令，弹出"序列"对话框，在对话框中设定序列参数，如图 6-21 所示。

(4) 在"序列"对话框中单击"确定"按钮，完成填充操作，如图 6-22 所示。

4. 设置自定义填充序列

自定义序列是根据实际工作的需要设置的序列，可以更加快捷地填充固定的序列。

下面以设置"春夏秋冬"自定义序列为例，介绍具体操作方法。

(1) 单击"文件"选项卡，在弹出的菜单中选择"选项"命令，打开"Excel 选项"对话框。选择左侧列表框中的"高级"选项，然后单击右侧窗格"常规"选项组中的"编辑自定义列表"按钮，如图 6-23 所示，弹出"自定义序列"对话框。

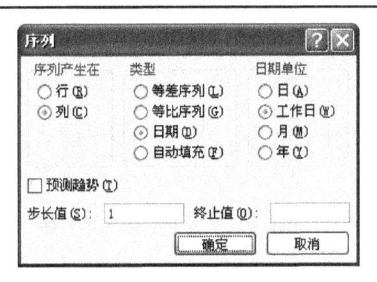

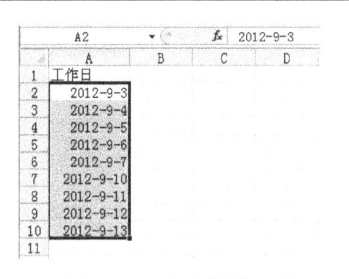

图 6-21 "序列"对话框   图 6-22 自动填充日期

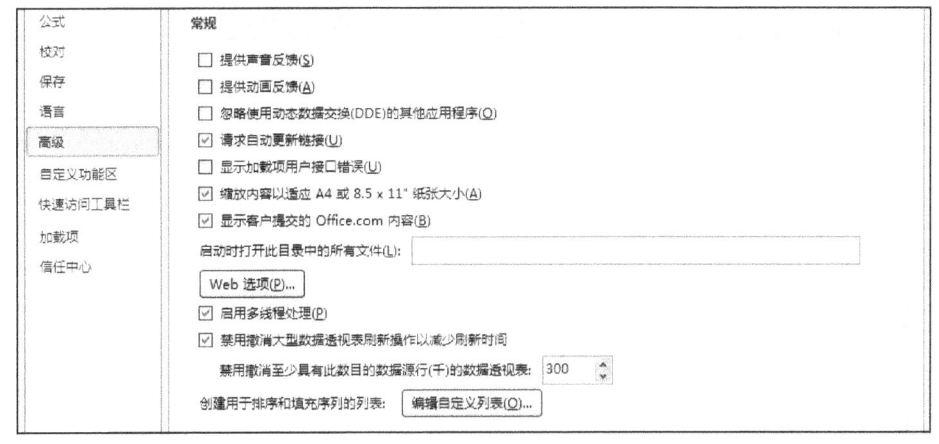

图 6-23 "Excel 选项"对话框

(2) 在"自定义序列"对话框，左侧的列表框中选择"新序列"选项，右侧的"输入序列"文本框中输入自定义的序列项，在每项末尾按 Enter 键进行分隔，单击"添加"按钮，新定义的填充序列出现在"自定义序列"列表框中，如图 6-24 所示。

(3) 单击"确定"按钮，返回 Excel 工作表窗口。在单元格中输入自定义序列的第一个数据，拖动填充柄的方法进行填充，到达目标位置后，释放鼠标即可完成自定义序列的填充。

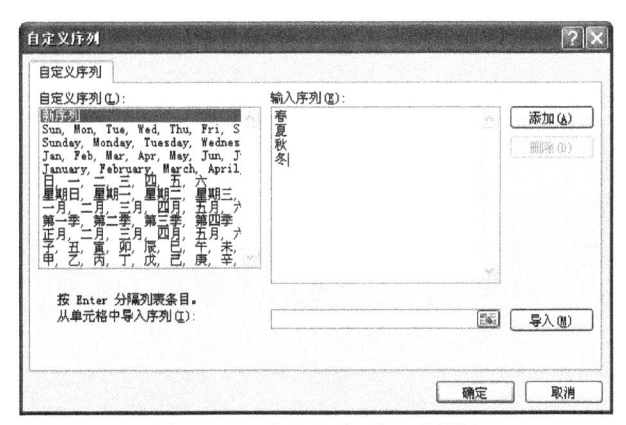

图 6-24 "自定义序列"对话框

6.2.3 编辑工作表

1. 选定工作表

一个工作簿含有多张工作表，只有选定工作表后，才能对工作表进行编辑。选定工作表有四种情况，下面分别进行介绍。

(1) 要选定某一个工作表时，单击相应的工作表标签即可。如果看不到所需工作表标签，可以单击标签滚动按钮显示出来后单击。

(2) 要选定多个相邻的工作表，先单击第一个工作表，然后按住 Shift 键，再单击最后一个工作表标签。

(3) 要选定多个不相邻的工作表，先单击第一个工作表，然后按住 Ctrl 键，逐个单击其他工作表标签。

(4) 要选定所有工作表，右击某一张工作表标签，在弹出的快捷菜单中选择"选定全部工作表"选项。

需要同时打印多个工作表时可以使用选定多张工作表的方法，在需要对多张工作表进行相同格式设置时也可以使用选定多张工作表的方法，这样可以提高工作效率。

另外，若要取消对多个工作表的选择，单击任意一个工作表标签即可。

2. 切换工作表

切换工作表的方法有以下两种：
(1) 单击工作表标签。
(2) 按键盘上的 Ctrl+PageUp、Ctrl+PageDown 组合键。

3. 建立工作表

默认情况下，工作簿只含有 3 张工作表，有时 3 张工作表满足不了用户的需求，需要增加新的工作表。增加工作表的方法有以下两种：

(1) 选定某一个工作表，在功能区"开始"选项卡中，单击"单元格"选项组中的"插入"按钮 后面的下拉列表按钮，在弹出的菜单中选择"插入工作表"命令，即可在选定的工作表前增加一个新的工作表。

(2) 右击某一张工作表标签，在弹出的快捷菜单中选择"插入"命令，在弹出的"插入"对话框选中" "图标，单击"确定"按钮，此时在选定的工作表前增加一个新的工作表。

4. 重命名工作表

用户根据需要会把数据分门别类地存放在多张工作表中，为了方便查找数据，需对工作表重新命名。工作表重命名的方法有两种：

(1) 双击需要重命名的工作表标签，工作表标签变成黑底，输入新的工作表名即可。

(2) 右击需要重命名的工作表标签，在弹出的快捷菜单中选择"重命名"命令，此时工作表标签变成黑底，输入新的工作表名即可。

5. 删除工作表

若某张工作表不再使用，将要对该工作表进行删除操作。删除工作表的方法有多种，可以选择下面任意一种：

(1) 选定某一个工作表，在功能区"开始"选项卡中，单击"单元格"选项组中的"删除"按钮 后面的下拉列表按钮，在弹出的菜单中选择"删除工作表"命令，即可删除选定的工作表。

(2) 右击要删除的工作表标签，在弹出快捷菜单中选择"删除"命令。

6. 移动和复制工作表

利用工作表的移动和复制功能，可以实现两个工作簿间或工作簿内工作表的移动和复制。

1) 在工作簿内移动或复制工作表

在同一个工作簿内移动工作表，即改变工作表的排列顺序。其操作方法如下：

(1) 拖动要移动的工作表标签，当小三角箭头到达新位置后，释放鼠标左键。

(2) 如果希望复制工作表到新的位置，则拖动的时候按住 Ctrl 键。

2) 在工作簿之间移动或复制工作表

如果要将一张工作表移动或复制到另一个工作簿中，可以按照以下步骤操作：

打开用于接受工作表的工作簿，切换到包含要移动或复制的工作表的工作簿中；右击要移动或复制的工作表标签，从弹出的快捷菜单中选择"移动或复制工作表"命令，出现"移动或复制工作表"对话框，如图 6-25 所示，在"工作簿"下拉列表中选择要移动或复制到的工作簿，在"下列选定工作表之前"列表框中选择具体的位置，如果是复制，则要选中"建立副本"复选框，否则只是做移动操作；最后单击"确定"按钮。

7. 隐藏和显示工作表

隐藏工作表能够避免对重要数据和机密数据的误操作，当需要显示时再将其恢复。隐藏工作表的方法如下：

(1) 单击要隐藏的工作表，在功能区"开始"选项卡中，单击"单元格"选项组中的"格式"按钮，在弹出的菜单中选择"隐藏和取消隐藏"→"隐藏工作表"命令。

(2) 右击要隐藏的工作表，从弹出的快捷菜单中选择"隐藏"命令。

当需要显示被隐藏的工作表时，只需右击工作表标签，从弹出的快捷菜单中选择"取消隐藏"命令，弹出"取消隐藏"对话框，如图 6-26 所示，从"取消隐藏工作表"列表框中选择要取消隐藏的工作表，单击"确定"按钮。

图 6-25 "移动或复制工作表"对话框　　图 6-26 "取消隐藏"对话框

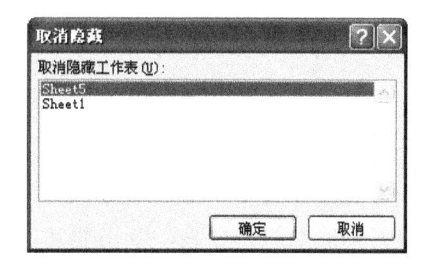

8. 拆分工作表

在一个数据量较大的表格中，用户可能会需要在编辑某个区域数据的同时参照该工作表中其他位置的内容，通过拆分工作表，可以很好地解决这个问题。拆分工作表的具体操作步骤如下：

(1) 打开要拆分的工作表，单击要从其上方和左侧拆分的单元格，如图 6-27 所示。

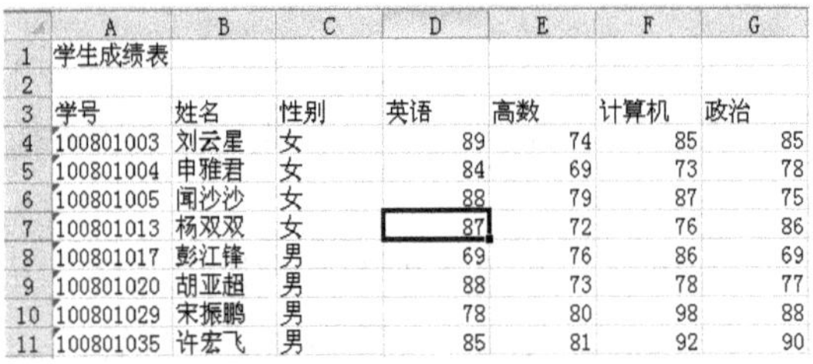

	A	B	C	D	E	F	G
1	学生成绩表						
2							
3	学号	姓名	性别	英语	高数	计算机	政治
4	100801003	刘云星	女	89	74	85	85
5	100801004	申雅君	女	84	69	73	78
6	100801005	闻沙沙	女	88	79	87	75
7	100801013	杨双双	女	87	72	76	86
8	100801017	彭江锋	男	69	76	86	69
9	100801020	胡亚超	男	88	73	78	77
10	100801029	宋振鹏	男	78	80	98	88
11	100801035	许宏飞	男	85	81	92	90

图 6-27 选定单元格

(2) 选择“视图”功能区中“窗口”选项组中的“拆分”按钮 拆分，即可将工作表拆分为 4 个窗格，如图 6-28 所示。

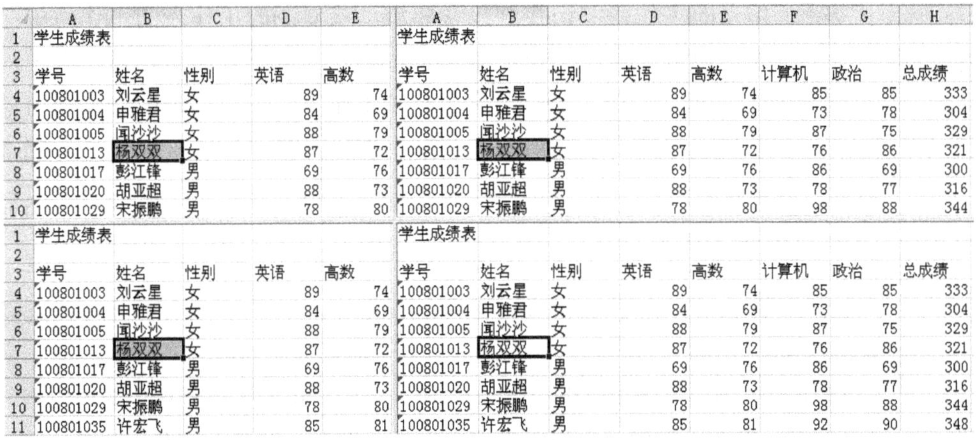

	A	B	C	D	E
1	学生成绩表				
2					
3	学号	姓名	性别	英语	高数
4	100801003	刘云星	女	89	74
5	100801004	申雅君	女	84	69
6	100801005	闻沙沙	女	88	79
7	100801013	杨双双	女	87	72
8	100801017	彭江锋	男	69	76
9	100801020	胡亚超	男	88	73
10	100801029	宋振鹏	男	78	80

A	B	C	D	E	F	G	H
学生成绩表							
学号	姓名	性别	英语	高数	计算机	政治	总成绩
100801003	刘云星	女	89	74	85	85	333
100801004	申雅君	女	84	69	73	78	304
100801005	闻沙沙	女	88	79	87	75	329
100801013	杨双双	女	87	72	76	86	321
100801017	彭江锋	男	69	76	86	69	300
100801020	胡亚超	男	88	73	78	77	316
100801029	宋振鹏	男	78	80	98	88	344

1	学生成绩表				
2					
3	学号	姓名	性别	英语	高数
4	100801003	刘云星	女	89	74
5	100801004	申雅君	女	84	69
6	100801005	闻沙沙	女	88	79
7	100801013	杨双双	女	87	72
8	100801017	彭江锋	男	69	76
9	100801020	胡亚超	男	88	73
10	100801029	宋振鹏	男	78	80
11	100801035	许宏飞	男	85	81

学生成绩表							
学号	姓名	性别	英语	高数	计算机	政治	总成绩
100801003	刘云星	女	89	74	85	85	333
100801004	申雅君	女	84	69	73	78	304
100801005	闻沙沙	女	88	79	87	75	329
100801013	杨双双	女	87	72	76	86	321
100801017	彭江锋	男	69	76	86	69	300
100801020	胡亚超	男	88	73	78	77	316
100801029	宋振鹏	男	78	80	98	88	344
100801035	许宏飞	男	85	81	92	90	348

图 6-28 拆分工作表

(3) 将光标移到拆分后的分隔条上，当鼠标指针变成双向箭头时，拖动鼠标即可改变拆分后的窗格的大小。

(4) 用户可以通过单击鼠标在各个窗格中切换，每个窗格都可以显示完整的工作表。

当窗口处于拆分状态时，切换到功能区“视图”选项卡中，再次单击“窗口”选项组中的“拆分”按钮 拆分，即可取消窗口的拆分。

9. 冻结工作表

通常处理的数据表有很多行，当移动垂直滚动条查看表格下方数据时，表格上方的标题行将会不可见，这时每列数据的含义将变得不清晰。为了清晰每列数据的含义，可以通过冻结工作表标题来使其位置固定不变。具体的操作步骤如下：

(1) 打开要冻结的工作表，单击要从其上方冻结的第一个单元格，如 A4 单元格，然后切换到功能区“视图”选项卡中，单击“窗口”选项组中的“冻结窗格”按钮，在下拉菜单中选择“拆分冻结窗格”命令。

(2) 此时，在选中单元格的上方显示一个黑色的线条，再滚动垂直滚动条的时候就能保持标题行的位置不动，如图 6-29 所示。

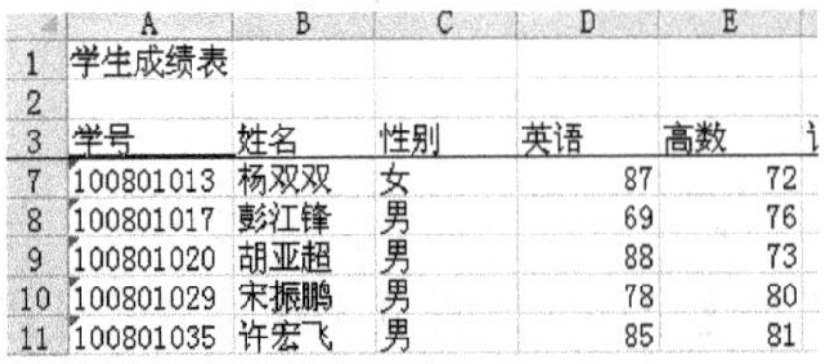

	A	B	C	D	E
1	学生成绩表				
2					
3	学号	姓名	性别	英语	高数
7	100801013	杨双双	女	87	72
8	100801017	彭江锋	男	69	76
9	100801020	胡亚超	男	88	73
10	100801029	宋振鹏	男	78	80
11	100801035	许宏飞	男	85	81

图 6-29 冻结工作表

若想取消冻结状态，只需切换到功能区"视图"选项卡中，单击"窗口"选项组中的"冻结窗格"按钮，在下拉列表中选择"取消冻结窗格"命令即可。

6.3 工作表的格式化

在编辑表格时，通过设置格式，可以使工作表外观更合理，排列更整齐，重点更突出。本节将介绍关于工作表格式的设置。

6.3.1 设置单元格格式

1. 合并与拆分单元格

合并单元格就是将连续的两个以上单元格创建成单个单元格，合并单元格的单元格地址跟原始选定区域的左上角单元格地址一样；拆分单元格是将合并了的单元格恢复成合并前的多个单元格。

1）合并单元格

先选定要合并的单元格区域，然后单击功能区"开始"选项卡"对齐方式"选项组中的"合并居中"按钮后面的小三角，在弹出的下拉菜单中选择"合并单元格"命令。

2）拆分单元格

先选定要拆分的单元格，然后单击功能区"开始"选项卡"对齐方式"选项组中的"合并居中"按钮后面的小三角，在弹出的下拉菜单中选择"取消单元格合并"命令。

2. 设置字体格式

设置字体格式包括对文字的字体、字号、颜色等进行设置，以符合表格的要求。下面将介绍设置字体格式的具体操作方法：

（1）选定要设置格式的单元格，切换到功能区的"开始"选项卡，通过"字体"选项组中的快捷按钮设置，或者单击"字体"选项组中的"对话框启动器"按钮，打开"设置单元格格式"对话框中的"字体"选项卡。

（2）在"字体"选项卡中根据需要设置，如图 6-30 所示。

对该选项卡的使用说明如下：

① "字体"列表框：选择需要的字体，如宋体、楷体等。
② "字形"列表框：选择字体的形状，如倾斜、加粗等。
③ "字号"列表框：选择字体的大小。
④ "下划线"下拉列表框：选择是否加下划线以及下划线的样式。
⑤ "颜色"下拉列表框：选择字体的颜色。
⑥ "特殊效果"区域：选择字体的效果，包括删除线、上标、下标三种效果。

3. 设置对齐方式

输入数据时，文本靠左对齐，数字、日期和时间靠右对齐。为了使表格看起来更为美观，可以改变单元格的对齐方式，但是不会改变数据的类型。

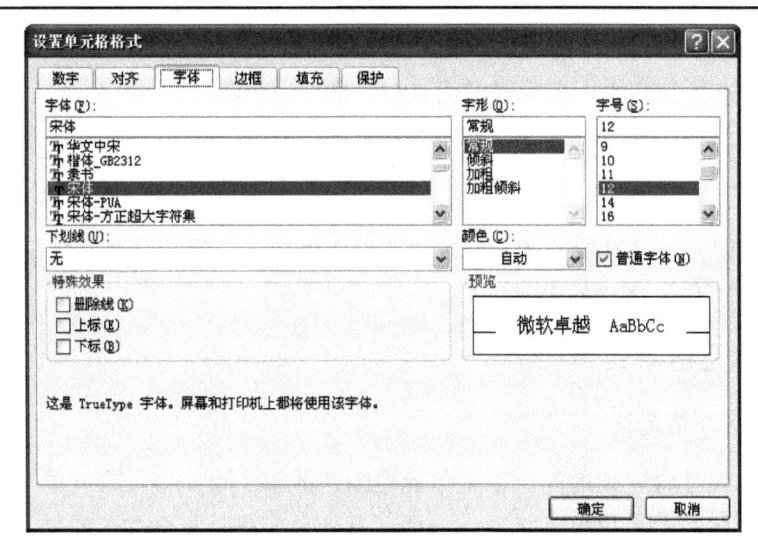

图 6-30 字体设置

下面介绍设置对齐方式的具体操作方法：

(1) 选定要设置对齐方式的单元格，切换到功能区的"开始"选项卡，通过"对齐方式"选项组中的快捷按钮设置，或者单击"对齐方式"选项组中的"对话框启动器"按钮，打开"设置单元格格式"对话框的"对齐"选项卡。

(2) 在"对齐"选项卡中根据需要设置，如图 6-31 所示。

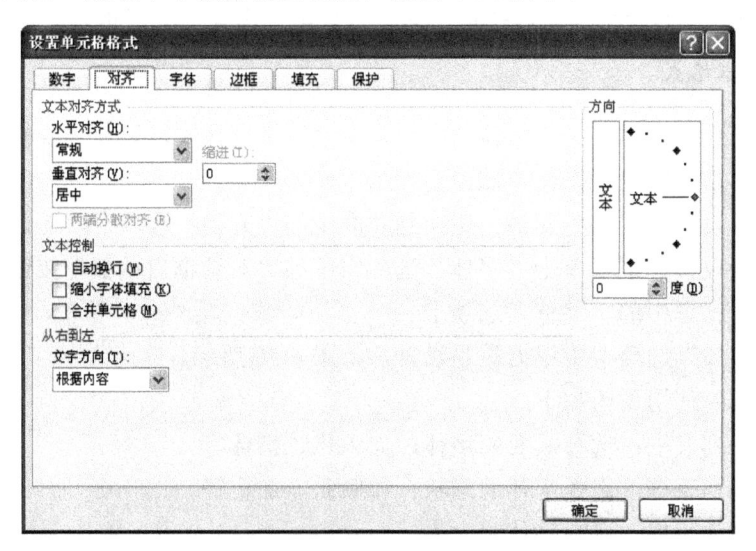

图 6-31 对齐方式设置

对该选项卡的使用说明如下：

① "水平对齐"下拉列表框：设置单元格数据的水平对齐方式，包括常规、靠左、居中、靠右、填充、两端对齐、跨列居中和分散对齐选项。

② "垂直对齐"下拉列表框：设置单元格数据的垂直对齐方式，包括靠上、居中、靠下、两端对齐和分散对齐选项。

③ "方向"区域：改变单元格数据的旋转角度，"度"中默认的是 0；若是正数，单元格数据逆时针方向旋转；若是负数，单元格数据顺时针方向旋转。

④ 若选中"自动换行"复选框，数据根据单元格的宽度自动拆行，并自动调整单元格的行高。

⑤ 若选中"缩小字体填充"复选框，单元格数据根据单元格的宽度按比例缩减字符，但字号保持不变。

⑥ 若选中"合并单元格"复选框，实现合并单元格的功能。

4. 设置数字格式

通过数字格式的设置，可以更改数字的外观。数字格式并不影响 Excel 用于执行计算的单元格中的实际值。下面介绍设置数字格式的具体操作方法：

（1）选定要设置数字格式的单元格，切换到功能区的"开始"选项卡，通过"数字"选项组中的快捷按钮设置，或者单击"数字"选项组中的"对话框启动器"按钮，打开"设置单元格格式"对话框的"数字"选项卡。

（2）在"数字"选项卡中根据需要设置，如图 6-32 所示。

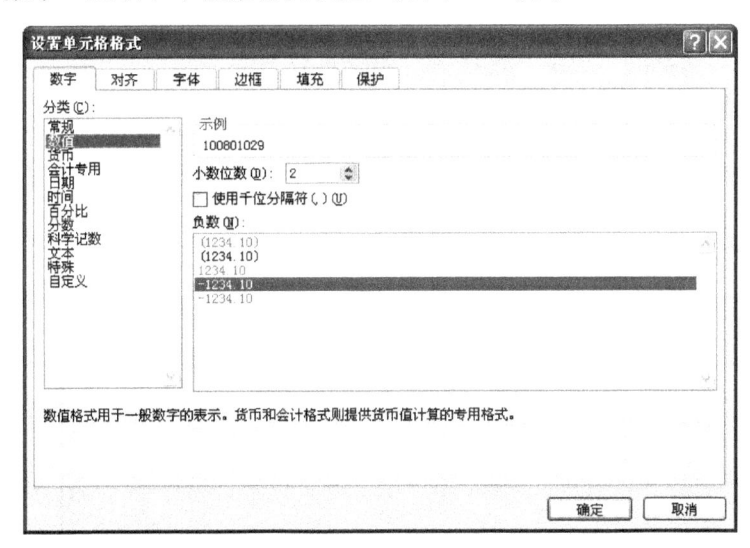

图 6-32 数字格式设置

对该选项卡的使用说明如下：

① 常规：它是 Excel 的默认数字格式，不含任何特殊格式。大多数情况下，"常规"格式的数字以键入的数字如实显示。但当输入的数字位数太长时用科学记数表示法。

② 数值：它常用于数字的显示。可以指定要使用的小数位数、是否要使用千位分隔符以及显示负数的方式。

③ 货币：它用于表示常规货币值，在数字前加有一个货币符号。可以指定要使用的小数位数，是否要使用千位分隔符以及显示负数的方式。

④ 会计专用：它用于表示货币值，可以对一列数值进行货币符号和小数点对齐，能满足财会方面的需要。

⑤ 日期：它可以按照不同国家/地区的习俗显示日期。在"区域设置(国家/地区)"下拉列表中选择所属的国家/地区，然后在"类型"列表框选择该国家/地区所用的日期类型。

⑥ 时间：与日期格式相同，用于时间的显示。

⑦ 百分比：将数值以百分比的形式显示，可以指定要使用的小数位数。

⑧ 分数：根据指定的分数类型将数值以分数而不是小数形式显示。

⑨ 科学记数：将数字以指数记数法的形式显示，可以指定小数位数。

⑩ 文本：将输入的数据作为文本，显示的内容与键入时完全一样。

⑪ 特殊：可用于数据清单的显示。例如，当选择"中文大写数字"格式类型时，单元格的数字为"681"，显示的是"陆佰捌拾壹"。

⑫ 自定义：根据安装 Excel 的语言版本，以现有格式为基础，生成自定义的数字格式。

5. 设置表格的边框

默认情况单元格边框线为灰色，打印时不会显示，仅为了方便编辑操作。在实际工作中需要给单元格加边框制作成表格的形式。具体操作步骤如下：

（1）选定要添加边框的区域，切换到功能区的"开始"选项卡，单击"字体"选项组中的"边框"按钮右侧的下拉列表按钮，在下拉列表中选择"其他边框"命令，打开"设置单元格格式"对话框的"边框"选项卡，如图 6-33 所示。

（2）在"边框"选项卡中根据需要设置。

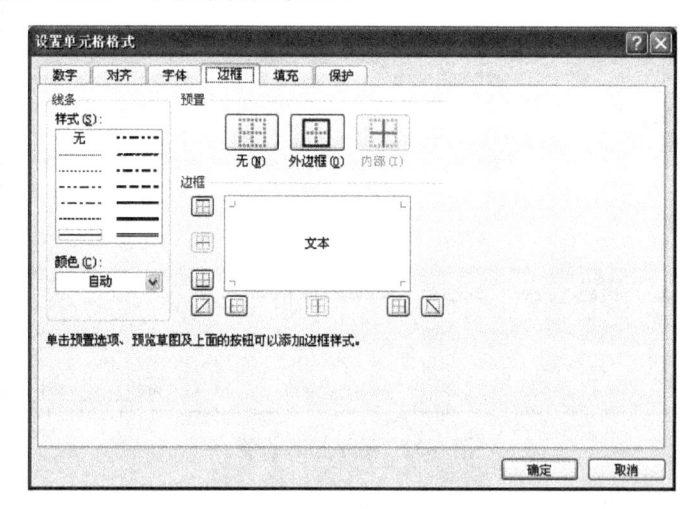

图 6-33 表格边框设置

对该选项卡的使用说明如下：

① "样式"列表框：选择边框线条的样式，如虚线、实线、双实线等。

② "颜色"下拉列表框：选择边框线条的颜色。

③ "边框"位置按钮：单元格的相应位置产生对应的边框线。

6. 设置表格填充效果

工作表中单元格底色为白色，用户可以根据实际需要对表格设置填充效果。具体操作步骤如下：

（1）选定要添加边框的区域，切换到功能区的"开始"选项卡，单击"字体"选项组中的"填充颜色"按钮右侧的下拉列表按钮，在下拉列表中选择所需的颜色，或者单击"字体"选项组中的"对话框启动器"按钮，选择"设置单元格格式"对话框的"填充"选项卡，如图 6-34 所示。

（2）在"填充"选项卡中根据需要设置。

对该选项卡的使用说明如下：

①"背景色"板：选择底纹的颜色。

②"图案颜色"下拉列表框：选择图案的颜色，在"图案样式"下拉列表中选择图案的样式。

③"填充效果"按钮：选择颜色的渐变方式，如图 6-35 所示。

④"其他颜色"按钮：获得更多颜色方案。

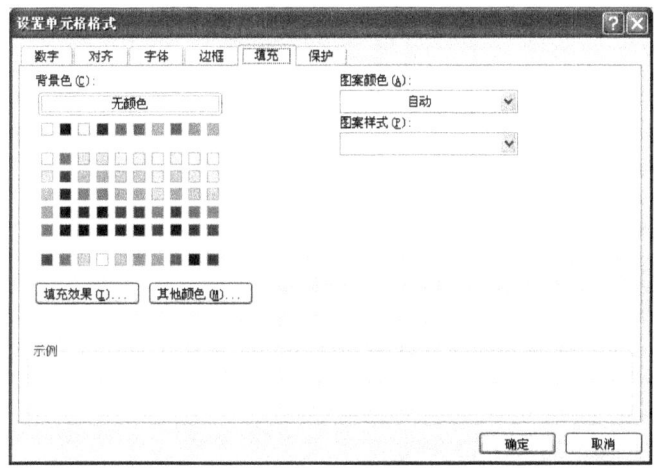

图 6-34　表格填充效果的设置　　　　图 6-35　填充效果的设置

6.3.2　调整行高和列宽

Excel 有默认的行高和列宽，但默认值满足不了实际中工作的需要时，需要对行高和列宽进行适当调整。

1. 用鼠标调整行高

利用鼠标的拖动来改变行高，将鼠标指针移至行标题行号间的分隔线上，当鼠标指针变成垂直方向的双向箭头形状时，按住鼠标左键上下拖动即可改变行高。

2. 用鼠标调整列宽

利用鼠标拖动来改变列宽，将鼠标指针移至列标题列号间的分隔线上，鼠标指针变成水平方向的双向箭头形状时，按住鼠标左键左右拖动即可改变列宽。

3. 使用命令精确设置行高和列宽

如果需要精确地设置行高(或列宽)，则需要切换到功能区的"开始"选项卡，单击"单元格"选项组中的"格式"按钮，在下拉菜单中选择"行高"（或者"列宽"）命令，在弹出的对话框里设置具体的值，如图 6-36 所示。

图 6-36　行高的精确设置

6.3.3　使用条件格式与格式刷

为了方便查看表格中符合条件的数据，可以为表格数据设置条件格式。设置完毕后，只要是符合条件的数据都将以特定的外观进行显示，即便于查找，也使得表格更加美观。

1. 设置默认条件格式

为数据设置默认条件格式的具体操作步骤如下：

（1）选定要设置条件格式的数据区域，如单元格 D4:G11，然后切换到功能区的"开始"选项卡，在"样式"选项组中单击"条件格式"按钮，在弹出的菜单中选择设置条件的方式。

（2）例如，选择"突出显示单元格规则"命令，在其级联菜单中选择"大于"命令，打开"大于"对话框，在左侧文本框内输入条件值"80"，右侧"设置为"下拉列表框中选择"浅红填充深红色文本，如图 6-37 所示。

（3）单击"确定"按钮完成设置。

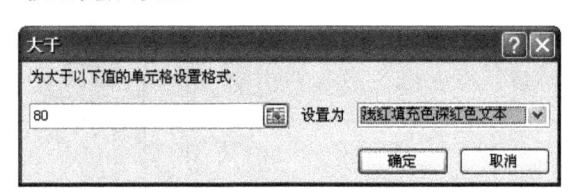

图 6-37　默认条件格式的设置

2. 设置自定义条件格式

除了直接使用默认条件格式外，还可以根据需要对条件格式进行自定义设置。例如，要显示英语成绩前三名的数据，并以红色、加粗倾斜显示，具体操作步骤如下：

（1）选定要设置条件格式的数据区域，如单元格 D4:D11，然后切换到功能区的"开始"选项卡，在"样式"选项组中单击"条件格式"按钮，在弹出的菜单中选择"新建规则"命令，弹出"新建格式规则"对话框。

（2）在"新建格式规则"对话框的"选择规则类型"列表框中选择"仅对排名靠前或靠后的数据设置格式"，在"编辑规则说明"列表框中选择"为以下排名内的值设置格式"，设置为"前"、"3"，如图 6-38 所示。

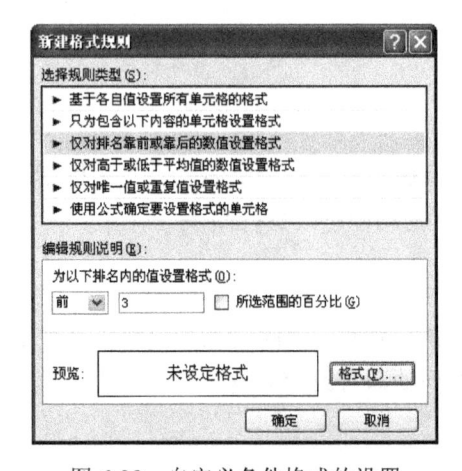

图 6-38　自定义条件格式的设置

(3) 单击"格式"按钮,弹出"设置单元格格式"对话框,设置"颜色"为"红色","字形"为"加粗倾斜",单击"确定"按钮。

(4) 在"新建格式规则"对话框中单击"确定"按钮完成设置。

3. 格式刷的使用

设置好的单元格格式可以通过"格式刷"把相同的格式应用到其他单元格数据上。具体操作步骤如下:

(1) 选定完成格式设置的单元格,切换到功能区"开始"选项卡,单击"剪贴板"选项组中的"格式刷"按钮 格式刷,鼠标指针变成刷子的形状。

(2) 单击需要设置相同格式的单元格。

(3) 如果需要同时给多个单元格设置相同的格式,则双击"格式刷"按钮,使用完毕后再次单击"格式刷"按钮。

6.3.4 套用表格格式

在 Excel 2010 中,可以将工作表中的数据套用"表"格式,实现快速美化表格外观的功能,具体操作步骤如下:

(1) 打开工作表,选定要套用"表"样式的区域,单击"开始"功能区"样式"选项组中的"套用表格式"按钮,在弹出的菜单中选择一种表格格式。

(2) 打开"套用表格式"对话框,确认表数据的来源区域是否正确。如果希望标题出现在套用格式中,则选中"表包含标题"复选框,如图 6-39 所示。

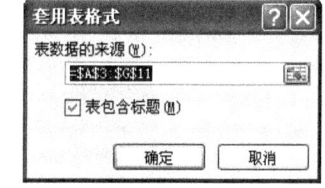

图 6-39 "套用表格格式"对话框

(3) 单击"确定"按钮,完成设置。

6.3.5 工作表的页面设置与打印

工作表录入完毕,修饰美化好以后,打印出来之前要根据需要进行页面设置。设置步骤如下:

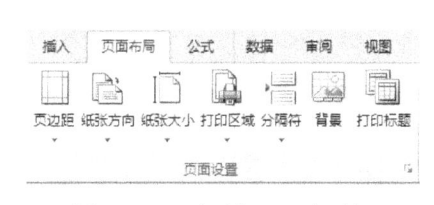

图 6-40 "页面布局"选项组

(1) 打开工作表,切换到功能区中的"页面布局"选项卡,如图 6-40 所示,在"页面设置"选项组中给出了页面设置常用的命令按钮,具体功能如下:

① 页边距:数据区域到纸张边缘的距离。
② 纸张方向:设置用纸方向,横向或是纵向。
③ 纸张大小:设置用纸的大小。
④ 打印区域:标记要打印的特定工作表区域。
⑤ 分隔符:指定打印内容的新页开始位置,在所选内容的左上方插入分页符。
⑥ 背景:给工作表添加背景图片。
⑦ 打印标题:指定要在每个打印页重复出现的行和列。

(2) 单击"页面设置"选项组中的对话框弹出按钮,在弹出的对话框中进行设置,如图 6-41 所示。

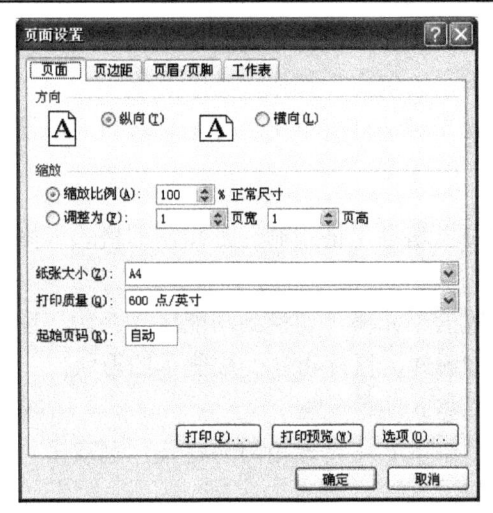

图 6-41 "页面设置"对话框

(3) 单击"页面设置"对话框中的"打印"按钮，进入"打印"对话框，如图 6-42 所示，"打印"区域可以通过微调按钮设置打印的份数，"打印机"区域，通过下拉列表设置使用的打印机，"设置"区域，可以参照旁边的预览窗口，重新调整打印的工作表、页数、用纸方向、纸张大小、页边距等。

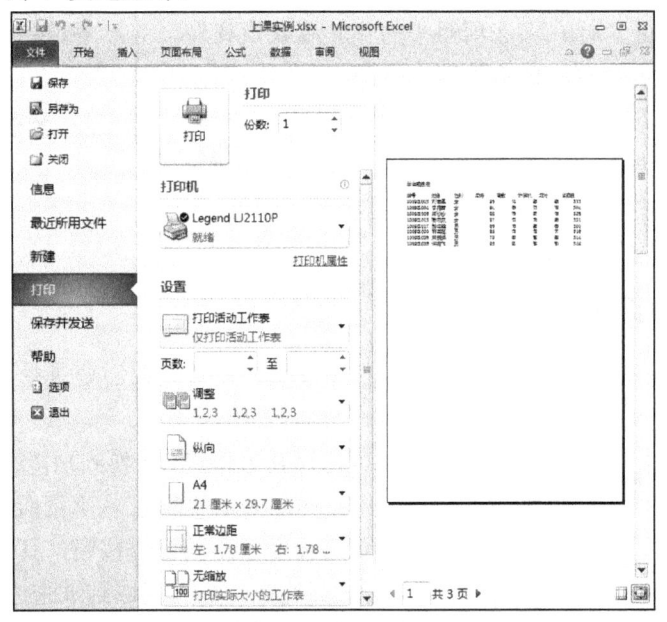

图 6-42 打印设置

(4) 设置完毕，单击左上角的"打印"按钮 。

6.4 公式和函数

Excel 所包含的公式和函数非常全面，基本能满足人们日常工作的数据统计和计算方面的需要。要想掌握系统提供的所有公式和函数是有一定难度的，在此只介绍公式和函数的使用方法以及常用公式和函数的使用。

6.4.1　使用公式

公式是对工作表中的数据执行运算并产生结果的等式，它可以对数据进行加、减、乘、除或比较等运算。公式可以引用同一工作表中的其他单元格、同一工作簿中不同工作表的单元格，或者其他工作簿的工作表中的单元格。下面以在“学生成绩表”中计算总成绩为例介绍输入公式的步骤：

(1) 选定要放置结果的单元格 H4。

(2) 输入等号“=”。

(3) 输入公式的表达式，如“D4+E4+F4+G4”。公式中的单元格引用将以不同的颜色进行区分，在编辑栏中也可以看到输入后的公式，如图 6-43 所示。

(4) 输入完毕后，按 Enter 键或者单击编辑栏中的“输入”按钮✓，即可在单元格 H4 中显示计算结果，而在编辑栏中显示当前单元格的公式。

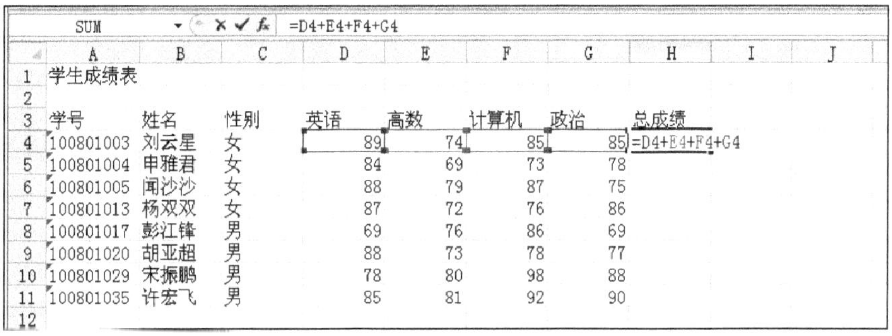
SUM　=D4+E4+F4+G4

	A	B	C	D	E	F	G	H	I	J
1	学生成绩表									
2										
3	学号	姓名	性别	英语	高数	计算机	政治	总成绩		
4	100801003	刘云星	女	89	74	85	85	=D4+E4+F4+G4		
5	100801004	申雅君	女	84	69	73	78			
6	100801005	闻沙沙	女	88	79	87	75			
7	100801013	杨双双	女	87	72	76	86			
8	100801017	彭江锋	男	69	76	86	69			
9	100801020	胡亚超	男	88	73	78	77			
10	100801029	宋振鹏	男	78	80	98	88			
11	100801035	许宏飞	男	85	81	92	90			
12										

图 6-43　使用公式

6.4.2　使用函数

函数是系统预定义能完成特定功能的公式。

函数是使用被称为参数的特定数值，按照被称为语法的特定顺序进行计算。参数可以是数字、文本、逻辑值、数组、错误值或者单元格引用。给定的参数必须能够产生有效的值。参数也可以是常量、公式或其他函数。

函数的语法以函数名开始，后面分别是左圆括号、以逗号隔开的各个参数和右圆括号。如果函数以公式的形式出现，则在函数名称前面键入等号“=”。

Excel 2010 提供了几百个函数，想熟练掌握所有的函数难度很大，可以使用函数向导来输入函数。例如，求每位学生的总成绩，可以按照下述步骤操作：

(1) 选定要放置结果的单元格 H4。

(2) 单击“粘贴函数”按钮，弹出“插入函数”对话框，如图 6-44 所示。

(3) 在“插入函数”对话框中的“选择类别”下拉列表中选择“常用函数”选项，在“选择函数”列表框中单击函数名 SUM。

(4) 单击“确定”按钮，弹出“函数参数”对话框，单击“number1”输入框后的缩小对话框按钮，按住鼠标左键拖动选择要求和的数据区域。

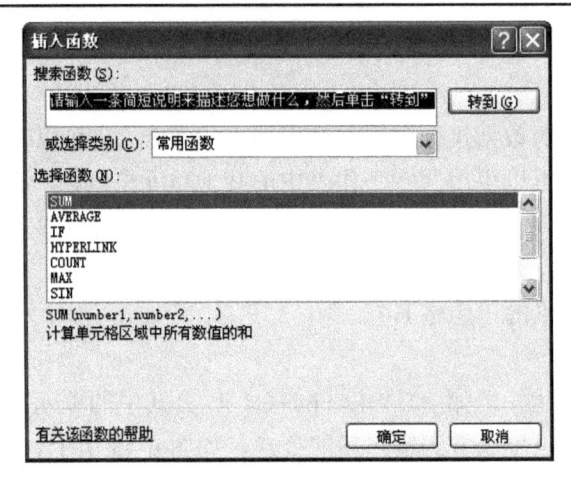

图 6-44 "插入函数"对话框

(5) 单击"恢复对话框"按钮,展开对话框后,单击"确定"按钮完成,如图 6-45 所示。

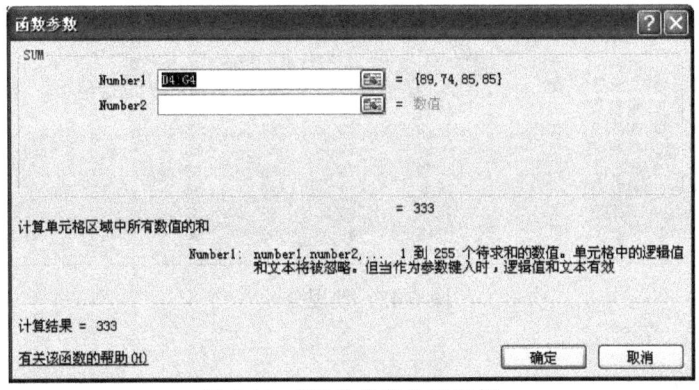

图 6-45 "函数参数"对话框

6.4.3 单元格的引用

单元格引用分为相对引用、绝对引用和混合引用三种。

1. 相对引用

相对引用是基于被引用单元格(单元格区域)与公式所在单元格的相对位置而进行的引用。当公式复制到其他单元格时,公式中的相对引用也随之发生改变。Excel 默认情况下,公式使用的是相对引用。例如,将单元格 D1 中的公式"=A1+B1+2"复制到单元格 D2,则 D2 中的公式自动调整为"= A2+B2+2",如图 6-46 所示。

2. 绝对引用

绝对引用始终引用指定单元格或单元格区域,在引用的单元格地址的行号与列号前均加上绝对地址符号"$",则表示绝对引用。公式复制到其他单元格时,绝对引用保持不变。如果公式所在单元格的位置改变,绝对引用保持不变。例如,将单元格 D1 中的公式"=$A $1+$B$1+2"复制到单元格 D2,则 D2 中的公式仍旧为"=$A $1+$B$1+2",如图 6-47 所示。

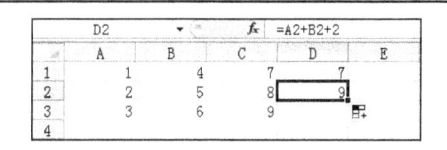

图 6-46　单元格相对引用　　　　　　　图 6-47　单元格绝对引用

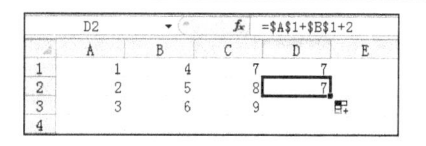

3. 混合引用

混合引用是指引用中既有相对引用又有绝对引用。例如，公式"=$A1+$B1+2"。公式复制到其他单元格时，相对引用部分发生变化而绝对引用部分保持不变。

如果需要引用同一工作簿的其他工作表中的单元格地址，可以在该单元格地址前加上"工作表标签名！"。例如，在 Sheet2 工作表的 A1 单元格输入公式"=SUM(Sheet1!A2:Sheet1!C2)"，表示对 Sheet1 工作表的 A2:C2 单元格区域内 3 个单元格中的数据求和。

6.4.4　错误值的综述

Excel 经常会显示一些错误值信息，如#N/A!、#VALUE!、#DIV/O!等。出现这些错误的原因有很多种，最主要的是由于公式不能计算正确结果。例如，在需要数字的公式中使用文本、删除了被公式引用的单元格，或者使用了宽度不足以显示结果的单元格。以下是几种 Excel 常见的错误及其解决方法。

1. #####!

原因：如果单元格所含的数字、日期或时间比单元格宽，或者单元格的日期时间公式产生了一个负值，就会产生#####!错误。

解决方法：如果单元格所含的数字、日期或时间比单元格宽，可以通过拖动列表之间的宽度来修改列宽。如果使用的是 1900 年的日期系统，那么 Excel 中的日期和时间必须为正值，用较早的日期或者时间值减去较晚的日期或者时间值就会导致#####!错误。如果公式正确，也可以将单元格的格式改为非日期和时间型来显示该值。

2. #VALUE!

当使用错误的参数或运算对象类型时，或者当公式自动更正功能不能更正公式时，将产生错误值#VALUE!。

主要原因：① 在需要数字或逻辑值时输入了文本，Excel 不能将文本转换为正确的数据类型。② 将单元格引用、公式或函数作为数组常量输入。③ 赋予需要单一数值的运算符或函数一个数值区域。

解决方法：① 确认公式或函数所需的运算符或参数正确，并且公式引用的单元格中包含有效的数值。例如：如果单元格 A1 包含一个数字，单元格 A2 包含文本"学籍"，则公式"=A1+A2"将返回错误值#VALUE!。可以用 SUM 函数将这两个值相加（SUM 函数忽略文本），如=SUM(A1:A2)。② 确认数组常量不是单元格引用、公式或函数。③ 将数值区域改为单一数值。修改数值区域，使其包含公式所在的数据行或列。

3. #DIV/0!

当公式被零除时，将会产生错误值#DIV/0!。

主要原因：① 在公式中，除数使用了指向空单元格或包含零值单元格的单元格引用（在 Excel 中如果运算对象是空白单元格，Excel 将此空值当做零值）。② 输入的公式中包含明显的除数零，如=5/0。

解决方法：修改单元格引用，或者在用做除数的单元格中输入不为零的值，将零改为非零值。

4. #NAME?

原因：在公式中使用了 Excel 不能识别的文本时，将产生错误值#NAME?。

解决方法：确认使用的名称确实存在。

5. #REF!

当单元格引用无效时将产生错误值#REF!。

原因：删除了由其他公式引用的单元格，或将移动单元格粘贴到由其他公式引用的单元格中。

解决方法：更改公式或者在删除或粘贴单元格之后，立即单击"撤消"按钮，以恢复工作表中的单元格。

6. #NUM!

原因：当公式或函数中某个数字有问题时将产生错误值#NUM!。

解决方法：确认函数中使用的参数类型正确无误；修改公式，使其结果在有效数字范围之内。

7. #NULL!

当试图为两个并不相交的区域指定交叉点时将产生错误值#NULL!。

原因：使用了不正确的区域运算符或不正确的单元格引用。

解决方法：如果要引用两个不相交的区域，则使用联合运算符逗号。公式要对两个区域求和，则确认在引用这两个区域时，使用逗号，如 SUM(A1:A13, D12:D23)。如果没有使用逗号，Excel 将试图对同时属于两个区域的单元格求和，但是由于 A1:A13 和 D12:D23 并不相交，所以它们没有共同的单元格。

6.5 数 据 处 理

6.5.1 数据排序

数据排序可以使工作表中的数据记录按照规定的顺序排列，从而使工作表条理清楚。

1. 默认排序顺序

在 Excel 2010 中，默认的排序升序次序如下所述：
（1）文本：按照首字拼音第一个字母在字母表中的顺序排序。
（2）数字：按照从最小的负数到最大的正数进行排序。
（3）日期：按照从最早的日期到最晚的日期进行排序。

(4) 逻辑值：FALSE 排在 TRUE 之前。

(5) 空格：空格始终排在最后。

(6) 错误值：所有错误值的优先级相同。

降序排序时，默认情况下工作表中数据的排序次序与升序排序时的次序相反。

2．按列简单排序

按列简单排序是指仅按某一列字段值进行排序。下面以按"学生成绩单"中的总成绩升序排列为例介绍操作的步骤：

(1) 单击"总成绩"列中任意一个单元格。

(2) 切换到功能区中的"数据"选项卡，在"排序和筛选"选项组中单击"升序"按钮↑↓，所有数据将按照总成绩从低到高排列，如图 6-48 所示。

图 6-48 按列简单排序

3．多关键字排序

多关键字排序是指按多列字段值进行排序。例如，先按"学生成绩单"中的英语成绩升序排列，当英语成绩相同时按高数成绩降序排列，操作步骤如下：

(1) 单击数据区域中的任意一个单元格。

(2) 切换到功能区中的"数据"选项卡，在"排序和筛选"选项组中单击"排序"按钮，打开"排序"对话框。

(3) 在"排序"对话框中设置"主要关键字"为"英语"，"次序"为"升序"；单击"添加条件"按钮，继续设置"次要关键字"为"高数"，"次序"为"降序"，如图 6-49 所示。

(4) 单击"确定"按钮完成。

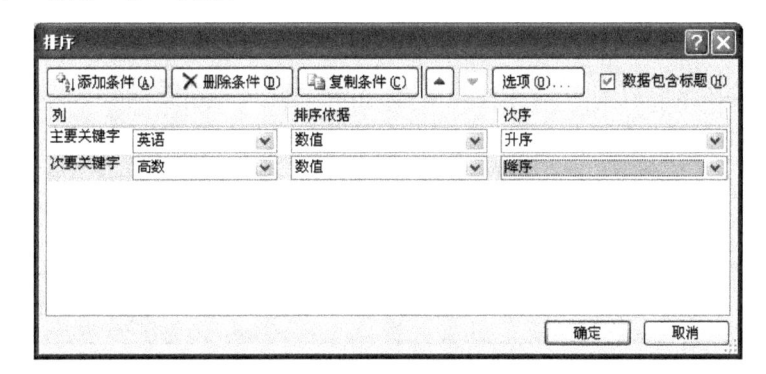

图 6-49 多关键字排序

6.5.2 数据筛选

数据筛选可以把不符合条件的记录暂时隐藏起来，只显示满足条件的记录。

1. 自动筛选

自动筛选是指筛选出符合某一条件的数据。例如，筛选出性别为"男"的学生记录，操作步骤如下：

（1）单击数据区域任意单元格。

（2）切换到功能区中的"数据"选项卡，在"排序和筛选"选项组中单击"筛选"按钮，在各列标题后面出现倒三角按钮。

（3）单击"性别"对应的倒三角按钮，在弹出的下拉列表中取消"女"复选框中的标记，如图 6-50 所示。

（4）单击"确定"按钮即可显示符合条件的数据。

如果要取消对某一列的筛选，可以单击该列旁边的向下箭头，从下拉列表内选中"全选"复选框，然后单击"确定"按钮。

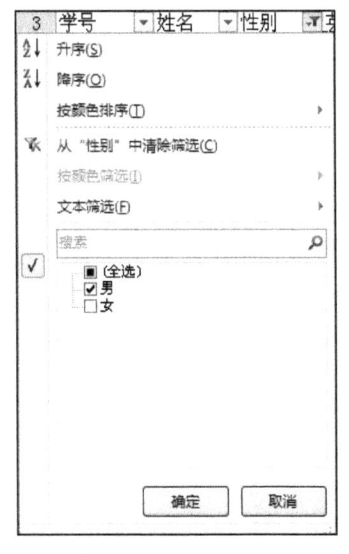

图 6-50　自动筛选

如果要退出自动筛选，可以单击"数据"选项卡，在"排序和筛选"选项组中再次单击"筛选"按钮。

2. 自定义自动筛选

使用自动筛选时，对于某些特殊的条件，可以使用自定义自动筛选对显示出的数据进行条件设置。例如，要筛选出总成绩为 330～350 的学生记录，可以按照下面的步骤操作：

（1）单击"总成绩"列后面的向下箭头，从下拉列表中选择"数字筛选"→"介于"命令，弹出"自定义自动筛选方式"对话框。

（2）在"自定义自动筛选方式"对话框的"显示行"中设置"总成绩"满足的条件，如图 6-51 所示。

（3）单击"确定"按钮完成。

图 6-51　自定义自动筛选

6.5.3 数据汇总

数据汇总也叫分类汇总，就是以数据清单中的某个字段的值作为分类依据进行分类，相同的值为一类，然后再选择以哪个字段并以什么方式进行汇总。下面以在期末成绩表中按性别对总成绩的平均分进行分类汇总为例详述分类汇总的方法，具体操作步骤如下：

(1) 对需要分类的字段进行排序，即对"性别"字段进行排序。

(2) 切换到功能区中的"数据"选项卡，在"分级显示"选项组中单击"分类汇总"按钮，弹出"分类汇总"对话框。

(3) 在"分类汇总"对话框中的"分类字段"下拉列表框中选择分类字段"性别"。

(4) 在"分类汇总"对话框中的"汇总方式"下拉列表框中选择汇总方式"平均值"。

(5) 在"分类汇总"对话框中的"选定汇总项"列表框中选择汇总项目，选中"总成绩"复选框，如图 6-52 所示。

在对话框的底部有 3 个复选框，可以根据自己的需要进行选择。"替换当前分类汇总"复选框，表示以本次分类汇总结果替换以前的分类汇总结果，默认为选中状态；"每组数据分页"复选框，指在打印时将不同类别的汇总结果分页打印，默认为不选状态；"汇总结果显示在数据下方"复选框，指每一类分类汇总会显示在本类记录的下方，否则显示在本类数据的上方，默认为选中状态。本例对 3 个复选框采用默认状态。

(6) 单击"确定"按钮，得到分类汇总的结果，如图 6-53 所示。

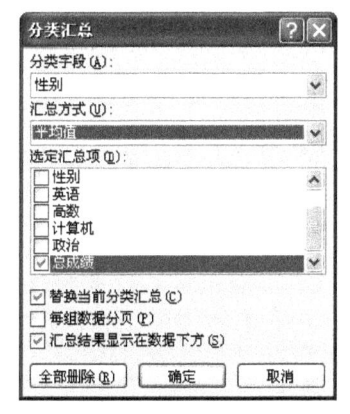

图 6-52 "分类汇总"对话框

图 6-53 分类汇总结果

单击分类汇总结果左边的 **-** 按钮可以将相应的一类汇总结果折叠，并且该按钮变成 **+**；单击 **+** 按钮可以将折叠的汇总结果展开。本例单击男平均值和女平均值所在行左边的 **-** 按钮，结果如图 6-54 所示。

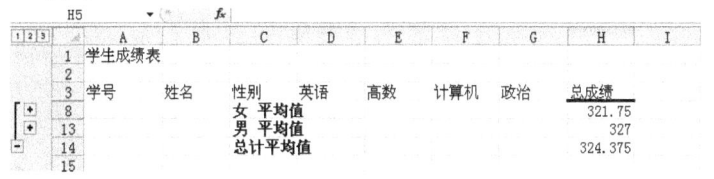

图 6-54 折叠汇总结果

切换到功能区中的"数据"选项卡,在"分级显示"选项组中单击"分类汇总"按钮,弹出"分类汇总"对话框,单击"全部删除"按钮,即可删除所有的分类汇总。

6.6 数据图表的创建与编辑

为了使数据更加直观,可以将数据以图表的形式展现出来。

6.6.1 创建图表

图表既可以放在工作表上,也可以放在工作簿的图表工作表上。直接出现在工作表上的图表称为嵌入式图表,图表工作表是工作簿中仅包含图表的特殊工作表。两种图表中的数据都随工作表中的数据变化而变化。

创建图表的具体操作步骤如下:

(1) 在工作表中选定要创建图表的数据,如图 6-55 所示。

图 6-55 选定数据区域

(2) 切换到功能区中的"插入"选项卡,在"图表"选项组中选择要创建的图表类型,如"柱形图"按钮,从下拉菜单中选择需要的子图表类型,如"三维簇状柱形图",即可在工作表中创建图表,如图 6-56 所示。

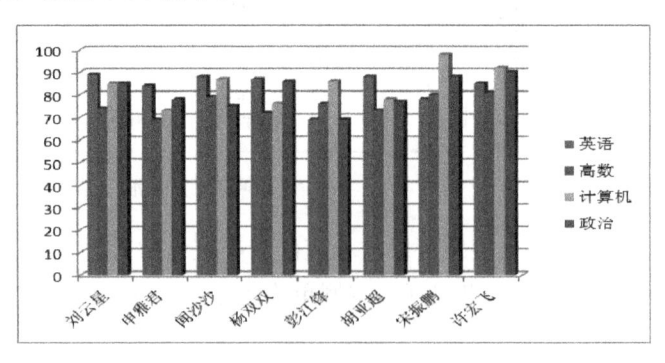

图 6-56 创建图表

6.6.2 修饰图表

创建图表并将其选定后,功能区将显示"图表工具"功能区,下属 3 个选项卡,即"设计"、"布局"和"格式"选项卡。通过这 3 个选项卡可以对图表进行各种设置和编辑。

1. 选定图表项

对图表中的图表项进行修饰之前，应该单击图表项将其选定。对于成组显示的图表项中的各个元素的选定，可以先单击数据系列，再单击其中的数据标志。

另外，也可单击图表的任意位置将其激活，然后切换到"格式"选项卡，在"当前所选内容"选项组的"图表元素"下拉列表框中选择要处理的图表项，如图 6-57 所示。

2. 调整图表的大小和位置

调整图表的大小，可以在选定图表的前提下，通过鼠标拖动浅蓝色边框上出现的 8 个控制点来实现，当指针移动到控制点时，指针变成双向箭头，按住鼠标左键进行拖动即可调整图表的大小；也可以在"格式"选项卡的"大小"选项组中精确地输入图表的高度和宽度。

图 6-57 选择图表项

移动图表的位置分为在当前工作表中移动和在工作表之间移动两种情况。在当前工作表中移动与移动文本框和艺术字的操作一样。只要单击图表区域并按住鼠标左键拖动即可。下面介绍在工作表之间移动图表的方法，如要将 Sheet1 中的图表移动到 Sheet2 中，操作步骤如下：

(1) 右击工作表 Sheet1 中的图表区，在弹出的快捷菜单中选择"移动图表"命令。

(2) 打开"移动图表"对话框，选中"对象位于"单选按钮，在右侧的下拉列表中选择 Sheet2 选项。

(3) 单击"确定"按钮，即可将 Sheet1 中的图表移动到 Sheet2 中，如图 6-58 所示。

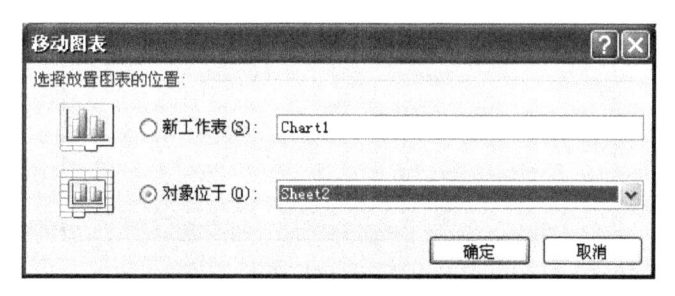

图 6-58 移动图表

6.6.3 格式化图表

1. 添加并修饰图表标题

如果要为图表添加一个标题并对其进行美化，可按照下面的操作步骤进行：

(1) 单击图表将其选中，切换到功能区中的"布局"选项卡，在"标签"选项组中单击"图表标题"按钮，从弹出的下拉列表中选择一种放置标题的方式，如图 6-59 所示。

(2) 在文本框中输入标题文本，如图 6-60 所示。

图 6-59　选择标题样式

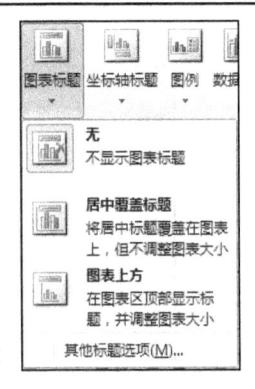

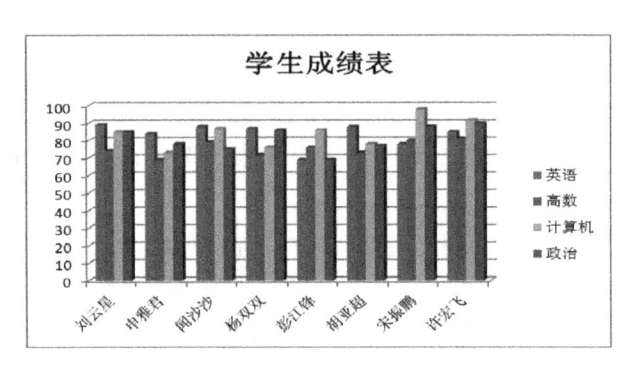

图 6-60　添加图表标题

(3) 右击标题文本，在弹出的快捷菜单中选择"设置图表标题格式"命令，打开"设置图表标题格式"对话框，在对话框中可以设置填充、边框颜色、边框样式、阴影、三维格式和对齐方式等，如图 6-61 所示。

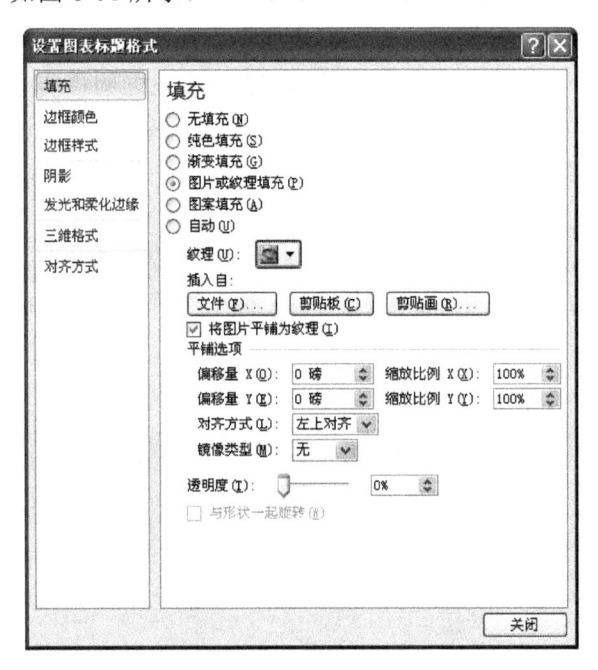

图 6-61　设置标题格式

2. 设置坐标轴及标题

用户可以根据实际需要决定是否在图表中显示坐标轴和显示的方式，为了使水平和垂直坐标的内容更加明确，还可以为坐标轴添加标题。设置图表坐标轴和标题的操作步骤如下：

(1) 单击图表区，切换到功能区中的"布局"选项卡，在"坐标轴"选项组中单击"坐标轴"按钮，从弹出的下拉列表中选择要设置"主要横坐标轴"还是"主要纵坐标轴"，再从其级联菜单中选择相应的设置项。

(2) 要设置坐标轴的标题，可以切换到功能区中的"布局"选项卡，在"标签"选项组中单击"坐标轴标题"按钮,从弹出的下拉列表中选择要设置"主要横坐标轴标题"还是"主要纵坐标轴标题",再从其级联菜单中选择相应的设置项。例如,将"主要横坐标轴标题"设置为"姓名","主要纵坐标轴标题"设置为"旋转过的标题",输入"分数",如图 6-62 所示。

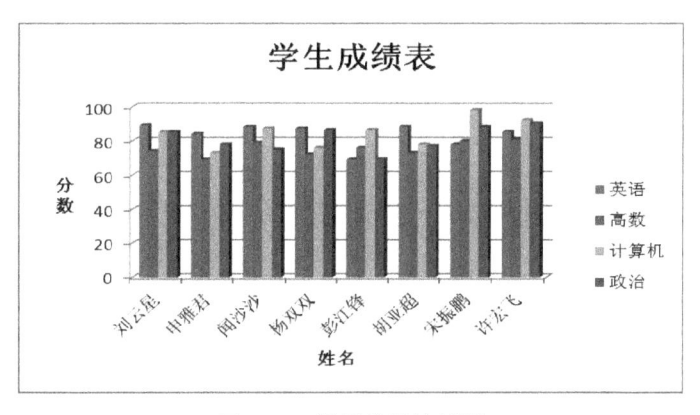

图 6-62 设置坐标轴标题

(3) 右击图表中的横坐标轴或纵坐标轴,在弹出的快捷菜单中选择"设置坐标轴格式"命令,在打开的"设置坐标轴格式"对话框中对坐标轴格式进行设置,如图 6-63 所示。采用同样的方式,右击图表中的横坐标轴标题或纵坐标轴标题,在弹出的快捷菜单中选择"设置坐标轴标题格式"命令,在打开的"设置坐标轴标题格式"对话框中对坐标轴标题格式进行设置。

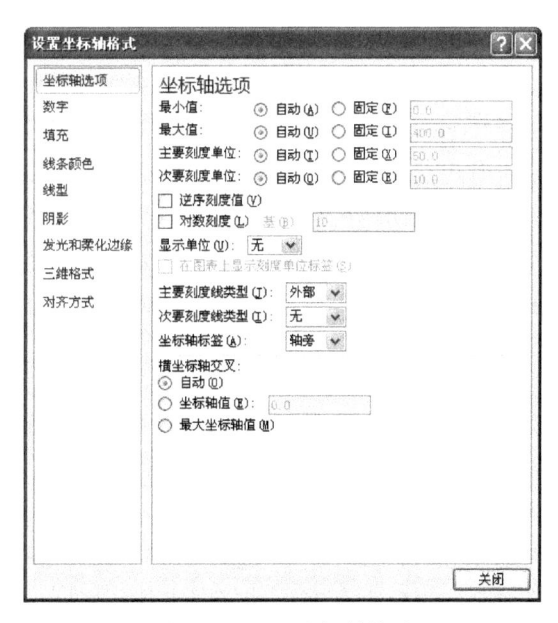

图 6-63 设置坐标轴格式

3. 更改图表类型

为了很好地表现数据的差异和变化,图表类型的选择是很重要的。Excel 2010 提供了若干种标准的图表类型和自定义类型,用户在创建图表时可以选择所需的图表类型。当对创建的图表类型不满意时,可以更改图表的类型,具体操作步骤如下:

(1) 如果是一个嵌入式图表,则单击将其选定;如果是图表工作表,则单击相应的工作表标签进行选定。

(2) 切换到功能区中的"设计"选项卡,在"类型"选项组中单击"更改图表类型"按钮,出现"更改图表类型"对话框,如图 6-64 所示。

(3) 在"图表类型"列表框中选择所需的图表类型,再从右侧选择所需的子图表类型。

(4) 单击"确定"按钮。

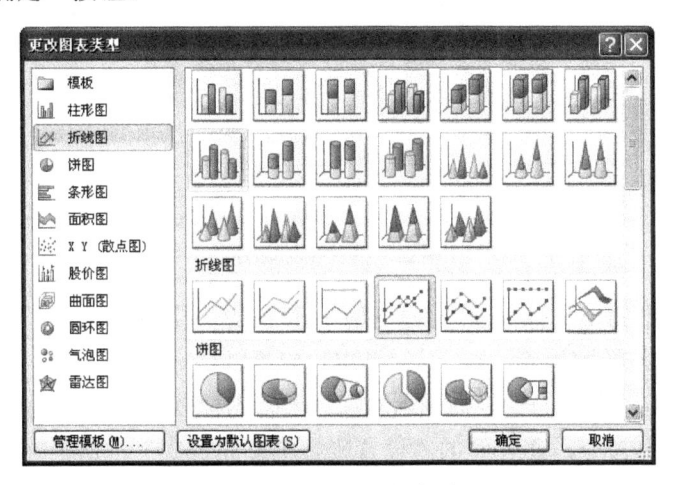

图 6-64　更改图表类型

4. 设置图表样式

创建图表后,可以使用 Excel 2010 提供的样式和布局来快速设置图表外观,这对于不很熟悉分布调整图表选项的用户而言是很方便快捷的,具体操作步骤如下:

(1) 单击图表中的图表区域,切换到功能区中的"设计"选项卡,在"图表布局"选项组中选择图表布局的类型,然后在"图表样式"选项组中选择图表的颜色搭配方案。

(2) 选择图表样式和布局后,即可快速得到最终的效果,十分美观。

5. 设置图表区与绘图区的格式

图表区是放置图表及其他元素的大背景。单击图表区空白位置,当图表最外框出现灰色边框时,表示选定了图表区。绘图区是放置图表主体的背景。

设置图表区和绘图区格式的具体操作步骤如下:

(1) 单击图表,切换到功能区中的"布局"选项卡,在"当前所选内容"选项组的"图表元素"下拉列表框中选择"图表区"命令,选择图表的图表区。

(2) 单击"设置所选内容格式"按钮,出现"设置图表区格式"对话框。

(3) 选择左侧列表框中的"填充"选项,在右侧可以设置填充效果。本例以纹理作为填充效果,如图 6-65 所示。还可以进一步设置边框颜色、边框样式或三维格式等,单击"关闭"按钮,完成对图表区的设置。

(4) 切换到功能区中的"布局"选项卡,在"当前所选内容"选项组的"图表元素"下拉列表框中选择"绘图区"命令,选择图表的绘图区。

(5) 重复步骤(2)~(4)的操作,可以设置绘图区的格式。

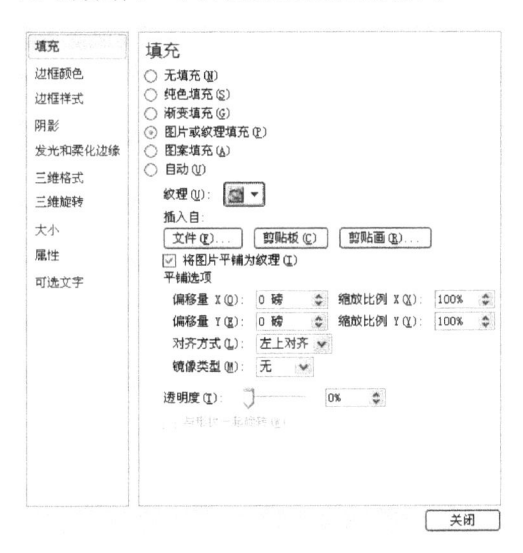

图 6-65 设置图表区格式

习 题

1. 填空题

(1) 在 Excel 2010 中,默认的文件扩展名是_____。

(2) _____函数可用来查找一组数中最大数,_____函数可用来查找一组数中最小数,_____函数可用来求一组数的平均值,_____函数可用来求一组数的和。

(3) 在 Excel 中,范围地址以_____分隔。

(4) 在使用分类汇总前,必须先对数据清单进行_____操作。

2. 选择题

(1) 在 Excel 2010 中,用 Shift 或 Ctrl 键选择多个单元格后,活动单元格的数目是(   )。
   ① 一个单元格   ② 所选的单元格总数
   ③ 所选单元格的区域数   ④ 用户自定义的个数

(2) 绝对地址在被复制到其他单元格时,其单元格地址(   )。
   ① 不变   ② 改变   ③ 部分改变   ④ 不能复制

(3) 地址引用 D$3 属于(   )引用。
   ① 相对   ② 绝对   ③ 列相对,行绝对   ④ 列绝对,行相对

(4) 在工作表中选择不连续的区域时,应当按住(   )键。
   ① Alt   ② Ctrl   ③ Shift   ④ Table

(5) 某公式中引用了单元格区域(A2:D1, C3:D3)，该公式引用的单元格总数为(　　)。
　　① 8　　　　② 10　　　　③ 16　　　　④ 14
(6) 在 Excel 中，下列说法中(　　)是错误的。
　　① 能建立独立图表　　　　　　② 能在工作表中嵌入图表
　　③ 能建立任意维数图表　　　　④ 不能建立任意维数图表
(7) 在 B5 单元格中输入的函数为=sum(A1:B2 A2:B3)，数据区域的数据如图 6-66，则 B5 单元格的值为(　　)。
　　① 250　　　　　　　　　② 260
　　③ 210　　　　　　　　　④ 400

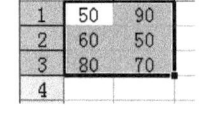

图 6-66

(8) 在 Excel 2010 中，设 E 列单元格存放工资总额，F 列用以存放实发工资。其中当工资总额>800 时，实发工资=工资-(工资总额-800)*税率；当工资总额<=800 时，实发工资=工资总额。设税率=0.05。则 F 列可根据公式实现。其中 F2 的公式应为(　　)。
　　① =IF(E2>800，E2-(E2-800)*0.05，E2)
　　② =IF(E2>800，E2，E2-(E2-800)*0.05)
　　③ =IF("E2>800"，E2-(E2-800)*0.05，E2)
　　④ =IF("E2>800"，E2，E2-(E2-800)*0.05)

3. 操作题

(1) 在 Excel 中建立一个新工作簿，保存在自己的文件夹中，命名为"学号+姓名课后题.xlsx"。
(2) 在 Sheet1 中制作如图 6-67 所示样式的电子表格。

职工登记表

编号	部门	姓名	性别	年龄	籍贯	工龄	工资
C09001	市场部	吴军	男	30	河北	10	4880
C09002	市场部	李芳	女	28	山东	2	2200
C09003	市场部	赵锁林	男	31	江西	5	3000
C09004	开发部	杨素英	女	26	浙江	4	1900
C09005	开发部	王金	男	24	安徽	1	2000
C09006	测试部	任德元	男	42	福建	20	3900
C09007	测试部	张桂琴	女	38	河南	16	3100
C09008	测试部	孙建雄	男	25	湖南	5	2700
工资总计							
最高工资							

图 6-67

(3) 使用函数计算"工资总计"和"最高工资"两个单元格的值。
(4) 把 Sheet1 工作表命名为"职工登记表"。
(5) 在"职工登记表"工作表中根据姓名和工资两列数据创建一个"带数据标记的折线图"，输入标题、显示图例，在折线上显示值。

第 7 章　演示文稿系统 PowerPoint 2010

PowerPoint 2010 是 Microsoft 公司的优秀办公软件 Office 的核心组件之一，是专门用来制作电子演示文稿的软件，其通过电子幻灯片的形式，将各种诸如文字、图形、图像、声音、视频等信息予以播放。目前，演示文稿已经广泛应用于学校教学、产品展示、工作汇报以及情况介绍等场合，成为宣传、交流与演示的重要手段。

PowerPoint 2010 提供了能为文稿带来更多的活力和视觉冲击的新增图片效果应用、支持直接嵌入和编辑视频文件、依托新增的 SmartArt 快速创建美妙绝伦的图表演示文稿、全新的幻灯动态切换展示等，可以让用户创作出更加完美的作品，就像在讲述一个活泼的电影故事。

7.1　PowerPoint 2010 简介

7.1.1　PowerPoint 2010 的功能区

在 PowerPoint 2010 窗口上方是各功能区的名称，当单击这些选项卡时会切换到与之相对应的功能区面板，在每个功能区根据功能的不同又分为若干个选项组。

1．"开始"功能区

"开始"功能区包括剪贴板、幻灯片、字体、段落、绘图和编辑六个选项组，主要用于在 PowerPoint 演示文稿中插入新幻灯片、设置幻灯片的版式、插入各种图形对象、将对象组合在一起以及设置幻灯片上的文本格式，如图 7-1 所示。

图 7-1　"开始"功能区

2．"插入"功能区

"插入"功能区包括表格、图像、插图、链接、文本、符号和媒体七个选项组，主要用于在 PowerPoint 演示文稿中插入各种元素，如图 7-2 所示。

3．"设计"功能区

"设计"功能区包括页面设置、主题和背景三个选项组，主要用于在 PowerPoint 演示文稿中确定当前演示文稿的整体风格，如图 7-3 所示。

图 7-2 "插入"功能区

图 7-3 "设计"功能区

4. "切换"功能区

"切换"功能区包括预览、切换到此幻灯片和计时三个选项组，主要用于在 PowerPoint 演示文稿中设定幻灯片的换片方式，如图 7-4 所示。

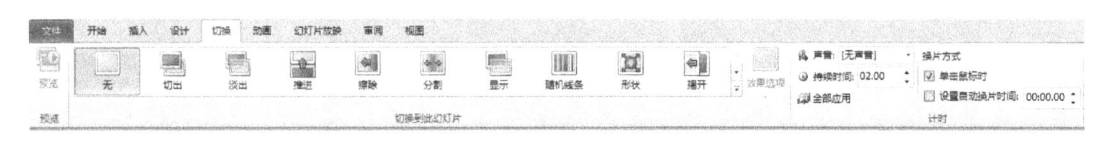

图 7-4 "切换"功能区

5. "动画"功能区

"动画"功能区包括预览、动画、高级动画和计时四个选项组，主要用于在 PowerPoint 演示文稿中设定基本及高级动画效果，如图 7-5 所示。

图 7-5 "动画"功能区

6. "幻灯片放映"功能区

"幻灯片放映"功能区包括开始放映幻灯片、设置、监视器三个选项组，主要用于在 PowerPoint 演示文稿中根据需要设定不同的放映方式，如图 7-6 所示。

图 7-6 "幻灯片放映"功能区

7. "审阅"功能区

"审阅"功能区包括校对、语言、中文简繁转换、批注和比较五个选项组，主要用于在 PowerPoint 演示文稿中完成校对、批注等工作，如图 7-7 所示。

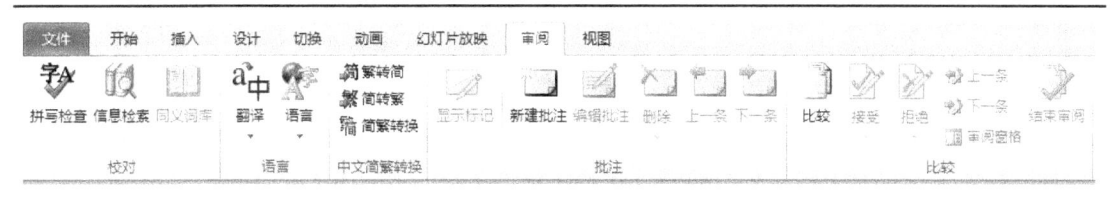

图 7-7 "审阅"功能区

8. "视图"功能区

"视图"功能区包括演示文稿视图、母版视图、显示、显示比例、颜色/灰度、窗口和宏七个选项组，主要用于在 PowerPoint 演示文稿中设定窗口显示效果，如图 7-8 所示。

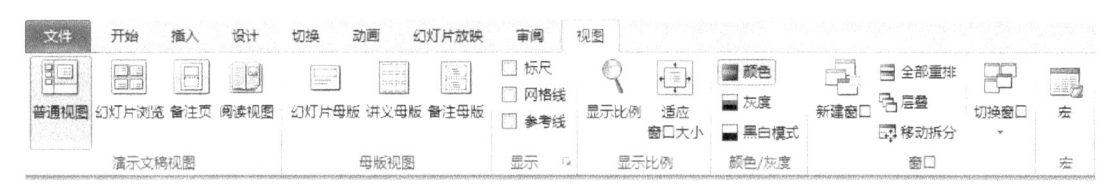

图 7-8 "视图"功能区

7.1.2 PowerPoint 2010 的启动与退出

1. 启动 PowerPoint 2010

启动 PowerPoint 2010 的常用方法有以下几种：

（1）使用"开始"菜单中的命令。单击"开始"菜单，选择"所有程序"→"Microsoft Office"→"Microsoft PowerPoint 2010"命令。

（2）使用桌面快捷图标。安装 PowerPoint 2010 后，Windows 桌面上有 PowerPoint 2010 的快捷方式图标，双击即可启动。

（3）双击 PowerPoint 2010 格式文件。直接双击现有 PowerPoint 2010 文件来启动 PowerPoint 2010，同时打开该文件。

2. PowerPoint 2010 的退出

退出 PowerPoint 2010 的常用方法有以下几种：

（1）单击标题栏右部的"关闭"按钮。
（2）在 PowerPoint 2010 为当前活动窗口时，按 Alt+F4 组合键。
（3）双击 PowerPoint 2010 标题栏最左部的按钮。
（4）单击 PowerPoint 2010 标题栏最左部的按钮，在弹出的控制菜单中单击"关闭"命令。

7.1.3 PowerPoint 2010 的工作界面

启动 PowerPoint 2010 后，打开的程序窗口由标题栏、快速访问工具栏、"文件"选项卡、功能区、工作区和状态栏等若干区域组成。

1. 标题栏和快速访问工具栏

PowerPoint 2010 的标题栏和快速访问工具栏与 Word 2010 基本相同，此处不再详细介绍，请参考前面的相关内容。

2. "文件"选项卡

"文件"选项卡是一个类似于菜单的选项卡,位于 PowerPoint 2010 窗口左上角。单击"文件"选项卡可以打开"文件"面板,其中包括"保存"、"打开"、"关闭"、"信息"、"最近使用文件"、"新建"、"打印"、"帮助"等常用命令,如图 7-9 所示。

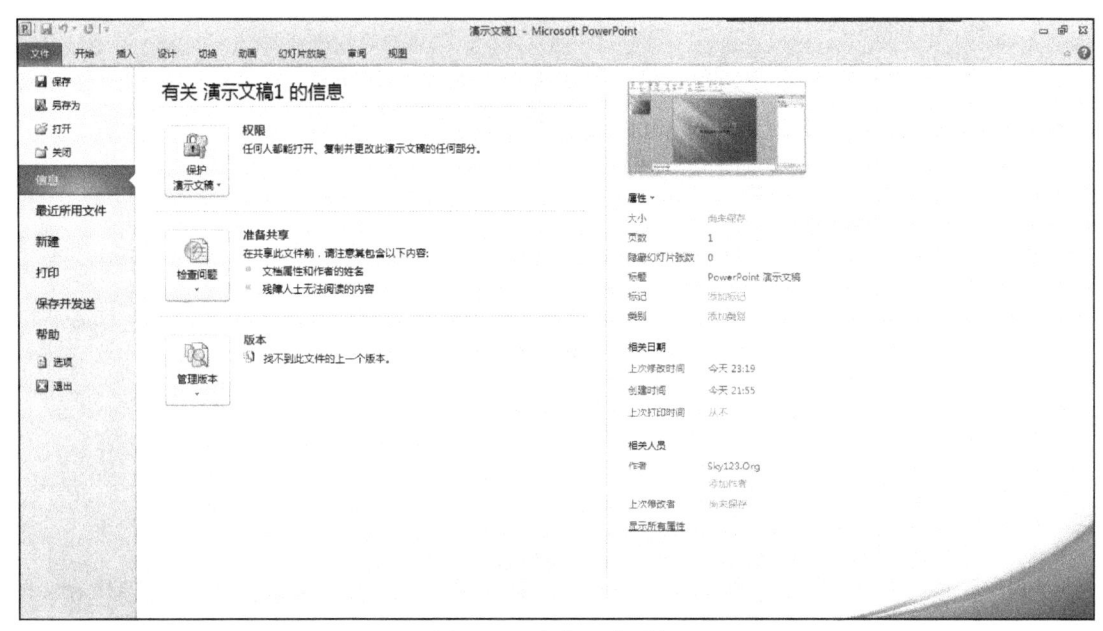

图 7-9 "文件"选项卡

3. 工作区

工作区即 PowerPoint 幻灯片编辑区,编辑 PowerPoint 演示文稿就是通过对工作区中的内容进行操作完成的。默认情况下,启动 PowerPoint 2010 后,进入演示文稿的普通视图。工作区被分成三部分:大纲/幻灯片浏览窗格、幻灯片窗格和备注窗格,如图 7-10 所示。

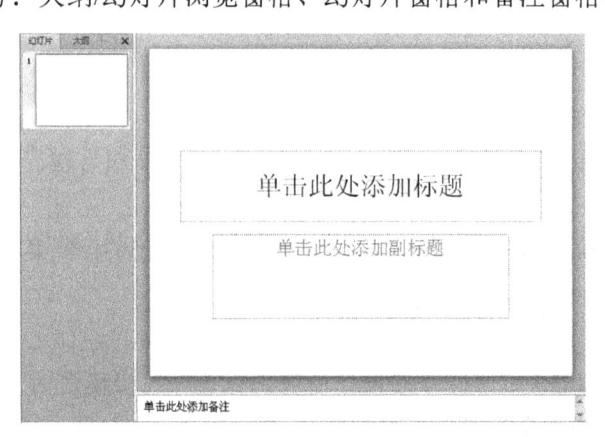

图 7-10 工作区

4. 状态栏

状态栏位于整个工作界面的最下方,显示了当前文档的部分属性或状态,如当前幻灯片的编号和幻灯片的总数以及使用的模板等。右侧的"页面显示控制区"由视图方式和显示比例两部分组成。以黄色为底的为当前视图方式，显示比例通过滑动上面的滑块调整文档的显示比例。

7.1.4 PowerPoint 2010 的视图模式

在状态栏右侧有四个视图切换按钮，分别对应四种视图：普通视图、幻灯片浏览视图、阅读视图、幻灯片放映视图。单击不同的视图按钮，即可转换视图模式。也可以使用"视图"功能区"演示文稿视图"选项组中相应的视图模式按钮进行视图方式的转换。

1. 普通视图

普通视图是一种三合一视图方式，将幻灯片、大纲和备注视图集成到一个视图中。

在普通视图左窗格中，有"大纲"选项卡和"幻灯片"选项卡。默认状态是"幻灯片"选项卡，窗格里显示演示文稿中所有幻灯片的缩略图。单击"大纲"选项卡，可以将窗格切换到大纲视图。大纲视图是一个文本处理视图，它以幻灯片的文字内容为主，在大纲窗格中就可以输入演示文稿中的所有文本，包括标题和正文。每张幻灯片的标题都出现在数字编号和图标的旁边，每一级标题都是左对齐，下一级标题自动缩进，形成了演示文稿的纲要，便于用户把握整个演示文稿的设计思路。

2. 幻灯片浏览视图

在幻灯片浏览视图下，演示文稿中的所有幻灯片都以微缩图的形式显示，如图 7-11 所示。在该视图下不仅可以了解整个演示文稿的大致外观，还可以轻松地按顺序组织幻灯片，插入、删除或移动幻灯片、设置幻灯片放映方式、设置排练时间等，但不能编辑幻灯片中的内容。

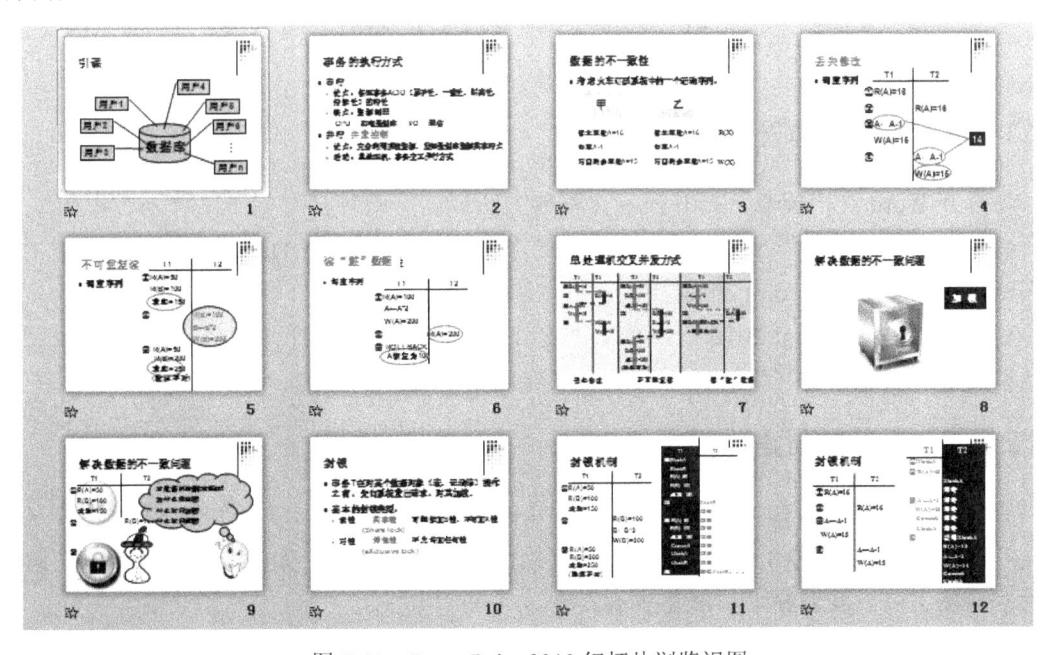

图 7-11 PowerPoint 2010 幻灯片浏览视图

3. 阅读视图

如果用户希望在一个只设有简单控件以方便审阅的窗口中查看演示文稿，而不想使用全屏的幻灯片放映视图，则可以在计算机上使用阅读视图，如图 7-12 所示。

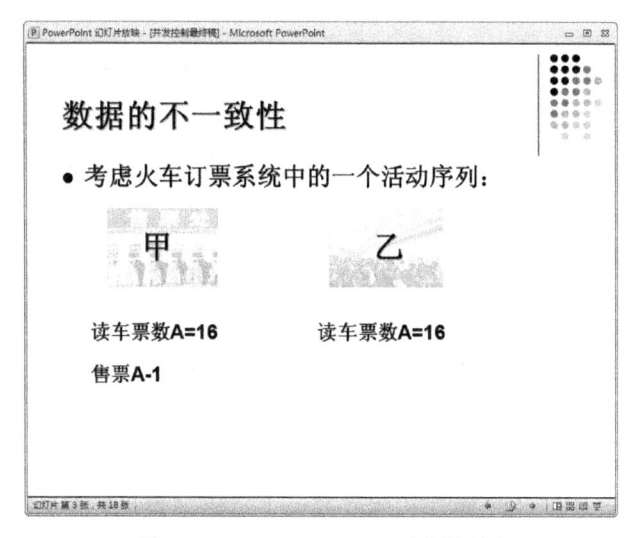

图 7-12　PowerPoint 2010 阅读视图

4. 幻灯片放映视图

在幻灯片放映视图下，幻灯片将覆盖整个屏幕，隐藏 PowerPoint 窗口及桌面上的工具栏，同时还可以看到对幻灯片设置的各种放映效果。

7.2　演示文稿的基本操作

7.2.1　演示文稿的打开

与打开 Word 文档相似，打开演示文稿的方法有如下两种：

（1）在"我的电脑"或者"资源管理器"窗口中找到要打开的演示文稿文件，双击文件图标即可启动 PowerPoint 2010，打开演示文稿文件。

（2）启动 PowerPoint 2010 后，单击"文件"选项卡中的"打开"命令，弹出"打开"对话框。用户通过"打开"对话框可以完成演示文稿的打开操作。

7.2.2　演示文稿的创建

启动 PowerPoint 2010 后，系统会使用默认的设计模板（空演示文稿）自动新建一个名为"演示文稿 1.pptx"的演示文稿，用户可以直接使用该演示文稿。如果要创建一个具有鲜明特色的演示文稿，就需要手动创建演示文稿。

1. 新建空白演示文稿

如果用户对创建演示文稿的结构和内容已经比较了解，则可以从空白演示文稿开始设计。具体的操作步骤如下：

(1) 单击"文件"选项卡，在弹出的窗口中选择"新建"命令，选择中间窗格中的"空白演示文稿"选项，如图 7-13 所示。

(2) 单击"创建"按钮，即可创建一个空白演示文稿。

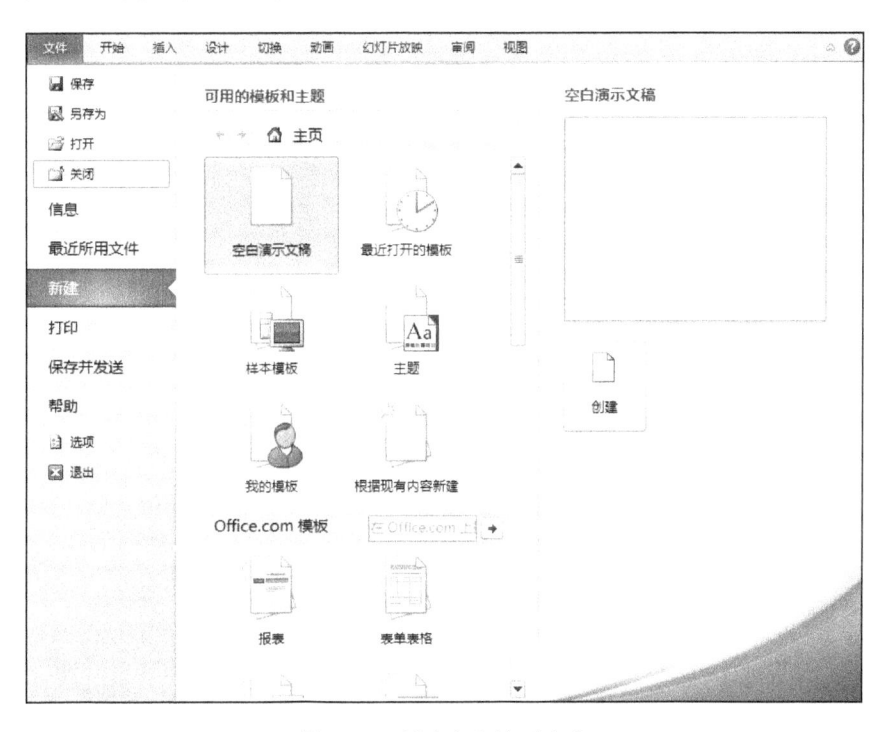

图 7-13　新建空白演示文稿

2. 根据模板新建演示文稿

设计模板是包含演示文稿样式的文件，包括项目符号和字体的类型和大小、占位符的位置和大小、背景设计和填充、配色方案、幻灯片母版和可选的标题母版等。这些设计模板都是由专业人员设计出来的，它们不仅美观而且具有吸引力，用户使用设计模板可以更方便地操作，还可以使设计的演示文稿具有专业水平。具体的操作步骤如下：

(1) 单击"文件"选项卡，在弹出的窗口中选择"新建"命令，选择中间窗格的"样本模板"选项，在弹出的窗口中会显示已安装的模板，如图 7-14 所示。

(2) 选择要使用的模板，然后单击"创建"按钮，即可根据当前选择的模板创建演示文稿，如图 7-15 所示。

图 7-14 选择已安装的模板

图 7-15 使用模板创建演示文稿

3. 根据现有演示文稿新建文件

如果用户已经有符合需求的演示文稿，可以根据现有的演示文稿创建新文件。具体的操作步骤如下：

（1）单击"文件"选项卡，在弹出的窗口中选择"新建"命令，选择中间窗格的"根据现有内容新建"选项。

（2）打开如图 7-16 所示的"根据现有演示文稿新建"对话框，找到并选择作为模板的现有演示文稿，然后单击"新建"按钮即可。

图 7-16 "根据现有演示文稿新建"对话框

7.3 幻灯片的编辑

幻灯片是演示文稿的重要组成部分，PowerPoint 的主要工作就是设计和制作幻灯片。每张幻灯片可以拥有标题、文本、图形、表格、组织结构图、媒体剪辑等对象，制作幻灯片的过程，就是创建和编辑其中对象的过程。

7.3.1 幻灯片的基本操作

一般来说，一个演示文稿中会包含多张幻灯片，对这些幻灯片进行更好的管理已成为维护演示文稿的重要任务。在制作演示文稿的过程中，可以插入、删除与复制幻灯片等。

1. 选定幻灯片

对幻灯片进行处理之前，必须先选定幻灯片。既可以选定单张幻灯片，也可以选定多张幻灯片。常用的选定方式如下：

（1）在普通视图中选定单张幻灯片，单击"大纲"选项卡中的幻灯片图标，或者单击"幻灯片"选项卡中的幻灯片的缩略图。

（2）在幻灯片浏览视图中选定多张连续的幻灯片的缩略图，应先单击第一张幻灯片的缩略图，使该幻灯片的周围出现黄色选定边框，然后按下 Shift 键并单击最后一张幻灯片的缩略图。

（3）在幻灯片浏览视图中选定多张不连续的幻灯片的缩略图，应先单击第一张幻灯片的缩略图，使该幻灯片的周围出现黄色选定边框，然后按下 Ctrl 键，再分别单击要选定幻灯片的缩略图，如图 7-17 所示。

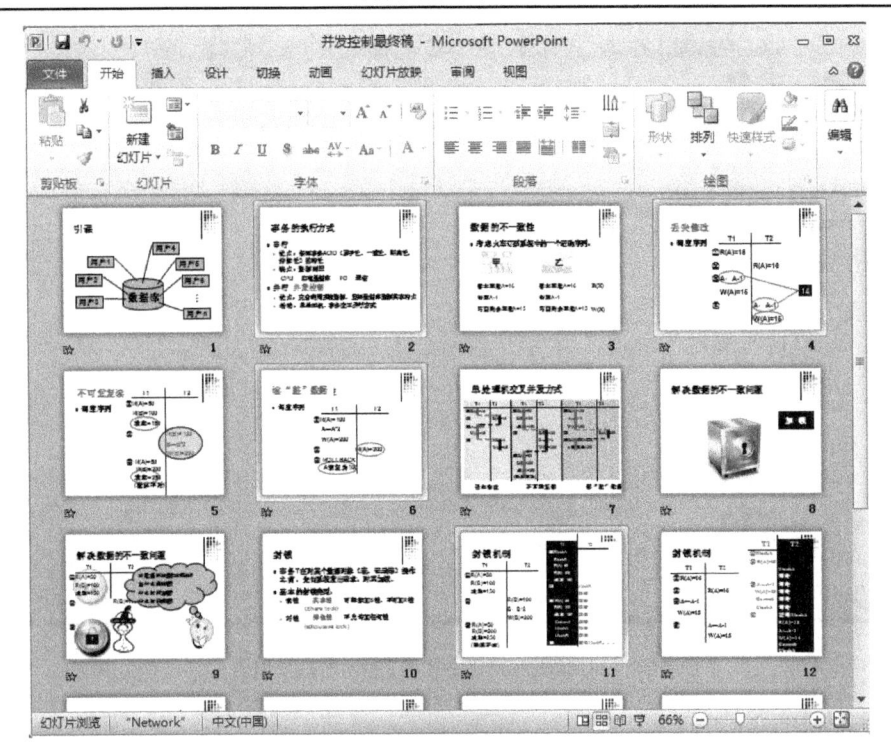

图 7-17　在幻灯片浏览视图下选定幻灯片

2. 插入幻灯片

在普通视图或者幻灯片浏览视图下，用户可以在任何一张幻灯片的前面或者后面插入新幻灯片，但在大纲视图下，插入的新幻灯片将出现在选定的幻灯片或者当前正在编辑的幻灯片的后面。在普通视图下插入新幻灯片的具体操作步骤如下：

（1）单击要插入幻灯片的位置，会出现一条水平的横线。

（2）在"开始"功能区"幻灯片"选项组中单击"新建幻灯片"按钮，从弹出的列表中选择一种版式，即可插入一张新的幻灯片，如图 7-18 所示。

3. 更改已有幻灯片的版式

如果要更改已有幻灯片的版式，可以按照下述步骤操作：

（1）选定更改版式的幻灯片。

（2）在"开始"功能区"幻灯片"选项组中单击"版式"按钮，在弹出的列表中选择一种新版式，即可快速更改当前幻灯片的版式，如图 7-19 所示。

4. 删除幻灯片

用户可以删除演示文稿中没有用的幻灯片，便于对演示文稿的管理。删除幻灯片的方法有以下几种：

（1）右击要删除的幻灯片，在弹出的快捷菜单中选择"删除幻灯片"命令将幻灯片删除。

（2）选择要删除的幻灯片，按 Delete 键。

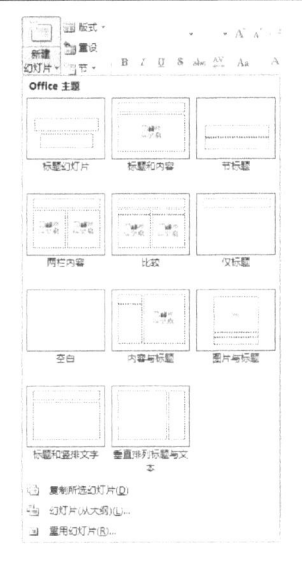

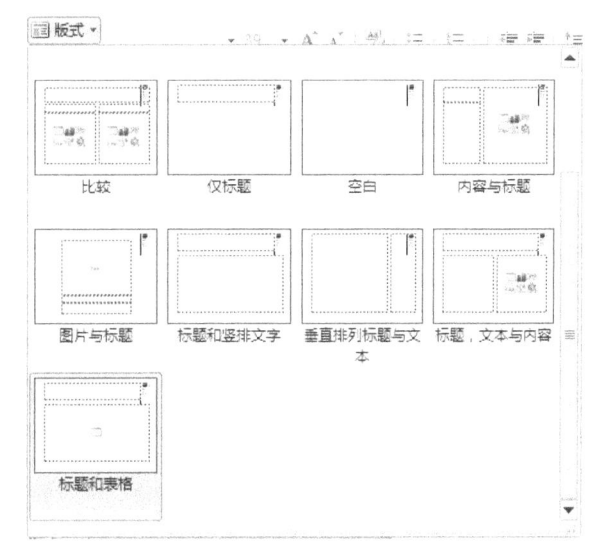

图 7-18　插入新幻灯片　　　　　　　　　图 7-19　更改已有幻灯片的版式

5. 调整幻灯片的顺序

在幻灯片浏览视图中可以方便地调整幻灯片的顺序，操作步骤如下：
(1) 在幻灯片浏览视图中，选定要移动的幻灯片。
(2) 按住鼠标左键拖动，拖动时会出现一个竖线表示选定幻灯片将要放置的新位置。
(3) 释放鼠标左键，选定的幻灯片将出现在插入点所在位置。
另外，也可以使用"剪切"和"粘贴"操作来实现幻灯片位置的调整。

6. 复制幻灯片

制作演示文稿的过程中，可能有几张幻灯片的版式和背景等都是相同的，只是其中的部分文本不同而已。这时可以复制幻灯片，再对复制后的幻灯片进行修改。

在幻灯片浏览视图中实现复制操作的操作步骤如下：
(1) 在幻灯片浏览视图中，选定要复制的幻灯片。
(2) 按住 Ctrl 键，然后按住鼠标左键拖动选定的幻灯片。
(3) 拖动时会出现一个竖线表示选定幻灯片复制后放置的新位置。
(4) 释放鼠标左键，再松开 Ctrl 键，选定的幻灯片将被复制到目标位置。

7.3.2　文本的基本操作

文字是构成幻灯片的一个基本对象，也是演示文稿中最重要的组成部分。一张幻灯片或多或少都有一些文字信息，人们也经常利用幻灯片中的文字信息来表达自己的观点和思想，合理地组织文字对象可以使幻灯片更好地传达信息。

1. 输入文本

在幻灯片的文本占位符中可以直接输入文本，如果要在占位符以外的其他位置输入文本，必须先插入一个文本框，然后在文本框中输入文字。

1）在占位符中输入文本

创建一个空演示文稿后，系统会自动插入一张标题幻灯片。在该幻灯片中，共有两个虚线框，这两个虚线框都称为占位符，在占位符显示提示文本"单击此处添加标题"和"单击此处添加副标题"的字样。要为幻灯片添加标题，则单击标题占位符，占位符中将出现一个闪烁的插入点，接下来就可以输入文字了。只要是在占位符中输入文本都可以按照上述操作执行。

2）使用文本框输入文本

要在占位符之外的位置输入文本，可以在幻灯片中先插入文本框。切换到功能区的"插入"选项卡，单击"文本"选项组中的"文本框"按钮，此时有两种方法可以插入文本框：

（1）在幻灯片上要输入文本的位置直接单击。使用这种方式插入的文本框在输入文本时将自动适应键入文字的长度，不会自动换行，按 Enter 键可以输入新的文本行，文本框也将随着输入文本行数的增加而自动扩大。

（2）在幻灯片上要输入文本的位置拖动鼠标绘制文本框。使用这种方式插入的文本框，当输入文本到达文本框的右边沿时，文本会自动转到下一行。在输入过程中按 Enter 键可以输入新的段落，文本框也会随着输入文本行数的增加而自动扩大。

2．设置文本格式

幻灯片中文本的格式设置与 Word 中相同。选定文本后执行功能区中"开始"选项卡中的"字体"选项组，利用里面的命令按钮完成字体、字形、字号、文字效果、颜色等的设置。

3．设置段落格式

幻灯片中基本的段落格式设置与 Word 中相同，如对齐方式、行距和段间距、换行规范、项目符号和编号的设置，可以执行功能区中"开始"选项卡"段落"选项组中的命令来完成设置。

7.3.3 SmartArt 图形的编辑

PowerPoint 2010 提供了丰富多彩的内容占位符，如图 7-20 所示。通过内容占位符，用户可以方便地完成插入表格、图表、SmartArt 图形、图片、剪贴画和媒体剪辑操作，其中插入表格、图片、图表、剪贴画的具体操作方法与 Word 相同，请参考前面的内容，这里就不再重复介绍了。

SmartArt 翻译为"精美艺术"，用于在文档中演示流程、层次结构、循环或者关系。在演示文稿中根据需要使用适当的 SmartArt 图形可以生动、形象、直观地表达出我们想要的内容。SmartArt 图形包括列表、流程、循环、层次结构、关系、矩阵、棱锥图和图片等。下面就以插入一个层次结构的图形来说明 SmartArt 的基本用法。

（1）单击内容占位符中的"插入 SmartArt 图形"按钮，或者单击"插入"功能区"插图"选项组中的"SmartArt"按钮，都会弹出"选择 SmartArt 图形"对话框，如图 7-21 所示，这就是内置的 SmartArt 图形库。

图 7-20　内容版式

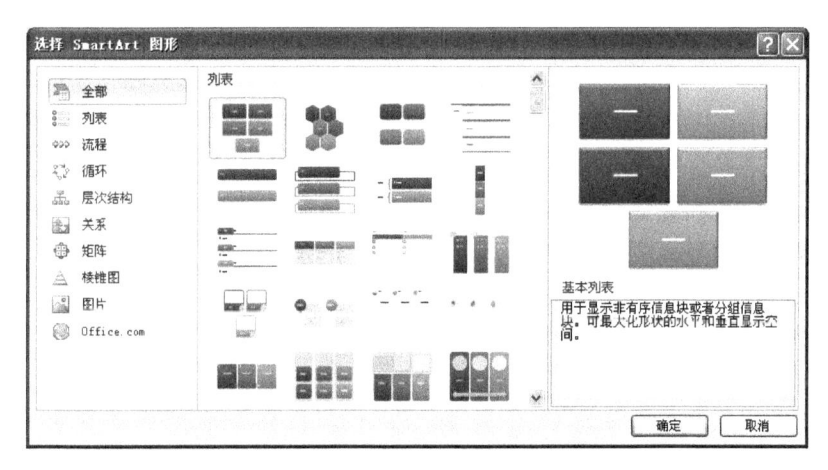

图 7-21　选择 SmartArt 图形

(2) 在左侧窗口中选择"层次结构",中间窗口会显示"层次结构"中所有子类型,从中选择子类型"层次结构",如图 7-22 所示,单击"确定"按钮完成插入。

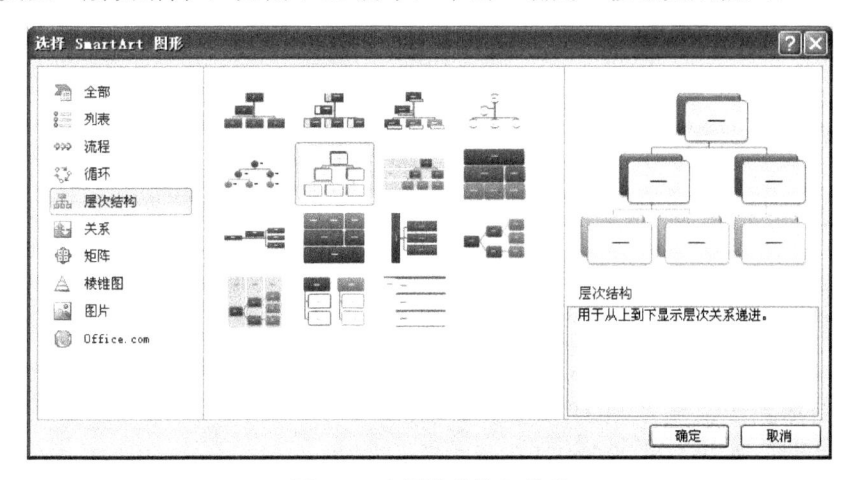

图 7-22　"层次结构"类型

（3）插入"层次结构"图后，会弹出"在此键入文字对话框"，用户可以在里面编辑各层次文本内容，如图 7-23 所示。在相应文本位置右击会弹出升降级提示，如图 7-24 所示，层级的变化会立刻在幻灯片中的图表显示出来。

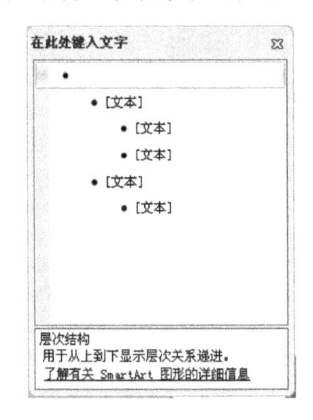

图 7-23 "在此键入文字"窗格　　　　图 7-24 右击快捷菜单

（4）选中 SmartArt 图形，功能区中出现"SmartArt 工具"功能区，下面分为"设计"与"格式"两大功能区。在"设计"功能区中（图 7-25），可以对图表的色彩风格以及布局进行设置；在"格式"功能区中（图 7-26），可以改变各个区块的大小，进行图形区内的文字格式的填充、修改和改变形状效果等，应有尽有，丰富多彩。操作方法沿用 Word 的特点，只要鼠标指针移至模板上方就可以看到效果，十分方便。

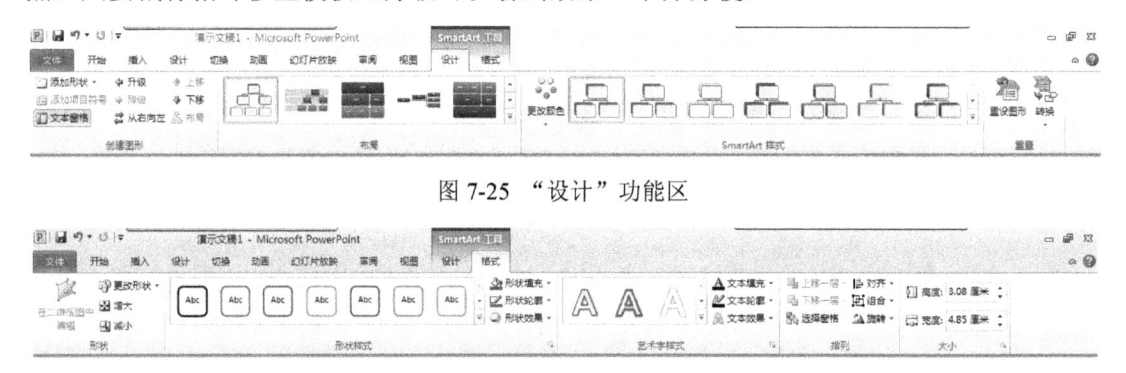

图 7-25 "设计"功能区

图 7-26 "格式"功能区

7.3.4 声音和影片的编辑

1. 插入音频文件

在演示文稿中适当地添加声音能够吸引观众的注意力，增加新鲜感。PowerPoint 2010 支持很多格式的音频文件，包括最常见的 MP3 音乐文件（MP3）、Windows 音频文件（WAV）、Windows Media Audio 文件（WMA）以及其他类型的声音文件。

在幻灯片中添加音频文件的步骤操作如下：
（1）切换到需要插入声音的幻灯片。
（2）单击"插入"功能区"媒体"选项组中的"音频"按钮，即可弹出"插入音频"

对话框，用户可以将准备好的音频文件插入幻灯片。亦可单击"音频"按钮下方的下拉列表按钮，从弹出的下拉列表中选择一种插入音频的方式，如图 7-27 所示。

① 文件中的音频：在打开的对话框中指定要插入的声音文件。

② 剪贴画音频：插入来源于剪辑管理器中的声音，就像插入"剪贴画"一样。

③ 录制音频：打开"录音"对话框，对要录制的声音进行命名，然后单击"录制"按钮。

图 7-27 "音频"下拉列表

(3) 幻灯片中会出现一个插入声音图标和播放控制条。

(4) 选定音频图标，功能区中出现"音频工具"功能区，下面分为"格式"与"播放"两大功能区。在"格式"功能区中(图 7-28)，可以对声音图标的颜色、艺术效果、图形样式等进行设置；在"播放"功能区中(图 7-29)，可以对音频文件进行剪辑、设置其的播放方式，使得声音文件更好地烘托幻灯片内容。

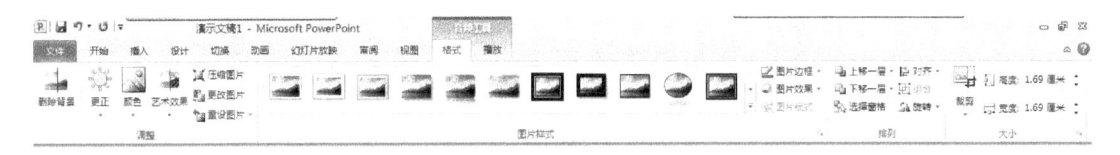

图 7-28 "格式"功能区

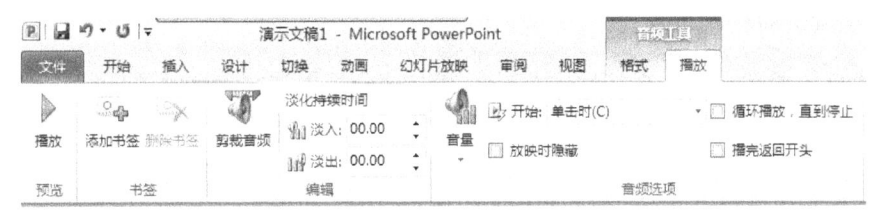

图 7-29 "播放"功能区

2. 插入视频文件

添加视频文件可以为演示文稿增添活力。视频文件包括最常见的 Windows 视频文件(AVI)、影片文件(MPG 或 MPEG)、Windows Media Video 文件(WMV)以及其他类型的视频文件。

插入视频文件的方法与插入声音的方法类似，这里不再赘述。

7.4 演示文稿的美化

7.4.1 使用母版

所谓幻灯片母版，实际上就是一张特殊的幻灯片，它可以被看做是一个用于构建幻灯片的框架。在演示文稿中，所有的幻灯片都是基于其母版创建的。母版的更改会影响基于母版创建的演示文稿中的所有幻灯片。单击"视图"功能区"母版视图"选项组中的"幻灯片母版"按钮,即可切换到幻灯片母版视图,如图 7-30 所示。下面介绍几种常用的设计母版内容的方法。

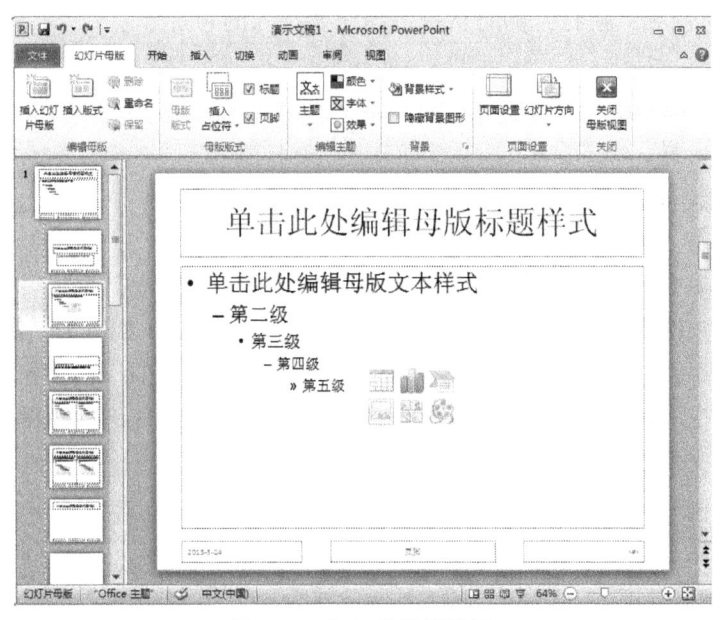

图 7-30 幻灯片母版视图

1. 更改所有的标题格式

幻灯片母版通常含有一个标题占位符,其余部分根据选择的版式不同,可能是文本占位符或者内容占位符。在标题占位符中单击"单击此处编辑母版标题样式"字样,即可激活标题区,选定其中的提示文字,就可以改变其格式,如字体、字号、文字颜色等。

注意:使用上述方法,也可以更改所有的文字格式。

2. 为全部幻灯片贴上 Logo 标志

用户可以在母版中加上任何对象(如图片、图形等),使每张幻灯片中都能自动出现该对象。向母版中插入 Logo 的具体操作步骤如下:

(1) 在幻灯片母版中,插入图片、图形或剪贴画等,对插入内容的大小和位置进行调整,如图 7-31 所示。

(2) 单击"幻灯片母版"功能区中"关闭幻灯片母版视图"按钮。

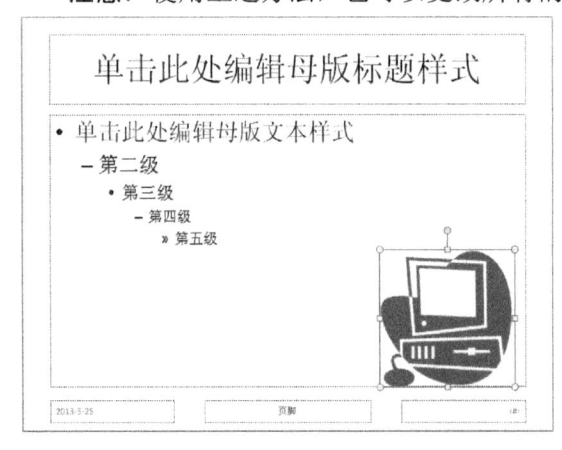

图 7-31 在母版中插入 Logo

7.4.2 设置幻灯片背景

制作幻灯片时,默认的背景颜色是白色,看起来非常单调,可以给每张幻灯片加上不同的背景,制作出美观的演示文稿。但在一张幻灯片上只能使用一种背景类型。

给演示文稿中所有的幻灯片设置相同背景的操作步骤如下：

（1）打开要设置背景的演示文稿。

（2）切换到功能区中"设计"选项卡，在"背景"选项组中单击"背景样式"按钮，在弹出的下拉列表中选择一种背景样式，如图 7-32 所示。

如果系统自动提供演示文稿的背景样式不能满足用户的需要，用户可以给不同幻灯片自定义设置不同的背景格式，操作步骤如下：

（1）打开要设置背景的演示文稿，选定其中一张幻灯片。

（2）切换到功能区中"设计"选项卡，在"背景"选项组中单击"背景样式"按钮，在弹出的下拉列表中选择"设置背景格式"命令，弹出"设置背景格式"对话框，如图 7-33 所示。

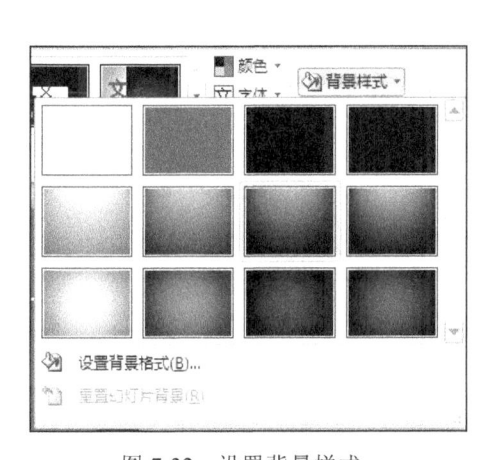

图 7-32　设置背景样式　　　　　　　　图 7-33　设置背景格式

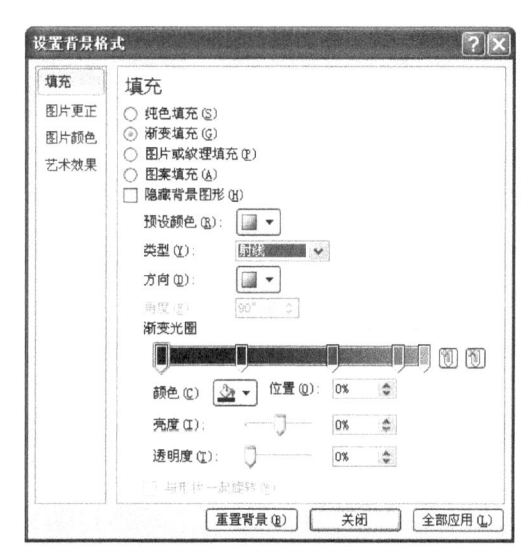

（3）在"设置背景格式"对话框中，可以进行填充、图片更正、图片颜色和艺术效果的设置。

（4）设置完毕后，单击"关闭"按钮，则只针对当前选定幻灯片设置背景格式。

（5）如果对设置效果不满意，可以单击"重置背景"按钮，恢复原状，也可以单击"全部应用"按钮将设置的效果应用到演示文稿的所有幻灯片中。

7.4.3　设置主题

PowerPoint 2010 提供了演示文稿的主题设置功能，方便用户快捷统一演示文稿的整体风格。具体操作步骤如下：

（1）打开要设置主题的演示文稿。

（2）切换到功能区中"设计"选项卡，在"主题"选项组中单击"其他"按钮，则会展开所有的主题，确定某一主题后，单击"确定"按钮，即可完成设置，如图 7-34 所示。

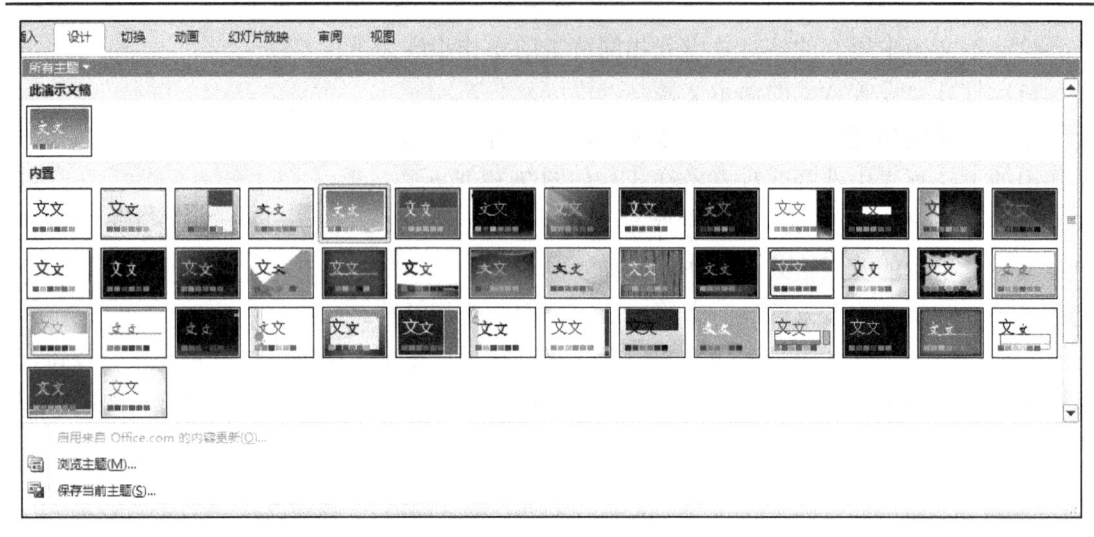

图 7-34 设置演示文稿的主题

7.5 幻灯片的动态效果设置

7.5.1 幻灯片的切换

幻灯片的切换效果是指在幻灯片放映时移走上一张幻灯片与显示本张幻灯片之间的变换效果,即换片效果。设置幻灯片的切换效果,具体操作步骤如下:

(1) 在普通视图左侧的"幻灯片"选项卡中,单击某个幻灯片缩略图。

(2) 选择"切换"功能区"切换到此幻灯片"选项组中的一个幻灯片切换效果。如果要查看更多的切换效果,可以单击"快速样式"列表右下角的"其他"按钮,弹出的下拉列表如图 7-35 所示。

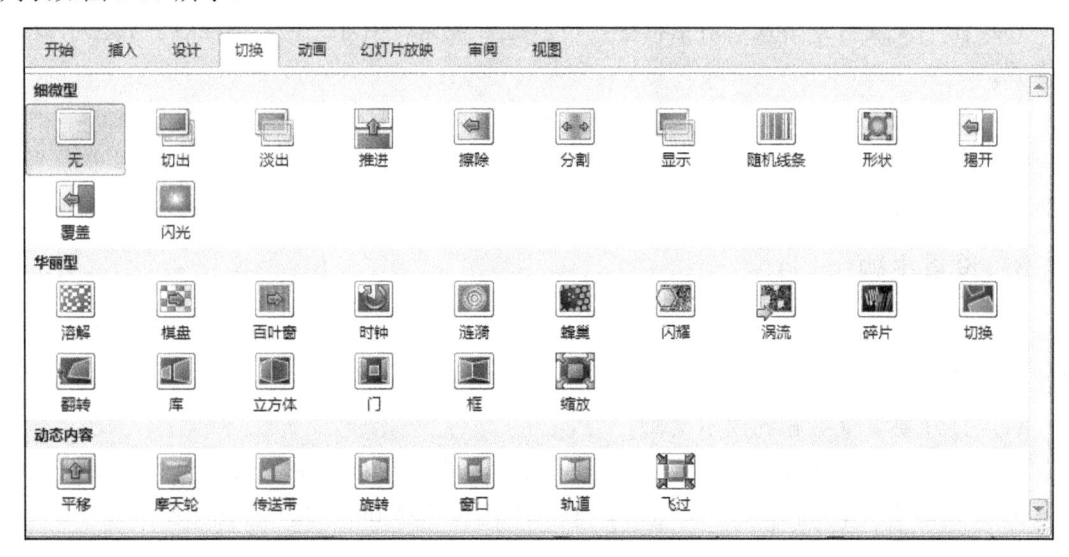

图 7-35 选择幻灯片的切换效果

(3) 在"计时"选项组中可以分别设置幻灯片切换效果的速度、声音和换片方式。在"持续时间"文本框中输入幻灯片切换的速度值;在"声音"下拉列表中选择幻灯片换页时的声音;在"换片方式"中设置幻灯片切换的换页方式,如"单击鼠标时"或"设置自动换片时间";如果单击"全部应用"按钮,则会将切换效果应用于整个演示文稿,如图 7-36 所示。

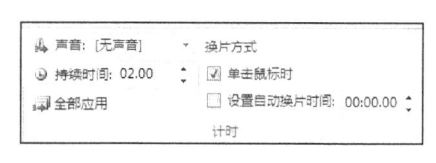

图 7-36 "计时"选项组

7.5.2 动画效果的设置

1. 快速创建基本的动画

PowerPoint 2010 提供了"标准动画"功能,可以快速创建基本的动画。具体操作步骤如下:

(1) 在普通视图中,选定要制作动画效果的文本或对象。
(2) 在"动画"功能区"动画"选项组中选择需要的动画效果,如图 7-37 所示。

图 7-37 快速创建基本的动画效果

2. 使用自定义动画

如果用户对标准方案不太满意,还可以为幻灯片的文本和对象自定义动画。PowerPoint 中动画效果的应用可以通过"自定义动画"任务窗格来完成,操作过程简单,可供选择的动画样式多样化。

为幻灯片中的文本和其他对象设置动画效果的具体操作步骤如下:

(1) 在普通视图中,选定要制作动画效果的文本或对象。
(2) 单击"动画"功能区"高级动画"选项组中的"添加效果"按钮,弹出"添加效果"下拉列表,根据需要选择为某个过程添加动画效果,如图 7-38 所示。
(3) 如果"进入"选项中列出的动画效果不能满足用户要求,则单击"更多进入效果"命令,弹出"添加进入效果"对话框,从里面选择一种需要的动画效果,如图 7-39 所示。
(4) 选中"添加进入效果"对话框中的"预览效果"复选框,可以立即预览选择的动画效果。
(5) 单击"确定"按钮,完成进入效果的添加。

同样的方式还可以给同一对象添加强调效果、退出效果及动作路径,操作方法与添加进入效果类似。

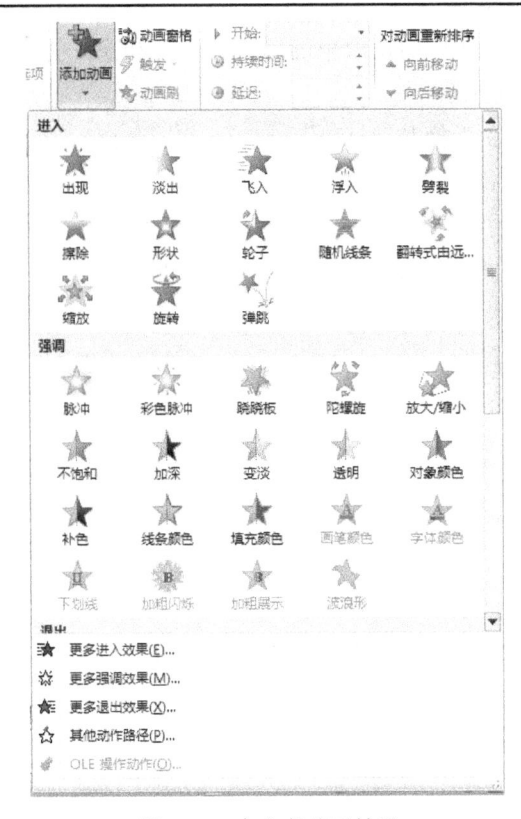

图 7-38　自定义动画效果　　　　　　　图 7-39　"添加进入效果"对话框

7.5.3　超链接

幻灯片的切换只能满足按照创建顺序依次切换幻灯片，用户如果希望实现从一张幻灯片直接切换到任意一张幻灯片，就需要使用超链接功能。超链接不仅可以完成幻灯片内部的任意切换，也可以链接到其他文件，方便用户在幻灯片放映过程中，引用其他文档，实现一定的交互功能。在 PowerPoint 2010 中，超链接可以建立在幻灯片中出现的多种对象上，如文字、图形、图像等。设置超链接的具体操作步骤如下：

（1）在普通视图中，选定要制作超链接的文本或对象。

（2）单击"插入"功能区"链接"选项组中的"超链接"按钮，弹出"插入超链接"对话框。如图 7-40 所示，链接到的位置有四种情况。

① 现有文件或网页：查找的范围可以是当前文件夹、浏览过的网页和最近使用过的文件。

② 本文档中的位置：选择当前演示文稿中的任意一张幻灯片。

③ 新建文档：需要指定新建文档的名称以及保存的完整路径。

④ 电子邮件地址：需要指定电子邮件的地址、主题等。

（3）对于完成超链接设置的对象，可以通过"动作设置"命令来重新指定链接目标，单击"链接"选项组中的"动作"按钮，弹出"动作设置"对话框，如图 7-41 所示，在对话框中可以设置"单击鼠标时的动作"以及是否播放声音。

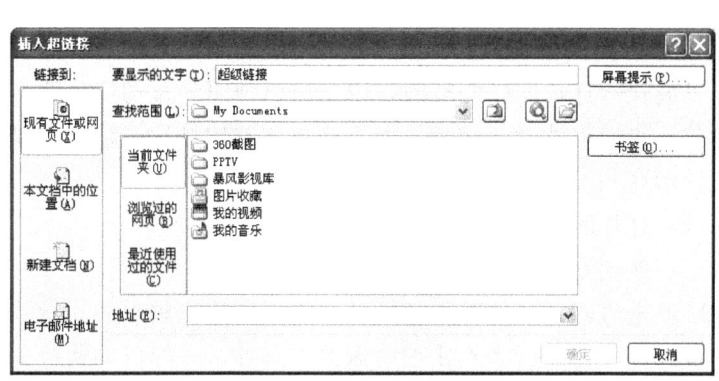

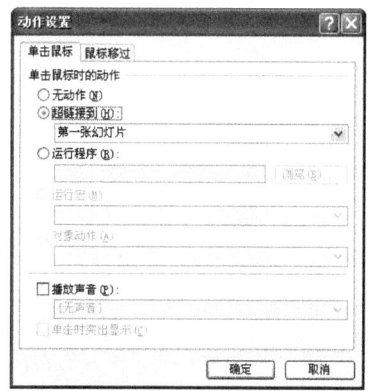

图 7-40 "插入超链接"对话框　　　　图 7-41 "动作设置"对话框

7.6　演示文稿的放映、打包与打印

7.6.1　演示文稿的放映设置

1. 设置放映方式

默认情况下，演示者需要手动放映演示文稿，即通过按任意键完成从一张幻灯片切换到另一张幻灯片的动作。除了手动放映之外，还可以设置自动播放演示文稿，即一张幻灯片播放后自动切换到下一张幻灯片。

单击"幻灯片放映"功能区"设置"选项组中的"设置幻灯片放映"按钮，出现如图 7-42 所示的"设置放映方式"对话框。

用户可以按照不同场合运行演示文稿的需要，选择三种不同的方式放映幻灯片：演讲者放映(全屏幕)、观众自行浏览(窗口)及在展台浏览(全屏幕)。

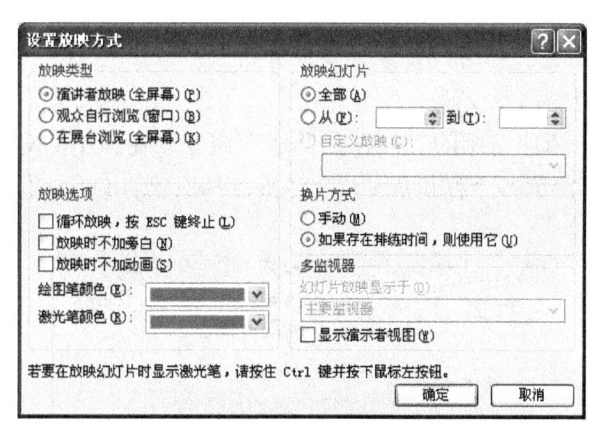

图 7-42　设置放映方式

2. 选择起始放映位置

在"幻灯片放映"功能区"开始放映幻灯片"选项组中列出了"从头开始"和"从当前幻灯片开始"两种方式，用户可以根据具体需要选择合适的起始放映位置。

3. 隐藏幻灯片

如果放映幻灯片的时间有限，用户可以使用隐藏幻灯片的方法，将某几张幻灯片隐藏起来，而不必将这些幻灯片删除。如果要重新显示这些幻灯片时，只需要取消隐藏即可。

隐藏幻灯片的操作步骤如下：

（1）切换到幻灯片浏览视图中。

（2）单击"幻灯片放映"功能区"设置"选项组中的"隐藏幻灯片放映"按钮，或者右击要隐藏的幻灯片，在弹出的快捷菜单中选择"隐藏幻灯片"命令。

（3）此时，在幻灯片右下角的编号上出现一个斜线方框，如图 7-43 所示。

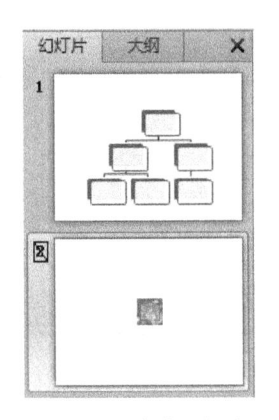

图 7-43　隐藏幻灯片

如果要显示被隐藏的幻灯片，可以右击该幻灯片，在弹出的快捷菜单中再次选择"隐藏幻灯片"命令。

4. 启动幻灯片放映

在 PowerPoint 程序中打开演示文稿后，启动幻灯片放映的操作方法有以下几种：

（1）单击"视图"选项卡中的"幻灯片放映"按钮。

（2）单击"幻灯片放映"选项卡中的"从头开始"按钮。

（3）按 F5 键。

7.6.2　演示文稿的打包

PowerPoint 提供演示文稿打包功能，有效解决用户不能在尚未安装 PowerPoint 程序的机器上正常播放 PowerPoint 演示文稿的尴尬。所谓打包，就是指将与演示文稿有关的各种文件都整合到同一个文件夹中，只要将这个文件夹复制到其他计算机中，启动其中的播放程序，就可以正常播放演示文稿。具体操作步骤如下：

（1）打开准备打包的演示文稿。

（2）单击"文件"选项卡中的"保存并发送"命令，在弹出的对话框中选择"将演示文稿打包成 CD"命令，单击"打包成 CD"按钮，弹出"打包成 CD"对话框，如图 7-44 所示，各选项功能如下。

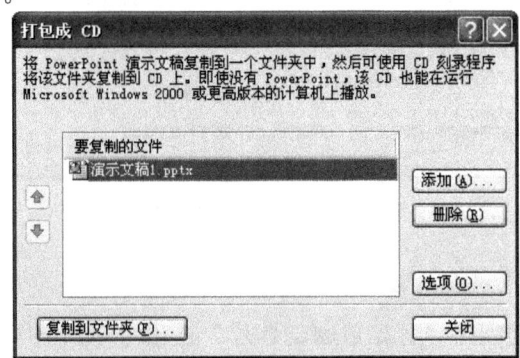

图 7-44　"打包成 CD"对话框

①"添加"与"删除"按钮：在"要复制的文件"列表框中加入新文件或删除列表框中已有文件。

②"选项"按钮：单击该按钮弹出"选项"对话框，如图 7-45 所示，可以设置演示文稿打开和修改权限以及在打包过程中是否包含链接文件和字体，默认是选中状态。

③"复制到文件夹"按钮：单击该按钮弹出"复制到文件夹"对话框，如图 7-46 所示，用于设置文件夹名称和保存位置。

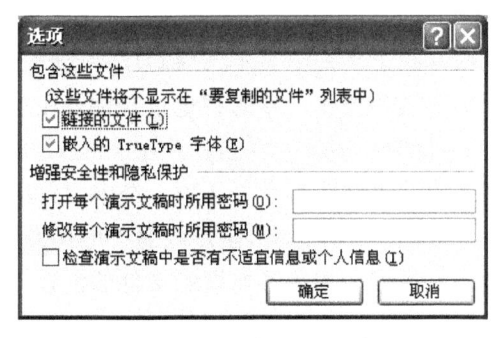

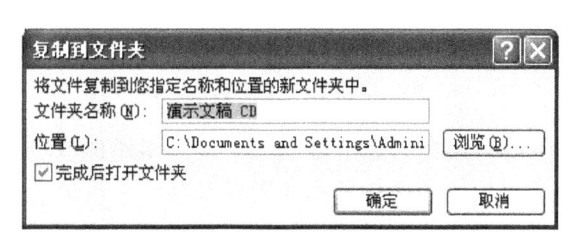

图 7-45 "选项"对话框　　　　　图 7-46 "复制到文件夹"对话框

7.6.3 将演示文稿创建为视频文件

在 PowerPoint 2010 中新增了将演示文稿转变为视频文件功能，能够将当前演示文稿创建为一个全保真视频文件，其中可以包含所有录制计时、旁白和激光笔，还能包括幻灯片放映中未隐藏的所有幻灯片，并保留动画、转换和媒体等。创建视频所需的时间根据演示文稿的长度和复杂度而定。将当前演示文稿创建为视频的操作步骤如下。

（1）打开准备创建视频的演示文稿。

（2）单击"文件"选项卡中的"保存并发送"命令，在弹出的窗口中选择"创建视频"命令。

（3）在右侧的"创建视频"选项中，单击"计算机和 HD 显示"选项，在弹出的下拉列表中选择视频文件的分辨率，如图 7-47 所示。

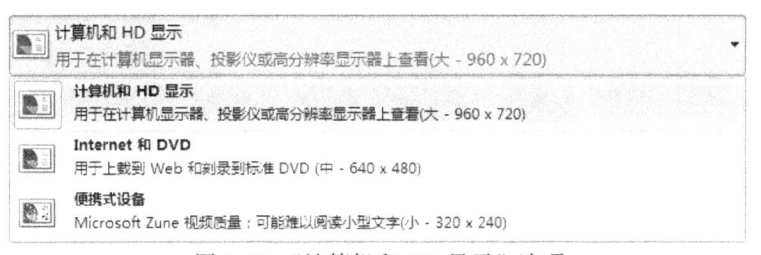

图 7-47 "计算机和 HD 显示"选项

（4）如果要在视频文件中使用计时和旁白，则单击"不要使用录制的计时和旁白"选项，在弹出的下拉列表中选择"录制计时和旁白"选项，如图 7-48 所示。如果已经为演示文稿添加过计时和旁白，则可选择"使用录制的计时和旁白"选项。

（5）选择"录制计时和旁白"选项后，弹出"录制幻灯片演示"对话框，如图 7-49 所示，选中"幻灯片和动画计时"和"旁白和激光笔"复选框，单击"开始录制"按钮。

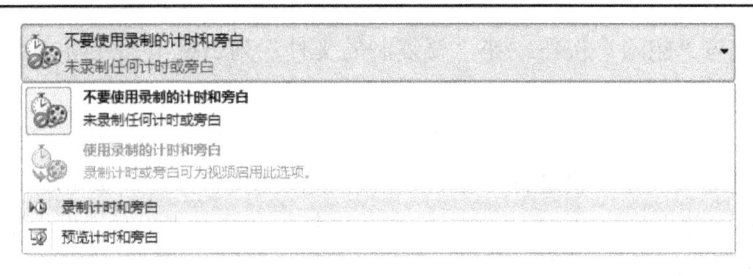

图 7-48 "不要使用录制的计时和旁白"选项

（6）进入幻灯片放映状态，弹出"录制"工具栏，在工具栏中显示当前幻灯片放映的时间，用户可以进行幻灯片切换，完成整个演示文稿的放映过程。期间将记录演讲者在整个放映过程中的所有操作。

（7）完成幻灯片演示录制后，在"文件"选项卡中的"创建视频"选项下选中"使用录制的计时和旁白"选项，单击"创建视频"按钮，如图 7-50 所示，在弹出的"另存为"对话框中输入文件名称并选择保存位置，单击"确定"按钮，即可开始视频文件的创建。

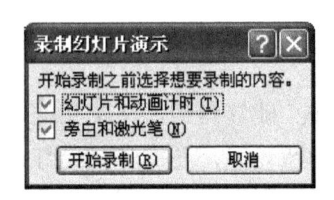

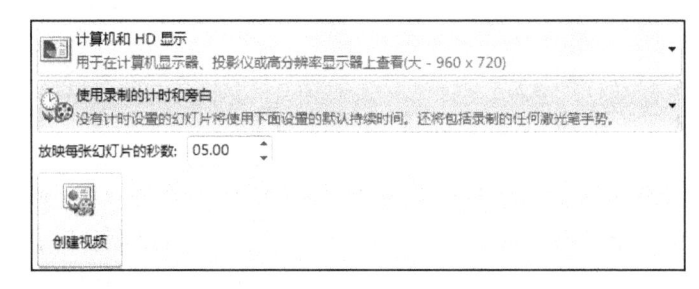

图 7-49 "录制幻灯片演示"对话框　　　图 7-50 "使用录制的计时和旁白"选项

（8）在 PowerPoint 2010 的状态栏中，会显示创建视频文件的进度，如图 7-51 所示。完成制作视频文件的进度后，即可在保存位置看到将演示文稿创建为视频后的视频文件，双击就可以播放了。

图 7-51 正在创建视频文件

7.6.4 演示文稿的打印

1. 打印设置

要打印演示文稿,单击"文件"功能区中的"打印"命令,出现"打印"对话框,在这里可以设置打印份数、打印范围、页眉页脚等,根据需要设置好后,单击"打印"按钮。

2. 页眉页脚的设置

打印前用户可以设置演示文稿中幻灯片的页眉和页脚,单击图 7-52 中右下角的"编辑页眉和页脚"超链接,弹出"页眉和页脚"对话框,如图 7-53 所示。用户可以根据实际需要设置在幻灯片上显示的内容,如日期和时间、幻灯片编号和页脚等。"预览"窗口会使用黑色填充的方式标识用户所选内容。单击"应用"按钮,设定内容只限于当前幻灯片;单击"全部应用"按钮设定内容应用于演示文稿中的所有幻灯片。

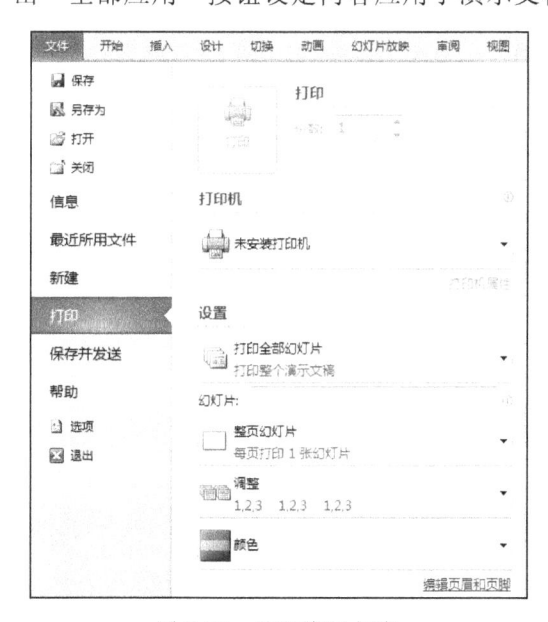

图 7-52 打印演示文稿

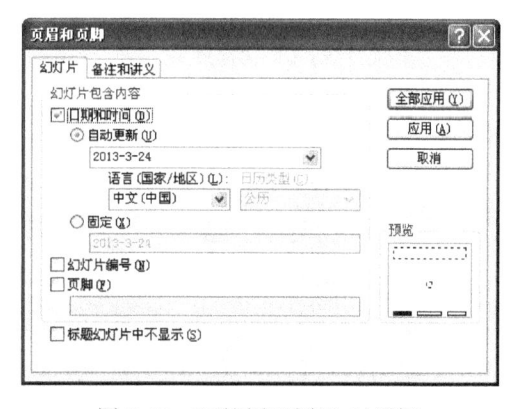

图 7-53 "页眉和页脚"对话框

3. 幻灯片的起始位置

幻灯片编号默认从首页开始显示,起始值为 1,如果要使幻灯片编号开始为第二张幻灯片而不是标题幻灯片,或者起始值不为"1",则需要设置幻灯片的起始位置。单击"设计"功能区"页面设置"选项组中的"页面设置"命令,弹出如图 7-54 所示的"页面设置"对话框,在里面可以设置幻灯片的大小、方向及幻灯片编号的起始值等。

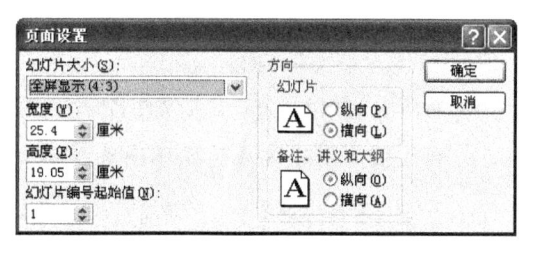

图 7-54 "页面设置"对话框

习 题

1. 选择题

(1) 下列关于演示文稿的说法，错误的是（　　）。
① 制作演示文稿就是将各种信息用电子幻灯片的形式予以播放
② 一个演示文稿中可以包含多张幻灯片
③ 保存演示文稿中的幻灯片时，需要一张一张地保存
④ 保存演示文稿中的幻灯片时，可以使用 Ctrl＋S 组合键

(2) 进行幻灯片的插入、移动、复制和删除操作，在（　　）下最容易实现。
① 大纲视图　　② 幻灯片视图　　③ 幻灯片浏览视图　　④ 幻灯片放映视图

(3) 关于幻灯片中的动态效果，下列说法中错误的是（　　）。
① 幻灯片中的一个对象可以设置多个动画效果
② 一张幻灯片只能设置一种切换效果
③ 幻灯片的切换效果出现在该幻灯片中所有的对象动画效果之前
④ 要查看一张幻灯片中的所有动态效果，只能在幻灯片放映视图下才能看到

(4) 下列（　　）操作能在"幻灯片放映"功能区中完成。
① 设置幻灯片切换效果　　　　② 设置超链接
③ 放映幻灯片　　　　　　　　④ 打包演示文稿

(5) 下列说法中，错误的是（　　）。
① 通过自定义放映设置，可以只放映演示文稿中的某几张幻灯片
② 可以在幻灯片中的图片、文字、动作按钮上创建超链接
③ 将幻灯片放映方式设置为"在展台浏览"后，放映幻灯片时仍可以通过单击鼠标换页
④ 在未安装 PowerPoint 的计算机上也可以运行打包了的演示文稿

2. 使用模板创建"策略推荐"演示文稿

(1) 启动 PowerPoint 2010，单击"文件"选项卡中的"新建"命令，在弹出的窗口中选择"Office.com 模板"区域中单击"PowerPoint 演示文稿和幻灯片"选项，在显示的新窗口中单击中间列表框中的"商务"选项，如图 7-55 所示。

(2) 打开"商务"模板，从中选择"策略推荐演示文稿"选项，单击"下载"按钮，如图 7-56 所示。

(3) 下载完毕后根据模板新建演示文稿，如图 7-57 所示，根据需要修改演示文稿幻灯片中的相应内容，即可快速新建图文并茂的演示文稿。

(4) 将演示文稿保存在 D 盘，文件名为：学号+姓名_，如 121651001 张小亮_策略推荐.pptx。

3. 制作立体圆球效果的循环图表演示文稿

(1) 新建一个空白演示文稿，将演示文稿保存在 D 盘，文件名为：学号+姓名_立体圆球.pptx。

(2) 设置幻灯片版式为"仅标题"版式，输入标题"立体圆球效果的循环图表"。

(3) 插入形状"同心圆"，调整同心圆的角度、厚度及大小，设置一种渐变填充效果，如图 7-58 所示。

图 7-55 "PowerPoint 演示文稿和幻灯片"对话框

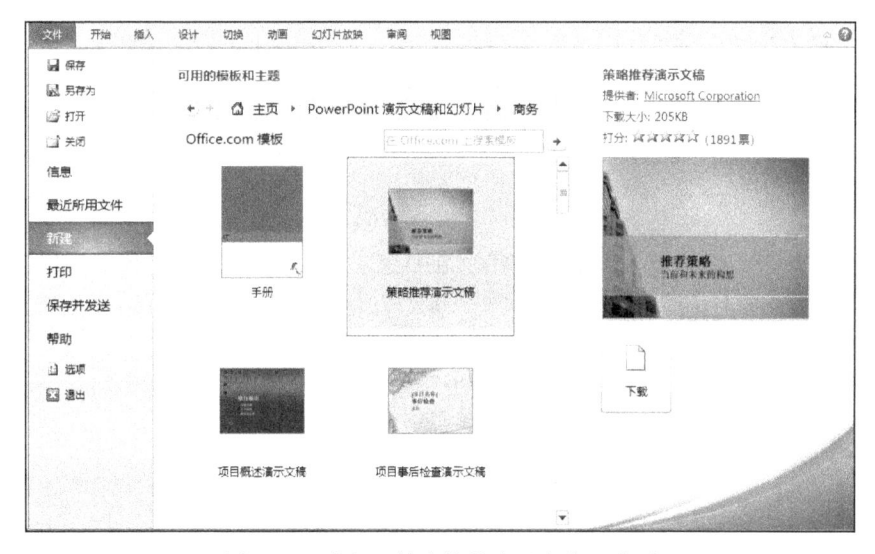

图 7-56 选择"策略推荐演示文稿"选项

图 7-57 根据模板新建演示文稿

(4) 插入形状"椭圆",按住 Shift 键绘制正圆,设置其填充效果为一种渐变填充效果,"类型"为"射线","方向"为"中心辐射",并设置其具有透视效果,复制多个制作好的立体圆球,放在同心圆轨道上,并设计不同颜色,如图 7-59 所示。

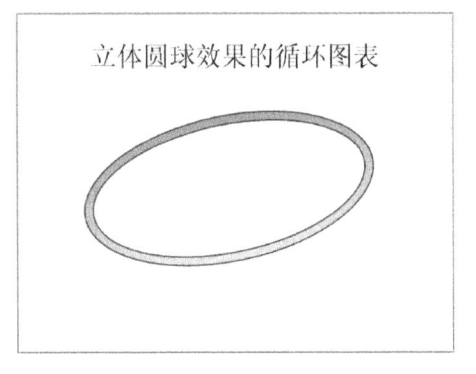

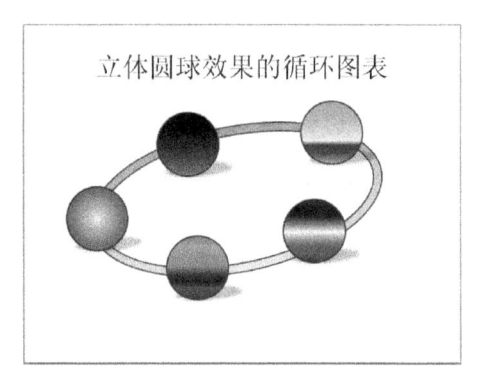

图 7-58　绘制同心圆　　　　　　图 7-59　绘制立体圆球

(5) 绘制一条直线与带箭头的线条。
(6) 插入文本框,添加适当文本,最终效果如图 7-60 所示。

4. 制作动画演示文稿

(1) 新建一个空白演示文稿,将演示文稿保存在 D 盘,文件名为:学号+姓名_动画演示.pptx。
(2) 设置幻灯片版式为"标题和内容"版式,输入标题和文本内容,如图 7-61 所示。

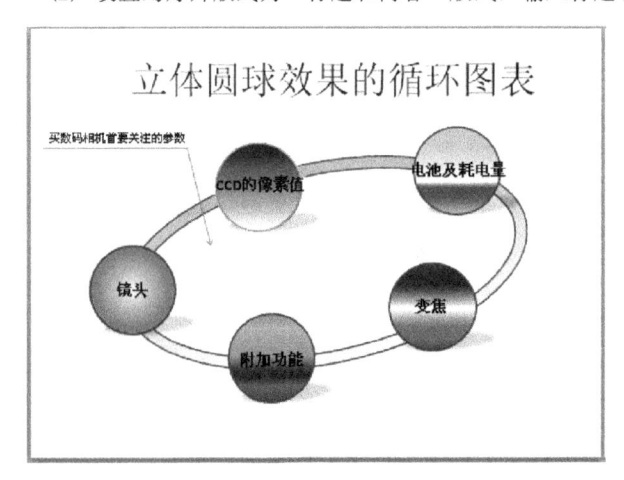

图 7-60　立体圆球效果的循环图表　　　图 7-61　标题和文本内容

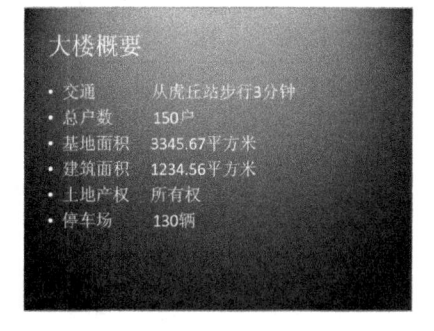

(3) 设置一种背景样式。
(4) 将文字正文区设置"进入"动画效果为"形状","效果"为"缩小","开始"为"上一动画之后","持续时间"为"02.25"。
(5) 设置幻灯片的切换效果为"擦除"。

第 8 章　高级语言程序设计基础

计算机在程序的控制下完成任务处理和过程控制，因此针对目标任务设计控制程序是计算机得以运行的基本前提。计算机最初产生的时候，程序是通过在纸带或卡片上打孔的方式编写而成的，使用的编程语言为机器能够直接识别的机器语言。随着计算机应用范围越来越广和硬件设备的多样化，为提高效率，程序员开始放弃使用机器语言，转而使用更高级的程序设计语言编写程序——从最初的汇编语言，再到种类繁多的高级程序设计语言；计算机程序的形态也十分丰富——小到智能手机上的应用程序(APP)，大到分布式运行在全球范围不同服务器上的大型企业应用管理系统等。本章主要以 C 语言为例，介绍高级语言程序设计的基础，目的是让用户初步认识程序设计的概念。

8.1　高级语言程序设计简介

8.1.1　程序设计语言的发展

1. 机器语言

计算机程序设计语言产生的历史可追溯至 1801 年发明的提花织布机，用打孔卡上孔的排列组合代表缝纫机执行的动作，以便自动产生布匹上的图案。这种思想被后来的现代计算机程序设计所借鉴。最底层、直接面向计算机硬件起控制作用的计算机指令的集合为机器语言。机器语言可以看成控制计算机执行的一种编码。不同的中央处理器具有不同的机器语言指令集，能识别不同的机器语言指令。下面的这行取自 INTEL IA32 处理器的机器语言代码：

  01 05 64 94 04 08

这行代码是以十六进制形式表示的，由于计算机的底层能直接识别的指令为二进制，因此将上述代码写成二进制的形式为：

  00000001 00000101 01100100 10010100 00000100 00001000

这行代码所代表的意思是将一个数据加到地址编号为 0x8049464 的存储空间里存储的数值上。由此可见，机器语言非常难以直接理解。程序员使用机器语言编写程序需要将大量精力投入到指令书写方式和格式记忆上，并且还需要对计算机硬件很熟悉，这使得程序设计任务变得艰巨，效率低下。

2. 汇编语言

为了能够更为有效地设计计算机程序，将程序员从繁杂的指令书写记忆工作、编码工作中解脱出来，汇编语言便应运而生。汇编语言是一种低级计算机程序设计语言，是对机器语言的第一层抽象表示，是机器语言的符号化表示。上面的二进制代码，用汇编语言表示为：

```
add %eax,0x8049464
```

可见，对于"加法"，采用了"Add"的符号化表示。加到 0x8049464 地址空间内的那一个数来自于寄存器%eax。由此可见，使用了汇编语言以后，机器指令的记忆不再枯燥无味，指令的符号便于程序员理解掌握，这样，程序员可将更多精力投入到应用程序的编写上，提高了编程效率。

3. 高级程序设计语言的产生

由于汇编语言仅仅是对机器语言所做的第一层抽象，是对机器代码指令的直接符号化。其处理层次较低，仍然是面向机器硬件。这就造成了对于逻辑复杂的过程控制，使用机器语言编程实现起来较为麻烦，可读性差，兼容性也不够好。比如下面的这段汇编语言程序设计代码：

```
        movl    8(%ebp),%edx
        movl    12(%ebp),%eax
        compl   %eax,%edx
        jge     .L2
        subl    %edx,%eax
        jmp     .L3
.L2:
        subl    %eax,%edx
        movl    %edx,%eax
.L3:(done)
```

以上代码为汇编语言编写的程序代码，用于获取两个数的值(如 x 和 y)，存放到%edx 和%eax 两个寄存器中，比较%edx 和%eax 中存放的两个数的大小，然后返回两者的差值。在上面的代码中，使用了移动(movl)、比较(compl)、跳转(jge)和减法运算(subl)等多个汇编指令，完成此项功能。可见，使用汇编语言编写的程序代码，可读性相对机器语言来说大有提升，但是总体上，仍然不够直观，需要程序员更多地面向机器指令去思考问题。

随着计算机程序设计语言的发展和应用，如何能够快速编写可读性好的计算机程序变得越来越重要。这时高级计算机程序设计语言陆续产生了。高级程序语言具有可读性高、跨平台性好等特点。C 语言是高级程序语言的代表。这是一种非常著名、用途非常广泛的计算机编程语言。用 C 语言实现以上代码所述功能，所编写的代码为：

```
int absdiff(int x,int y)
{
  if(x < y)
      return y-x;
  else
      return x-y;
}
```

可见，存放在%edx, %eax 中的数据用 x 和 y 代替，x 和 y 之间的大小比较用 if 语句实现，计算两者之间的差用 x-y 的形式实现，这些符号表示很符合人类使用的自然语言和符号表示习惯，因此代码的可读性更好了。

不同的高级程序设计语言具有不同的特点，都有适合各自的应用领域。有传统的面向过程的程序设计语言，也有思想更为新颖的面向对象的程序设计语言。在程序设计领域，很多种高级程序设计语言都在发挥作用，如 BASIC、PASCAL、C/C++、JAVA、PYTHON 等[①]。

8.1.2 算法及其描述

算法(Algorithm)是指完成一个任务所需要的具体步骤和方法。也就是说给定初始状态或输入数据，能够得出所要求或期望的终止状态或输出数据。

例如，给定一组无序的数据，将其按照从小到大的顺序排列起来。要实现最终的结果，需要编写计算机程序，采用一定的数据结构，经过一系列的处理步骤，将无序的数据变为有序。

```
19  10  90  16  3  58  31  22  11
```

一次冒泡排序的过程如图 8-1 所示。

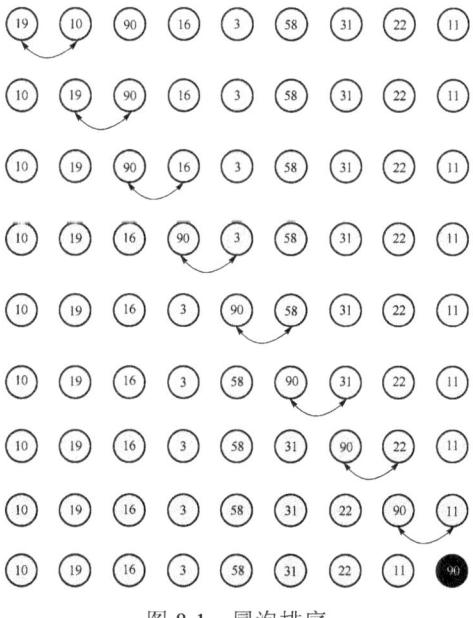

图 8-1 冒泡排序

由图 8-1 可以看到，每次冒泡排序结束，最大的数会冒出。第一次冒泡排序中，全部数据均参与比较。之后，参与冒泡排序的数是除掉已经挑出最大数之后的剩余数。以此类推，经过 $n-1$ 次冒泡排序(n 为被排序的数的个数)，可完成处理任务。

以 C 语言伪代码的形式描述的冒泡排序算法如下：

输入：无序的 n 个数 a[0], a[1], ⋯, a[n−1]。

输出：n 个数有序(升序)的排列 a[0], a[1], ⋯, a[n−1]。

---

① 本节举例来自于《深入理解计算机系统》(Bryant 等著)。

```
for(j=n-1;j>=1;j--)//共 n-1 次冒泡，每次参与排序的数目递减 1
    for(i=0;i<j-1;i++)//每次冒泡均从第一个数开始进行比较
    {
        if(a[i]>a[i+1])//相邻的两个数中，如果大的数在前面，则交换使得大数排在后面
        {
            t=a[i];
            a[i]=a[i+1];
            a[i+1]=t;
        }
    }
```

8.1.3 程序编译和链接过程

高级语言程序接近人类的认知习惯，使得程序员可以将更多精力投入到应用层面的问题设计和代码编写。但是另一方面，使用高级语言编写的计算机程序与机器能够直接识别的指令集合之间从形式上存在很大区别，从而导致计算机无法直接运行这种程序。因此，为了执行高级计算机语言编写的程序，需要一个将高级计算机语言程序翻译成计算机能够直接识别的机器代码的过程，这个过程即编译(Compile)和链接(Link)。

1. 编译的概念

将高级语言程序表示的程序代码翻译成目标机器能够识别的机器代码，但不产生可以运行的计算机程序，起到的作用仅仅是"翻译"高级语言。如果用户编写的计算机程序分别存储在多个文件中，将这多个文件各自翻译为对应的目标文件(扩展名为.o 或者.obj)。编译后的文件无法直接运行，需要经过"链接"阶段，生成可执行代码才能在计算机上运行。

2. 链接的概念

链接是将编译后的多个计算机目标代码文件合并连接在一起，组成一个可执行文件。这些计算机目标代码不仅仅包含程序员自己编写的，还包含一些存在于通用函数库内的目标代码。

C 语言源程序的实现与其他高级语言源程序的实现原理是一样的，一般分下述几个步骤(图 8-2)。

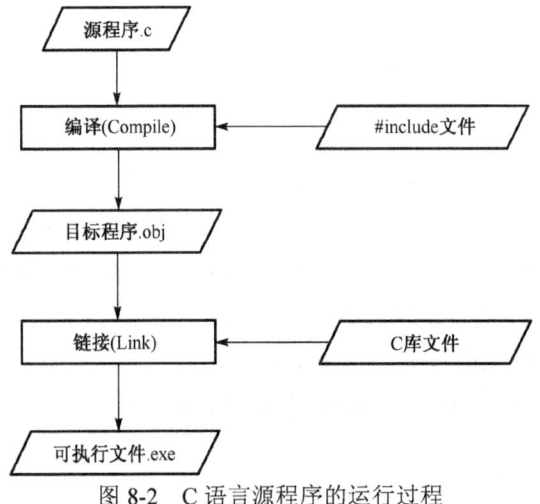

图 8-2 C 语言源程序的运行过程

8.2 数据类型、运算符与表达式

8.2.1 数据类型的概念

程序设计中处理的数据来源于现实世界，即对现实世界中信息进行抽象化描述以后按照计算机能够识别的格式进行编码后的信息。这些数据具有不同的特征：有些仅仅是对事物特性的直接描述(如"姓名")但不参与算术运算；有些则需要参与(如"账户余额"、"长"、"宽"、"高")；有些数据具有二值性(即取值只有两种情况，如"年龄是否在 10 岁以上")；有些数据不会存在小数的情况(如"人数")；有些数据则要求更高的运算精度(如科学计算领域内的数据取值)。由于数据存在众多不同的特征，有着不同的处理需求，因此使用程序设计语言处理这些数据的过程中，需要将这些数据进行分类，针对其特点进行优化设计。不同的计算机程序设计语言有不同的分类方法，C 语言根据数据加工处理的特征，分为表 8-1 所示的几种数据类型。

表 8-1 C 语言的数据类型分类

数据类型			
基本类型	整型	带符号整型	带符号整型（int ）
			带符号短整型（short int）
			带符号长整型（long int ）
		无符号整型	无符号整型（unsigned int ）
			无符号短整型（unsigned short int）
			无符号长整型（unsigned long int ）
	浮点型	单精度型（float ）	
		双精度型（double）	
	字符型（char ）		
	枚举型（enum ）		
构造类型	数组类型（int a[10]）		
	结构体类型（struct ）		
	共用体类型（union ）		
指针类型（int *p ）			
空类型（void ）			

每种类型数据都有一定的数据宽度，C 标准没有具体规定某种数据所占内存字节数，各种机器处理上有所不同，一般以一个机器字(Word)存放一个 int 型整数，而 long 型数据的字节数应不小于 int 型，short 型数据的字节数应不大于 int 型。表 8-2 列出 32 位机下的整数类型和有关数据。

表 8-2 32 位机下的整数类型

数据类型	所占字节	数值范围
带符号整型（int ）	4	$-2^{31} \sim 2^{31}-1$
带符号短整型（short ）	2	$-2^{15} \sim 2^{15}-1$
带符号长整型（long ）	4	$-2^{31} \sim 2^{31}-1$

续表

数据类型	所占字节	数值范围
无符号整型（unsigned int ）	4	$0\sim2^{32}-1$
无符号短整型（unsigned short ）	2	$0\sim2^{16}-1$
无符号长整型（unsigned long ）	4	$0\sim2^{32}-1$
单精度型（float ）	4	$-3.4\times10^{-38}\sim3.4\times10^{38}$
双精度型（double ）	8	$-1.7\times10^{-308}\sim1.7\times10^{308}$
字符型（char ）	1	$-128\sim127$
数组类型（int a[10]） 结构体类型（struct ） 共用体类型（union ） 指针类型（int *p ） 枚举类型（enum ） 空类型（void ）	依据具体定义要求而定	

8.2.2 常量

在计算机程序中值不会变化的量为常量。比如，100、'A'、0.2361 这些数据，不管程序如何运行，不管计算机处于一个什么样的状态，它们都不会变化。这样的数据在计算机程序设计中称为"常量"。

常量的重要特征是取值不会改变，那么计算机程序中，什么情况下适合使用常量呢？这需要程序员考虑整个程序的处理流程，分析哪些值恒定不变，这样的值可设计为常量，如科学计算中某些公式中系数、圆周率等。常量的值可以直接带入表达式参与运算，也可以在程序的某个位置给常量定义标识符，然后在程序中使用。

常量可分为不同的类型，如整型、浮点型、字符型、字符串常量等。

（1）整型常量：就是整数，包括正整数和负整数及零。

在 C 语言中，整型常量有三种形式的书写方法：十进制、八进制（前面加 0）、十六进制（前面加 0x）。

（2）浮点型常量：也称为"浮点数"，是带小数点的实数。浮点型常量只使用十进制数，它的书写方式有两种：一般形式、指数形式。

（3）字符常量：是用两个单引号引起来的单个字符。

（4）字符串常量：简称为"字符串"，是由两个双引号引起来的若干个字符组成的。

（5）符号常量：常量一般可以从字面上判别，也可以用一个标识符代表一个常量，这就是符号常量。其定义方法如例 8-1 所示。

例 8-1

```
#define  PI  3.1415926
void  main()
{
  float a,r=8;
  a=PI*r*r;
  printf("Area=%f",a);
}
```

运行结果:
    Area=201.061768

8.2.3 变量

变量是程序运行过程中值可以变化的量。在计算机程序执行过程中,随着处理任务的不断推进,有些值会不断地更新和变化,如在 8.1.2 小节中的冒泡举例过程中,每次冒泡结束,剩余的未排序的数的数量会减少 1 个,那么这个"未排序的数的数量"就是随着冒泡排序的推进而不断变化的量。这样的数据在高级计算机程序设计过程中很常见,称为"变量"。

常量和变量的重要区别是取值在程序运行过程中是否会得到改变。程序中使用常量还是使用变量,是由程序设计人员决定的,每个程序都有一个执行周期,在其执行周期内,有些数据的值不会改变,而有些数据的值会更新,前者适合定义为常量,后者适合定义为变量。比如,下面的程序片段:第一行是定义浮点型变量 area,并赋初值为 0.0;第二行将 3.14*5*5(半径为 5 的圆的面积)赋值给变量 area,因此 area 的值得到了改变。而 3.14、5 这些数值是恒定的常量;第三行则是将变量 area 的值输出到屏幕上。短短的 3 行代码,分别使用了变量和常量。在计算机程序设计中,二者的使用很频繁,是程序设计的基本元素。

```
float area=0.0;
area=3.14*5*5;
printf("%f",area);
```

1. 变量的数据类型及其定义

(1) 整型变量:包括基本型(int)、短整型(short)、长整型(long)、无符号型(unsigned)等类型。整型变量的定义如下:

```
int  a,b;
unsigned short  c,d;
long  e,f;
```

(2) 浮点型变量:包括单精度(float)、双精度(double)两种类型。浮点型变量的定义如下:

```
float  a,b;
double  c,d;
```

(3) 字符变量:用来存放字符常量,注意只能放一个字符,一个字符变量不可以存放一个字符串。实际上,字符串必须用字符数组来存放。字符变量的定义如下:

```
char  c1,c2;
```

2. 变量的存储类型及其定义

当用户说明了一个变量的数据类型,C 语言编译系统就要给该变量安排若干字节,用来存放该变量的值。在计算机的寄存器和内存中都可以存放数据,而内存中又可以分为一般数据区和堆栈区,变量存放在何处称为变量的存储类型。用户可以通过说明变量的存储类型来选择变量的具体存储位置。变量的存储类型有以下几种。

（1）自动型(auto)。存储位置是内存堆栈区。堆栈区内存在程序运行中是重复使用的,当某个函数中定义了自动型变量,C 语言就在堆栈区给该变量分配字节用于存放变量的值。当退出该函数时,C 语言就释放该变量,即从堆栈区中收回分配给该变量的内存字节,以便重新分配给其他自动型变量。这样做可以节省内存。

（2）寄存器型(register)。存储位置是 CPU 的通用寄存器。寄存器变量是分配在 CPU 的通用寄存器中,由于 CPU 的通用寄存器数量有限,一般最多定义两个,使用它的主要目的是提高速度。

（3）静态型(static)。存储位置是内存数据区,它们在程序开始运行就分配了固定的字节,在程序运行过程中不释放空间。

（4）外部参照型(extern)。C 语言允许将一个源程序清单分别放在若干个程序文件中,采用分块编译方法去编译生成一个目标程序。其中每个程序文件称为一个"编译单位"。外部参照型变量专用于多个编译单位之间传递数据用。

3. 变量的初始化

变量的初始化是给变量赋值的一种方式,在定义变量的同时给变量赋予初始值就称为变量的初始化。方法为:

存储类型符 数据类型符 变量名 1=初值 1,变量名 2=初值 2,…;

8.2.4 运算符及其优先级和结合性

运算符,顾名思义即"运算符号",可以连接常量、变量以组成式子,这样的式子称为表达式。在上面的例子中:3.14*5*5 即是用乘法运算符*连接而成的式子,这个式子用于求出半径为 5 的圆的面积。在计算机程序设计中,运算符的种类很多,分别具有不同的功能,也具有不同的优先级别。在式子 3+4*5 中,先做乘法运算,这是因为乘法运算符的优先级别高于加法。表 8-3 和表 8-4 列出了 C 语言具有的运算符种类及其优先级。

表 8-3　C 语言的运算符分类

C 语言运算符	基本运算符	算术运算符　　+　-　*　/　%　++　--
		关系运算符　　>　<　==　>=　<=　!=
		逻辑运算符　　!　&&　||
		赋值运算符　　=　+=　-=　*=　/=　%=
		逗号运算符　　,
		条件运算符　　?　:
		数据长度运算符　sizeof
		位运算符　　~　&　|　^　<<　>>
	专用运算符	强制类型转换　()
		下标运算符　　[]
		分量运算符　　->　.
		指针运算符　　&　*

运算符的优先级决定了其所连接而成的式子中运算先后的顺序，从而决定了最终的运算结果。程序员必须熟练掌握常用运算符的使用，从而编写正确、精炼的计算机程序。另外，括号的使用也很重要，它能强行决定哪一部分先执行，即括号中的式子最先执行。

C 语言运算符分为两大类：基本运算符和专用运算符。其具体分类如表 8-3 所示。运算符的优先级和结合性，如表 8-4 所示。

表 8-4　C 语言运算符的优先级和结合性

优先级	运算符	结合性
1	() [] . ->	→（自左至右）
2	++ -- & * ! ~ + - () sizeof	←（自右至左）
3	* / %	→（自左至右）
4	+ -	
5	<< >>	
6	< <= > >=	
7	== !=	
8	&　（按位与）	
9	^　（按位异或）	
10	|　（按位或）	
11	&&	
12	||	
13	?:	←（自右至左）
14	= |= -= *= /= %= &= ^= |= <<= >>=	
15	,	→（自左至右）

8.2.5　表达式的概念、分类和求值运算

表达式蕴涵着一种运算规则，具有唯一运算结果。在面对具体应用问题时，能将应用问题提炼成运算表达式，是程序设计人员的一项基本技能。

1. 算术表达式

（1）基本算术运算符有：+、-、*、/、%。
（2）自增、自减运算符：++i、--i、i++、i--。
（3）利用强制类型转换运算符将一个表达式转换成所需要数据类型。例如：(int)(a+b)。
设 i、j 的值都为 4，按照以下式子执行后：

```
a=(i++)+(i++)
b=(++i)+(++i)
c=i+++j
d=(i++)+j
e=i+(++j)
```

a、b、c、d、e 分别计算的结果是：8、12、8、8、9。

2. 赋值表达式

（1）赋值符号"="就是赋值运算符。

（2）如果赋值运算符两侧的类型不一致，但都是数值型或字符型时，在赋值时要进行类型转换。将浮点型数据赋给整型变量时，舍弃小数部分；将整型数据赋给浮点型变量时，数值不变，但以浮点型形式存储到变量中；字符型数据赋给整型变量时，由于字符只占 1 字节，而整型变量为 2 字节，因此将字符数据放到整型变量的低 8 位中。所以，最好让赋值运算符两侧的数据类型保持一致。

（3）复合的赋值运算符：基本的复合赋值运算符有：+=、-=、*=、/=、%=。

（4）赋值表达式：a=(b=5)、a=b=c=5、a=(b=10)/(c=2)。

3. 逗号表达式

C 语言提供了一种特殊的运算符——逗号运算符。其一般形式：

表达式 1，表达式 2，…，表达式 n

先求解表达式 1，再求解表达式 2，…，最后求解表达式 n。整个逗号表达式的值是表达式 n 的值。

例如：a=3*5,a*4，先求解 a=3*5 的值，得到 15，再求解 a*4 的值，得到 60，最后表达式的值是 60。注意，a 最后的值仍然是 15。一个逗号表达式又可以与另一个表达式组成一个新的逗号表达式。例如：(a=3*5,a*4),a+5，显然，a 的值不变，仍然是 15，整个表达式的值为 20。

4. 关系表达式

用关系运算符将两个表达式连接起来的式子称为关系表达式。例如：a>b、a+b>b+c、(a=3)>(b=5)、'a'<'b'、(a>b)>(b<c)都是合法的关系表达式。

5. 逻辑表达式

表 8-5 所示为逻辑运算的"真值表"，用它表示当 a 和 b 的值为不同组合时，各种逻辑运算所得到的值。

表 8-5 逻辑运算的真值表

a	B	!a	a&&b	a||b
真	真	假	真	真
真	假	假	假	真
假	真	真	假	真
假	假	真	假	假

C 语言编译系统在给出逻辑运算结果时，以数值 1 代表"真"，以 0 代表"假"，但在判断一个表达式的值是否为"真"时，以 0 代表"假"，以非 0 代表"真"。

判断闰年的表达式：

(year%4==0&&year%100!=0)||year%400==0

8.3 程序控制结构

8.3.1 程序的三种基本结构

1. 顺序结构

顺序结构的语句是自上而下的顺序执行的。

2. 选择结构

选择结构中的语句是否执行是由某个条件来控制的，这种结构有三种不同的形式。

(1) 单一选择语句：该结构是按照某个条件是否成立来决定某个语句是否执行。

(2) 双重选择语句：该结构是按照某个条件是否成立，从两个语句中选取一个语句来执行。

(3) 多分支选择语句：该结构是用 n 个条件控制 $n+1$ 个语句，哪个条件成立，则执行哪个语句。

上述三种分支选择语句的示意图，如图 8-3 所示。

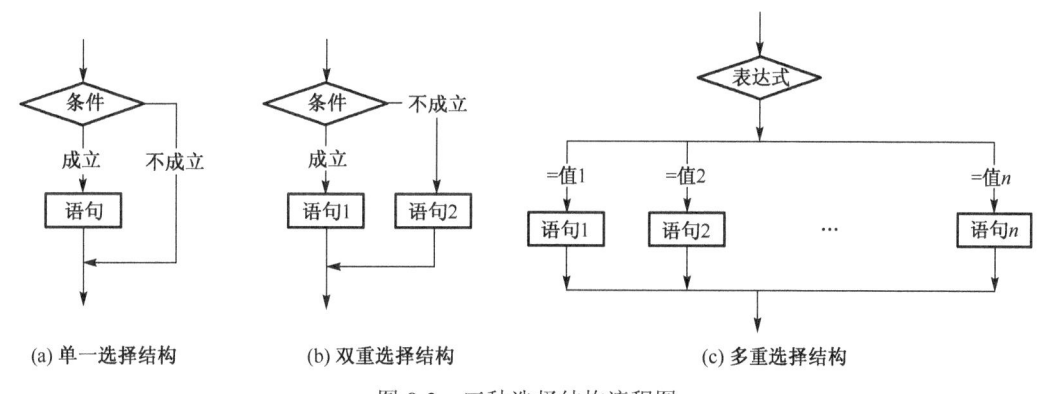

图 8-3 三种选择结构流程图

3. 循环结构

循环结构是由某个条件(称为循环控制条件)来控制某些语句(称为循环体)是否重复执行，这种结构主要有两种形式(图 8-4)，具体实现根据不同的语句完成。

(1) 当型循环：该结构是先判断循环条件，条件成立则执行循环体。反复上述操作，直到条件不成立时退出循环，当型循环允许 0 次执行循环体。

(2) 直到型循环：该结构是先执行循环体，然后判断循环条件。如果条件成立，则继续上述操作，否则退出循环。

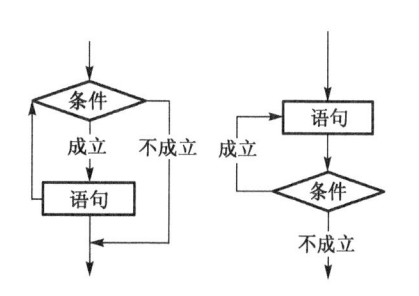

图 8-4 两种循环结构流程图

8.3.2 数据的输入输出

1. 数据输入输出概念

(1) 输入输出是以计算机主机为主体而言的。从计算机向外部输出设备(如显示器、打印机、磁盘等)输出数据的过程称为"输出",通过输入设备(如键盘、磁盘)向计算机输入数据的过程称为"输入"。

(2) C 语言本身不提供纯粹的输入输出语句,输入和输出操作是由函数来实现的,即输入和输出语句是由函数构成的表达式语句。

(3) 在使用 C 语言库函数时,要用预编译命令"#include"将有关的"头文件"包含到用户源文件中。例如:

#include <stdio.h>,系统提供的并放在指定子目录中的头文件。

#include "stdio.h",用户自定义的放在当前目录或其他目录下的头文件或其他源文件。

2. 字符数据的输入输出

(1) 字符输出函数 putchar。putchar 函数的作用是输出一个字符。其格式为:
   putchar(c);
(2) 字符输入函数 getchar。getchar 函数的作用是输入一个字符。其格式为:
   getchar();

例 8-2

```
#include <stdio.h>
void  main()
{
char c;
c=getchar();putchar(c);
}
```

3. 数据的格式输入输出

(1) 格式输出函数 printf。printf 函数的一般格式为:

   printf(格式控制, 输出列表);

其中"格式控制"是用双引号括起来的字符串,也称"转换控制字符串",它包括两种信息:一是格式说明;二是普通字符。"输出列表"是需要输出的一些数据,可以是表达式,也可以是变量。下面通过例 8-3 来加以说明。

例 8-3

```
int  a=3,b=4,s;
printf("a=%d,b=%d,s=%d",a,b,a+b);
```

结果输出为:

```
a=3,b=4,s=7
```

由于 printf 是函数,因此"格式控制"字符串和"输出列表"实际上都是函数的参数。其一般形式为:

printf(参数 1,参数 2,参数 3,…,参数 n);

函数的功能是将"参数 2,参数 3,…,参数 n"按"参数 1"给定的格式输出。

格式说明以%开始,表 8-6 对有关格式的具体问题进行分类说明。

表 8-6 printf 格式字符

格式符	数据对象	输出形式
%-md	int short unsigned int unsigned short char	十进制整数
%-mo		八进制整数
%-mx		十六进制整数
%-mu		无符号整数
%-mld	long unsigned long	十进制长整数
%-mlo		八进制长整数
%-mlx		十六进制长整数
%-mlu		无符号长整数
%-m.nf	float double	十进制小数
%-m.ne		十进制指数
%g		自动选取十进制格式
%-mc	char、int、short	单个字符
%-m.ns	char[]、char *	字符串

注:① 其中 m、n 是一个正整数,m 用来控制输出数据的宽度,n 用来控制小数的位数或实际输出字符数。它们都可以省略,如果省略则全部按实际宽度输出。
② 带"-"号时,输出时按左对齐,否则右对齐。
③ 程序常用的格式有%d、%u、%ld、%lu、%m.nf、%c、%s。

(2) 格式输入函数 scanf。scanf 函数的一般格式为:

scanf(格式控制,输入变量地址表);

其中"格式控制"是用双引号括起来的字符串,也称"输入格式字符串",与"输出控制字符串"含义相同。它也包括两种信息:一是格式说明;二是普通字符。"输入变量地址表"则是指出输入的数据存放到何处。

注意:

① 其中格式控制中的%md,%mf 中的 m 是一个正整数,用来控制输入数据的位数,它可以省略,当它省略时,可用非格式字符作为两个数据的间隔,也可以用空格、Tab、Enter 键作为输入数据的间隔。

② 针对每条格式输入语句,所有输入数据从键盘输入后,都可以用一个 Enter 键作为数据输入的结束。

③ 用%c 作为输入格式字符时,仅接受单个字符。

④ 程序常用的输入格式有%d、%ld、%f、%lf、%c、%s 等。

8.3.3 条件控制语句

在大多数情况下,程序中都会包含分支程序结构(选择结构),它的作用是通过判断所指定的条件是否满足,从给定的若干组操作中选择其一执行。

1. if 语句

if 语句是用来判定所给定的条件是否成立,根据判定的结果(真值或假值)决定执行不同操作。

1) if 语句的三种形式

(1) if(表达式)语句。

例如:

```
if(x>y) printf("%d",x);
```

(2) if(表达式)语句 1。
else 语句 2

例如:

```
if(x>y)    printf("%d",x);
else       printf("%d",y);
```

(3) if(表达式 1) 语句 1。
　　else if(表达式 2)语句 2
　　　...
　　　　else if(表达式 n–1)语句 n–1
　　　　　else 语句 n

例如:

```
if    (n>500)   cost=0.150;
else if (n>300)  cost=0.100;
  else if (n>200) cost=0.075;
    else if (n>10) cost=0.050;
      else       cost=0.000;
```

注意:条件表达式的多样性;不管在何处,语句都以分号结束;if 和 else 后面如果要依条件执行多个语句,则要用大括号括起来。

2) if 语句的嵌套

在 if 语句中又包含有一个或多个 if 语句,则称为 if 语句的嵌套。其一般形式如下:

```
if(条件)
    if(子条件 1)   语句 1
    else          语句 2
else
    if(子条件 2)   语句 3
    else          语句 4
```

3) 条件运算符与条件表达式

条件运算符是为了将一个 if 语句写在一个表达式中,从而构成条件表达式语句。条件运算符要求有三个操作对象,称为三目运算符,它是 C 语言中唯一的一个三目运算符。条件表达式的一般形式为:

表达式 1?表达式 2:表达式 3

请看下面的转换:

```
if(a>b) max=a;
else    max=b;
```

将它写成条件表达式语句为:

```
max=(a>b)?a:b;
```

说明:

① 条件运算符的执行顺序:先求解表达式 1,若为非 0(真)则求解表达式 2,此时表达式 2 的值就作为整个条件表达式的值。若表达式 1 的值为 0(假),则求解表达式 3,表达式 3 的值就是整个条件表达式的值。

② 条件运算符优先于赋值运算符,但比关系运算符和算术运算符都低。

③ 条件运算符的结合方向为"自右至左"。下面两个条件表达式是一致的:

```
m=a>b?a: c>d?c:d
m=a>b?a:(c>d?c:d)
```

它们相当于:

```
if(a>b)       m=a;
else if(c>d)  m=c;
     else     m=d;
```

④ 条件表达式只在赋值时有用,它不能取代 if 语句。例如:

```
if(a>b) printf("%d",a);
else    printf("%d",b);
```

但可以用以下形式代替:

```
printf("%d",a>b?a:b);
```

2. switch 语句

switch 语句是多分支选择语句。其一般形式为:

```
switch(表达式)
{ case  常量表达式 1:    语句 1; break;
  case  常量表达式 2:    语句 2; break;
    ...
  case  常量表达式 n-1:  语句 n-1; break;
  default:              语句 n;
}
```

其语义是：计算表达式的值，并逐个与其后的常量表达式值相比较，当表达式的值与某个常量表达式的值相等时，执行其后的语句，然后不再进行判断，继续执行后面所有 case 后的语句。如果表达式的值与所有 case 后的常量表达式均不相同时，则执行 default 后的语句。

在使用 switch 语句时还应注意以下几点：

① 在 case 后的各常量表达式的值不能相同，否则会出现错误。

② 在 case 后，允许有多个语句，而且可以不用{}括起来。

③ 各 case 和 default 子句的先后顺序可以变动，不会影响程序执行结果。

④ default 子句可以省略。

8.3.4 循环控制语句

1. while 语句

while 语句用来实现当型循环结构，其一般形式为：

　while（表达式）语句

例 8-4 用 while 语句构成的循环程序求 1～100 之和。

```
void  main()
{
  int   i=1,sum=0;
  while(i<=100)
      sum+=i++;
  printf("%d\n",sum);
}
```

2. do-while 语句

do-while 语句实现直到型循环，其语句的一般形式为：

　do

　　　语句

　while（表达式）；

例 8-5 用 do-while 语句构成的循环程序求 1～100 之和。

```
void  main()
{
  int i=1,sum=0;
  do
      sum+=i++;
  while(i<=100);
  printf("%d\n",sum);
}
```

3. for 语句

C 语言中 for 语句的使用是最为灵活的，不仅可以用于循环次数已经确定的情况，而且可以用于循环次数不确定而只给出循环结束条件的情况，它完全可以代替 while 语句。

for 语句的一般形式为：

　　for(表达式 1; 表达式 2; 表达式 3)　语句

它的执行过程如下：

第一步：先求解表达式 1。

第二步：再求解表达式 2。若值为真，则执行语句，然后执行下面的第三步。若值为假，则结束循环。

第三步：求解表达式 3。然后程序转上面第二步继续执行。

通常，将表达式 1 称为循环变量赋初值表达式，表达式 2 为循环条件表达式，表达式 3 为循环变量增值表达式。

例 8-6　用 for 语句实现求 1～100 之和。

```
void main()
{
  int i,sum=0;
  for(i=1;i<=100;i++)
      sum+=i;
  printf("%d\n",sum);
}
```

4．循环的嵌套

一个循环体内又包含有另一个或多个完整的循环结构，称为循环的嵌套。内嵌的循环中可以多层嵌套，这称为多重循环。对于嵌套的语句形式不　列出，下面通过一个例子来说明它的基本用法。

例 8-7　打印乘法九九表。

```
#define N 9
#include <stdio.h>
void main()
{
int i,j,mul;
  clrscr();
  for(i=1;i<=N;i++)
    {for (j=1; j<=i;j++)
       {mul=i*j;
        printf("%d*%d=%d  ",j,i,mul);
        }
       printf("\n");
    }
}
```

5．break 语句和 continue 语句

1) break 语句

break 语句用于使流程跳出 switch 结构或循环结构。

例 8-8 将半径为 1~20 的，且面积不大于 300 的圆的面积计算并打印输出。

```
for(r=1;r<=20;r++)
  { area=PI*r*r;
    if(area>300) break;
    printf("%f\n",area);
  }
```

2）continue 语句

continue 语句用于结束本次循环，提前进入下一次循环。

例 8-9 将 0~100 之间不能被 7 整除的整数打印输出。

```
void main()
{
  int n;
  for(n=0;n<=100;n++)
    { if(n%7= =0) continue;
      printf("%d\n",n);
    }
}
```

8.3.5 结构化程序设计思想

当计算机在处理较大的复杂任务时，所编写的应用程序经常由上万条语句组成，需要由许多人共同来完成。这时常常把这个复杂的大任务分解为若干个子任务，每个子任务又分成多个小子任务，每个小子任务只完成一项简单的功能。在程序设计时，用一个个小模块来实现这些功能。程序设计人员分别完成一个或多个小模块。称这样的程序设计方法为"模块化"方法，由一个个功能模块构成的程序结构称为模块化结构。

由于已把一个大程序分解成若干个相对独立的子程序，每个子程序的代码一般不超过一页纸，因此对程序设计人员来说，编写程序代码已变得不再困难。这时只需对程序之间的数据传递作出统一规范，同一软件可由一组人员同时进行编写，分别进行调试，这就大大提高了程序编写的效率。

软件编写人员在进行程序设计时，首先应当集中考虑主程序中的算法，写出主程序后再动手逐步完成子程序的调用。对于这些子程序也可用调试主程序的方法来逐步完成其下一层子程序的调用。这就是自顶向下、逐步细化、模块化的程序设计。

C 语言是一种结构化程序设计语言。它直接提供了三种基本结构的语句；提供了定义"函数"的功能，在 C 语言中没有子程序的概念，它提供的函数可以完成子程序的所有功能；C 语言允许对函数单独进行编译，从而可以实现模块化；另外，它还提供了丰富的数据类型，这些都为结构化程序设计提供了有力的工具。

习　　题

1. 填空题

（1）C 语言源程序文件名的扩展名是＿＿＿＿＿＿，经过编译后，生成文件的扩展名是＿＿＿＿＿＿，经过连接后，生成文件的扩展名是＿＿＿＿＿＿。

(2) 结构化程序由_____、_____、_____三种基本结构组成。

(3) 若 k 为 int 整型变量且赋值 11，运算 k++ 后表达式的值为_____变量 k 的值为_____。

(4) 在 C 语言程序中，用关键字_____定义基本整型变量，用关键字_____定义单精度浮点型变量，用关键字_____定义双精度浮点型变量。

(5) C 语言中用_____表示逻辑值"真"，用_____表示逻辑值"假"。

2. 选择题

(1) 表示关系 x<=y<=z 的 C 语言表达式为（　　）。
   ① (x<=y)&&(y<=z)   ② (x<=y)AND(y<=z)   ③ (x<=y<=z)   ④ (x<=y)&(y<=z)

(2) 下列可作为 C 语言赋值语句的是（　　）。
   ① x=3,y=5   ② a=b=6   ③ i=10*2;   ④ y=int(x)

(3) 设 i 是 int 型变量，f 是 float 型变量，用下面的语句给这两个变量输入值：
   scanf ("i=%d,f=%f",&i,&f);

为了把 100 和 765.12 分别赋给 i 和 f，则正确的输入为（　　）。
   ① 100765.12   ② i=100,f=765.12   ③ 100765.12   ④ x=100y=765.12

(4) 有以下程序：
```
void main()
{
   int i,j;
   for(j=10;j<11;j++)
   {for(i=9;i<j;i++)
       if (!(j%i)) break;
     if (i=j-1)printf ("%d",j);
   }
}
```

输出结果是（　　）。
   ① 11   ② 10   ③ 9   ④ 10 11

(5) 以下叙述中正确的是（　　）。
   ① 输入项可以是一个浮点型常量，例如：
      scanf("%f",3.5);
   ② 只有格式控制，没有输入项，也能正确输入数据到内存，例如：
      scanf("a=%d,b=%d")
   ③ 当输入一个浮点型数据时，格式控制部分可以规定小数点后的位数，例如：
      scanf("%4.2f",&d);
   ④ 当输入数据时，必须指明变量地址，例如：
      scanf("%f",&f);

(6) 以下程序的输出结果是（　　）。
   void main()

```
    {
      int  a=12,b=12;
      printf("%d %d\n",--a,b++);
    }
```
　　① 10 10　　　　② 12 12　　　　③ 11 12　　　　④ 11 13

(7) 当执行以下程序段时,(　　)。
```
    y=-1;
    do
      {y--;}
    while(--y);
    printf ("%d\n",y--);
```
　　① 循环体将执行一次　　　　　　　　② 循环体将执行两次
　　③ 循环体将执行无限次　　　　　　　④ 系统将提示有语法错误

(8) 在 C 语言中,不正确的 int 类型的常数是(　　)。
　　① 32768　　　　② 0　　　　③ 037　　　　④ 0xAF

(9) 以下程序的输出结果是(　　)。
```
    void  main()
    {
      int x=10,y=10,i;
      for(i=0;x>8;y=++i)
      printf("%d,%d",x--,y);
    }
```
　　① 10 19 2　　　　② 9 87 6　　　　③ 10 99 0　　　　④ 10,10 9,1

(10) 以下叙述正确的是(　　)。
　　① do-while 语句构成的循环不能用其他语句构成的循环来代替。
　　② do-while 语句构成的循环只能用 break 语句退出。
　　③ 用 do-while 语句构成的循环,在 while 后的表达式为非零时结束循环。
　　④ 用 do-while 语句构成的循环,在 while 后的表达式为零时结束循环。

3. 编程题

(1) 将两个两位的正整数 a、b 合并形成一个整数放在 c 中。合并的方式是:将 a 数的十位和个位数依次放在 c 数的百位和个位上,b 数的十位和个位数依次放在 c 数的千位和十位上。例如,当 a=36,b=78,调用该函数后,c=7384。

(2) 从低位开始取出长整型变量 s 中奇数位上的数,依次构成一个新数放在 t 中。例如,当 s 中的数为 7654321 时,t 中的数为 7531。

(3) 编写程序,输入一个整数,将其转换为字符串输出。例如,输入整数 86556,输出字符串"86556"。

(4) 输出 1000 以内所有的完数,并输出其所有的因子。完数的定义如下:一个数的所有因子(除其自身)之和恰好等于其自身。

第9章 多媒体基础

多媒体技术从20世纪80年代诞生以来，短短30年间，渗透到人们生活、工作、教育、通信和娱乐等方方面面，是当今信息技术领域发展最快、最活跃的技术，是新一代电子技术发展和竞争的焦点。多媒体技术集计算机、声音、文本、图像、动画、视频和通信等多种功能于一体，借助日益普及的高速信息网，可实现计算机的全球联网和信息资源共享，因此被广泛应用在咨询、图书、教育、通信、军事、金融、医疗等诸多行业，并正潜移默化地改变着人们生活的方式。

9.1 多媒体技术的概念

9.1.1 媒体与多媒体

1. 媒体的基本概念

通常所说的"媒体"（Media）包括两层含义：一层含义是指存储和传递信息的实体，是信息的物理载体，如书本、报纸、挂图、磁盘、光盘、磁带及相关的播放设备等；另一层含义是指信息的传播形式或表现形式，如文字、声音、图像、动画等。多媒体计算机中所说的媒体，是指后者而言。

多媒体的英文单词是Multimedia，它由multi和media两部分组成。一般理解为多种媒体的综合，即计算机不仅能处理文本、数值之类的信息，而且还能处理声音、图形、图像、动画、视频等各种不同形式的信息。这里所说的对各种信息媒体的"处理"，是指计算机能够对它们进行获取、编辑、存储、检索、展示、传输等各种操作。

国际电话电报咨询委员会CCITT（Consultative Committee on International Telephone and Telegraph，国际电信联盟ITU的一个分会）把媒体分成五类。

1) 感觉媒体

感觉媒体（Perception Medium）指直接作用于人的感觉器官，使人产生直接感觉的媒体。例如，引起听觉反应的声音，引起视觉反应的物体的大小、形状、明暗、质地、色彩等。

2) 表示媒体

表示媒体（Representation Medium）指人为研究出来，用于传输和存储感觉媒体的中介媒体，即用于数据交换的编码。借助于此种媒体，能更有效地存储或传送感觉媒体。例如，图像编码（JPEG、MPEG等）、文本编码（ASCII码、GB2312等）和声音编码（MP3）等。

编码规则不是一成不变的，而是随着计算机硬件技术、软件技术和网络技术的快速发展而发展。

3) 表现媒体

表现媒体(Presentation Medium)用于通信中使电信号和感觉媒体之间产生转换的媒体，包括进行信息输入和输出的媒体。例如，键盘、鼠标、扫描仪、话筒、摄像机等为输入媒体；显示器、投影仪、打印机、喇叭等为输出媒体。输入媒体和输出媒体都是表现媒体的一部分。

4) 存储媒体

存储媒体(Storage Medium)用于存储表示媒体的物理介质。存储媒体也在随着材料和信息技术的发展而发展。有些存储媒体会逐渐被淘汰，如磁带、软盘等，现在已经很少有人再用它来存储数据；而新的存储媒体不断产生，如U盘、移动硬盘等，作为常见的存储设备，已经替代了软盘。

5) 传输媒体

传输媒体(Transmission Medium)用于传输某些媒体(主要是表示媒体)的物理介质，如电话线、光纤、双绞线、微波网络等。光纤替代了电缆、宽带替代了低速网络、无线替代了有线，传输媒体也在随着材料和技术的进步不断发展。

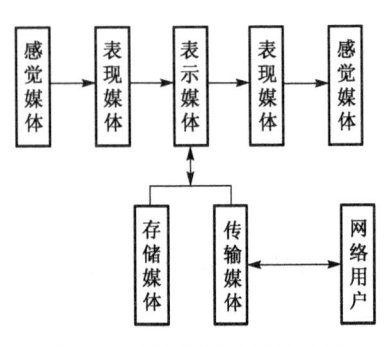

图 9-1 各种媒体之间的关系

2. 各种媒体之间的关系

人们首先接触的是感觉媒体，而感觉媒体又借助于一定的表现媒体呈现出来，然后转换为表示媒体，进而存储和传输。要再现这些媒体信息时，首先通过表示媒体到表现媒体，或经过传输媒体通过网络再到表现媒体，进而还原为感觉媒体。各种媒体之间的关系如图 9-1 所示。

3. 多媒体计算机和多媒体技术

一般而言，具有对多种媒体进行综合处理能力的计算机可称为多媒体计算机。目前市场上绝大多数家用计算机都具备常规的多媒体硬件，而常用的操作系统如 Windows，也大都支持多媒体的开发创作和再现。

所谓多媒体技术，就是计算机交互式综合多种媒体信息，使多种信息之间建立逻辑连接，集成为一个具有交互性完整系统的计算机技术。

9.1.2 多媒体的信息类型

1. 文本

文本(Text)是以文字和各种专用符号表达的信息形式，它是现实生活中使用最多的一种信息存储和传递方式。用文本表达信息给人充分的想象空间，它主要用于对知识的描述性表示，如阐述概念、定义、原理和问题，以及显示标题、菜单等内容。

文本分为非格式化文本和格式化文本。

非格式化文本：只有文本信息没有其他格式信息的文本，即纯文本，如 TXT 文件。

格式化文本：带有各种文本格式信息和排版信息的文本，如 DOC 文件。

文本包含字母、数字、字、词等基本元素。多媒体系统除具备一般文本处理功能，还可应用人工智能技术对文本进行识别、理解、摘编、翻译和发音等。

超文本可在一个或多个文档中快速地搜索和定位特定的文本内容，建立链接，是超媒体文档不可缺少的组成部分，在网站建设、交互式多媒体作品以及手机中都有广泛的应用。

2. 图形

图形（Graphic）一般指用计算机绘制的几何画面，如直线、圆、圆弧、矩形、任意曲线和图表等。图形的格式是一组描述点、线、面等几何图形的大小、形状、位置、方向等指令的集合。在图形文件中只记录生成图的算法和图上的某些特征点，因此也称矢量图。

由于图形只保存算法和特征点，因此占用的存储空间很小，而且无论放大多少倍，都会重新计算、重新定位、重新呈现，不会产生失真。因为显示时需经过重新计算，所以复杂的矢量图显示速度相对慢些。

显示比例分别为 100%的原图形和放大到 500%的图形显示效果比较，如图 9-2 所示。

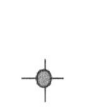

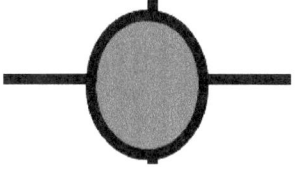

图 9-2　放大后的矢量图不失真

3. 图像

图像（Image）是指由输入设备捕捉的实际场景画面，如数码相机中的照片、扫描仪扫描的图像等；或以数字化形式存储的任意画面，如通过截屏方式所得到的图像。

图像是多媒体软件中最重要的信息表现形式之一，它是决定一个多媒体软件视觉效果的关键因素。静止的图像是一个矩阵，阵列中的各项数字用来描述构成图像的各个点（称为像素 pixel）的亮度与色彩等信息。这种图像也称为位图（Bit-mapped Picture）。

位图的显示比例大于100%之后，图像的每个像素都要用更多的点阵来呈现，因此就会产生马赛克和锯齿边缘等失真现象。

显示比例为 100%的原图像和放大到 500%的图像显示效果比较，如图 9-3 所示。

图 9-3　放大后的位图失真

图像文件在计算机中的存储格式有多种，如 BMP、GIF、JPG、TIF、TGA 等，相对于矢量图来说，一般位图数据量都较大。

4. 动画

动画（Animation）是利用人的视觉暂留特性，采用计算机软件创作并生成的一系列可供实时演播的连续运动变化的图形图像，也包括画面的缩放、旋转、变换、显隐等特殊效果。动画目前广泛应用于教育、影视业、游戏和广告等，通过动画可以把抽象的内容形象化，使许多难以理解的内容变得生动有趣，许多现实中难以完成的动作或过程都可以在动画中得以模拟呈现。

5. 声音

声音（Sound）是人们用来传递信息、交流感情最方便、最熟悉的方式之一。

人耳能够分辨的声音指频率范围为 20Hz～20kHz 连续变化的声波。

多媒体涉及多方面的音频处理技术，如音频量化和采集、音频编码/解码、音频合成、音频修饰、文字/语音转换、语音识别等。

波形声音实际上已经包含了所有的声音形式，它可以将任何声音都进行采样量化，相应的文件格式是 WAV 或 VOC 文件。数字音乐是符号化的声音，对应的文件格式是 MID 或 CMF 文件。由于采集后的音频文件数据量大，一般会采用不同的压缩格式保存和传输，如目前非常通用的 MP3 格式。

在多媒体课件中，声音按其表达形式可分为解说、音乐、效果三类，解说一般是对主体内容的阐述和说明；音乐一般作为背景，用于烘托气氛；效果则多用于单击窗口、菜单、按钮或文字链接时发出声音，加强操作的可识别性。

6. 视频

视频(Video)是由一幅幅单独的画面序列(帧 Frame)组成，这些画面以一定的速率(帧/秒)连续地投射在屏幕上，使观察者具有图像连续运动的感觉。视频影像具有时序性与丰富的信息内涵，常用于交代事物的发展过程。

视频文件的常用存储格式有 AVI、MPG、FLV、MOV、MP4 等。

9.1.3 多媒体的特性

多媒体技术有以下几个主要特性。

1. 多样性

多媒体技术不仅提供了丰富多彩的文本、图形、图像，而且提供了多维空间的动画、视频、音频信息的获取和表示方法，使人们的思维表达有了更充分更自由的扩展空间，大大提高了计算机在人类生活和工作中的实用性。

然而，人类具有五个感觉空间：视觉、听觉、触觉、嗅觉和味觉，目前计算机所能识别和处理的大多还局限于听觉和视觉方面的媒体信息。因此，多媒体的多样化只是相对计算机及其相应设备而言，远远没有达到人类水平。

2. 集成性

多媒体的集成性主要表现在两个方面，即多媒体信息载体的集成和处理这些多媒体信息设备的集成。

多媒体信息载体的集成是指将文字、声音、图形、图像、动画和视频等信息集成在一起，综合处理，能够对信息进行多通道统一获取、存储、组织与合成，组合成一个完整的多媒体信息体系。

多媒体信息设备的集成包括计算机系统、存储设备、音响设备和视频设备等的集成，是指将各种媒体在各种设备上有机地组织在一起，形成多媒体系统，从而实现声、文、图、像的一体化处理。

3. 交互性

多媒体的交互性是指用户可以与计算机的多种信息媒体进行交互操作，从而为用户提供了更加有效的控制和使用信息的手段。例如，程序跳转的控制、音乐或视频的播放控制等。

交互性是多媒体技术的关键特性，是多媒体应用有别于传统信息交流媒体的主要特点之一。传统信息交流媒体如广播、电视等只能单向传播、被动接收信息，而多媒体技术则可以实现人对信息的主动选择和控制，可以增加对信息的注意和理解，延长信息的保留时间，使人们获取信息和使用信息的方式由被动变为主动。人们可以根据需要对多媒体系统进行控制、选择、检索和参与多媒体信息的播放和节目的组织。

目前，交互的主要方式是通过观察屏幕的显示信息，利用鼠标、键盘或触摸屏等输入设备对屏幕的信息进行选择，达到人机对话的目的。随着信息处理技术和通信技术的发展，还可以通过语音输入，网络通信控制等手段来进行交互，目前正在研究的目光交互、意念控制等为交互方式打开了新的窗口。

4. 非线性

多媒体技术的非线性特点将改变人们传统循序性的读写模式。以往人们读写方式大都采用章、节、页的框架，循序渐进地获取知识，如书本；或按照固定的时间顺序从前到后地阅读信息，如磁带。而多媒体技术将借助超文本链接的方法，打破时间顺序和章节结构，把内容以一种更灵活、更具变化的方式呈现给读者。

5. 实时性

由于多媒体技术是研究多种媒体集成的技术，其中声音和活动的图像是与时间密切相关的，这就要求对它们进行处理以及人机的交互、显示、检索等操作都必须实时完成，特别是在多媒体网络和多媒体通信中，实时传播和同步支持是一个非常重要的指标，当用户给出操作命令时，相应的多媒体信息都能够得到实时控制。例如，在播放声音和图像时，不能出现停顿现象，并且要保持同步，否则会影响播放的效果。

6. 方便性

用户可以按照自己的需要、兴趣、任务要求、偏爱和认知特点来使用信息，任意获取图、文、声、像等信息。

7. 动态性

多媒体是一部永远读不完的书，用户可以按照自己的目的和认知特征重新组织信息，增加、删除或修改节点，重新建立链接。这样一种结构就如一条流淌的江河，在宏观的框架中，永远不会一成不变。

9.1.4　多媒体的关键技术

由于多媒体系统需要将不同的媒体数据表示成统一的结构码流，然后对其进行变换、重组和分析处理，以进行进一步的存储、传送、输出和交互控制。所以，多媒体的传统关键技术主要集中在以下四类中：数据压缩编码技术、大规模集成电路(VLSI)制造技术、大容量存储器技术、实时多任务操作系统。因为这些技术取得了突破性的进展，多媒体技术才得以迅速发展，而成为今天这样具有强大的处理文字、声音、图像、视频等媒体信息能力的技术。

就当前广泛应用于互联网络的多媒体关键技术，可以按层次划分为媒体处理与编码技术、多媒体系统技术、多媒体信息组织与管理技术、多媒体通信网络技术、多媒体人机接口与虚拟现实技术和多媒体应用技术这六个方面。而且还应该包括多媒体同步技术、多媒体操作系统技术、多媒体中间件技术、多媒体交换技术、多媒体数据库技术、超媒体技术、基于内容检索技术、多媒体通信中的服务质量(Quality of Service，QoS)管理技术、多媒体会议系统技术、多媒体视频点播与交互电视技术、虚拟实景空间技术等。

9.1.5 多媒体技术的应用

多媒体技术把电视式的视听信息传播能力与计算机交互控制功能结合起来，创造出集文、图、声、像于一体的新型信息处理模型，使计算机具有数字化全动态、全视频的播放、编辑和创作多媒体信息功能，具有控制和传输多媒体电子邮件、电视会议等视频传输功能，使计算机标准化和实用化是这场新技术革命的重大课题。数字声、像数据的使用与高速传输已成为一个国家技术水平和经济实力的象征。

目前，多媒体技术正向三个方面发展：一是计算机系统本身的多媒体化；二是多媒体技术与点播电视、智能化家电、网络通信等技术互相结合，使多媒体技术进入教育、咨询、娱乐、企业管理、办公室自动化和人们的日常生活等；三是多媒体技术与控制技术相互渗透，进入工业自动化测控等领域。

多媒体技术的具体应用有教育和培训、咨询和演示、娱乐和游戏、触觉类媒体、管理信息系统(MIS)、视频会议系统、计算机支持协同工作、工业自动化测控等。

多媒体技术的前景：

(1) 家庭教育和个人娱乐是目前国际多媒体市场的主流。

(2) 内容演示和管理信息系统是多媒体技术应用的重要方面。

(3) 多媒体通信和分布式多媒体系统是多媒体技术今后的发展方向。

多媒体的应用领域非常广阔，多媒体开发和创作的工具也是多种多样，其中Photoshop(图像处理)、Cooledit(音频处理)、Flash(动画处理、多媒体制作)、Premiere(视频处理)、Authorware(多媒体制作)等都是非常好的工具。

9.2 多媒体信息处理基础

9.2.1 音频信息

1. 声音信号

声音是通过空气传播的一种连续的波，称为声波。声波在时间和幅度上都是连续的模拟信号，通常称为模拟声音(音频)信号。人们对声音的感觉主要有音量、音调和音色三个指标。

(1) 音量(也称响度)：是声音的强弱程度，取决于声音波形的幅度，即取决于振幅的大小和强弱。

(2) 音调：人对声音频率的感觉表现为音调的高低，取决于声波的基频。基频越低，给人的感觉越低沉，基频越高则声音越尖锐。

(3) 音色：由混入基音(基波)的泛音(谐波)所决定，每种声音都有其固定的频率和不同音强的泛音，从而使得它们具有特殊的音色效果。人们能够分辨具有相同音高的钢琴和小号声音，就是因为它们具有不同的音色。一个声波上的谐波越丰富，音色就越好。

声音信号的两个基本参数是幅度和频率。幅度是指声波的振幅，通常用动态范围表示，一般用分贝(dB)为单位来计量。频率是指声波每秒钟变化的次数，用赫兹(Hz)表示。人们把频率小于 20Hz 的声波信号称为亚音信号(也称次音信号)；频率范围为 20Hz～20kHz 的声波信号称为音频信号；高于 20kHz 的声波信号称为超音频信号(也称超声波)。

计算机处理的音频信号主要是人耳能听得到的音频信号(Audio)，它的频率范围是 20Hz～20kHz。可听声包括语音(人的说话声，频率范围通常为 300～3400Hz)、音乐(由乐器演奏形成，其频率范围可达到 20Hz～20kHz)、其他自然界的各种声音(如风声、雨声、鸟叫声)等，它们起着效果声或噪声的作用，其带宽范围也是 20Hz～20kHz。

2. 声音信号的数字化

声音信号是一种模拟信号，计算机要对它进行处理，必须将它转换成为数字声音信号，即用二进制数字的编码形式来表示声音。最基本的声音信号数字化方法是采样-量化法，它分成如下三个步骤。

(1) 采样：采样是把连续的模拟信号转换成离散、幅度连续的信号。在某些特定时刻获取的声音信号幅值称为采样。一般都是每隔相等的一小段时间采样一次，其时间间隔称为采样周期，它的倒数称为采样频率。采样定理是选择采样频率的理论依据，为了不产生失真，采样频率不应低于声音信号最高频率的两倍。因此，语音信号的采样频率一般不低于 8kHz，音乐信号的采样频率则应在 40kHz 以上。采样频率越高，可还原的声音信号分量越丰富，其声音的保真度越好。

(2) 量化：量化处理是把在幅度上连续取值(模拟量)的每一个样本转换为离散值(数字量)表示，因此量化过程有时也称为 A/D 转换(模/数转换)。量化后的样本是用二进制数来表示的，二进制数的位数的多少反映了度量声音波形幅度的精度，称为量化精度，也称为量化分辨率。例如，每个声音样本若用 16bit(2 字节)表示，则声音样本的取值范围是 0～65536，精度是 1/65536；若只用 8bit(1 字节)表示，则样本的取值范围是 0～255，精度是 1/256。量化精度越高，声音的质量越好，需要的存储空间也越多；反之，声音的质量越差，而需要的存储空间也就少。

(3) 编码：经过采样和量化处理后的声音信号已经是数字形式了，但为了便于计算机的存储、处理和传输，还必须按照一定的要求进行数据压缩和编码，即选择某一种或者几种方法对它进行数据压缩，以减少数据量，再按照某种规定的格式将数据组织成为文件。

经过数字化处理之后数字声音的主要参数如表 9-1 所示。

表 9-1 数字声音的主要参数

采样频率	每秒钟采样次数，采样的三个标准频率分别为 11.05kHz、22.05kHz、44.1kHz
量化位数	度量声音波形幅度的精度，一般为 8 位、12 位、16 位
声道数量	一般为单声道或双声道，分别同时产生一组或两组声音波形数据
数据量	表示每秒钟的数据量，单位是 kbit/s
压缩比	同一时间段内音频数据压缩后的数据量与压缩前的数据量之比，压缩比一般小于 1

3. 常用声音文件格式

数字声音在计算机中存储和处理时，其数据必须以文件的形式进行组织，所选用的文件格式必须得到操作系统和应用软件的支持。在互联网上和各种不同计算机以及应用软件中使用的声音文件格式可能互不相同。

(1) WAVE 文件(.wav)：微软公司的音频文件格式，它来源于对声音模拟波形的采样。用不同的采样频率对声音的模拟波形进行采样可以得到一系列离散的采样点，以不同的量化位数(8 位或 16 位)把这些采样点的值转换成二进制数，然后存入磁盘，这就产生了声音的 WAVE 文件，即波形文件。利用该格式记录的声音文件能够和原声基本一致，质量非常高，但文件数据量大。

(2) MPEG 文件(.mp3)：现在最流行的声音文件格式，因其压缩率大，在网络可视电话通信方面应用广泛，但与 CD 唱片相比，音质不能令人非常满意。

(3) RealAudio 文件(.ra)：这种格式具有强大的压缩量和极小的失真，它也是为了解决网络传输带宽资源而设计的，因此主要目标是压缩比和容错性，其次才是音质。

(4) MIDI 文件(.mid/.rmi)：它是目前较成熟的音乐格式，实际上已经成为一种产业标准，其科学性、兼容性、复杂程度等各方面已经远远超过本章前面介绍的所有标准(除交响乐 CD、Unplug CD 外，其他 CD 都是利用 MIDI 制作出来的)，General MIDI 就是最常见的通行标准。作为音乐工业的数据通信标准，MIDI 能指挥各音乐设备的运转，而且具有统一的标准格式，能够模仿原始乐器的各种演奏技巧甚至无法演奏的效果，而且文件的长度非常小。RMI 可以包括图片标记和文本。

4. 音频编辑软件

音频编辑在音乐后期合成、多媒体音效制作、视频声音处理等方面发挥着巨大的作用，它是修饰声音素材的最主要途径，能够直接对声音质量起到显著的影响。此类软件较多，如 GoldWave、Cooledit 等，它们的功能繁简不一，界面也有很大不同。但只要掌握其中一款编辑软件的操作方法，就可以满足常规音频编辑的要求。

9.2.2 图形和图像

1. 基本概念

(1) 像素：在位图中，像素是组成图像的最基本单元，它是一个方形的色块，每个色块有自己特定的位置和颜色值。将图像放到足够大时，可以看到类似马赛克的效果，一个小方块就是一个像素。一幅图像单位面积内的像素越多，图像就越细腻，图像质量就越好。

(2) 分辨率：是和图像相关的一个重要概念，它是衡量图像细节表现力的技术参数。分辨率可以分为四种类型：图像分辨率、屏幕分辨率、输出分辨率、位分辨率。

图像分辨率：图像中每单位打印长度像素(点)的数量。

屏幕分辨率：屏幕分辨率是显示器上每单位长度显示的像素数目。

输出分辨率：输出分辨率是激光打印机等输出设备在输出图像时产生的每英寸的油墨点数(dpi)。

位分辨率：图像的位分辨率又称位深，是用来衡量每个像素储存信息的位数。位分辨率越高，每一个像素的明暗层次(灰度)划分就越细腻；相反，如果位分辨率很低，颜色过渡就会出现阶梯状变化。

2. 图像文件格式

(1) PSD 格式：是 Photoshop 默认的文件格式，支持所有 Photoshop 软件功能，也是唯一支持所有图像模式的文件格式。这种格式可以存储 Photoshop 文件中所有图层和设置的效果、Alpha 通道、参考线、剪贴路径、颜色模式等信息。PSD 格式在保存时会经过压缩，但与其他文件格式相比，文件还是要大很多。因为它存储了所有原图的信息，编辑修改很方便，所以在图像编辑过程中，最好存储为 PSD 文件格式，图像作品处理完成后，再转换为其他格式的文件。

(2) BMP 格式：是 Windows 系统的标准图像文件格式。BMP 格式支持 RGB、索引颜色、灰度和位图颜色模式，不支持 Alpha 通道。

(3) TIFF 格式：用于在应用程序和计算机平台之间交换文件，是一种灵活的位图图像格式，几乎支持所有的绘画、图像编辑和页面排版应用程序，几乎所有的扫描仪都可以产生 TIFF 图像。TIFF 格式支持具有 Alpha 通道的 CMYK、RGB、Lab、索引颜色和灰度模式，以及无 Alpha 通道的位图模式图像。Photoshop 可以在 TIFF 文件中存储图层，但是，如果在其他应用程序中打开此文件，则只有拼合图像是可见的。

(4) JPEG 格式：是一种有损图像压缩格式。利用 JPEG 格式可以进行高倍率的图像压缩，压缩后的图像文件比较小。JPEG 格式支持 CMYK、RGB 和灰度模式，但不支持 Alpha 通道。与 GIF 格式不同，JPEG 保留 RGB 图像中的所有颜色信息，但通过有选择地扔掉数据来压缩文件大小。

(5) GIF 格式：是网页上通用的一种文件格式，用于显示超文本标记语言(HTML)文档中的索引颜色图形和图像，最多只有 256 种颜色。GIF 格式保留索引颜色图像中的透明度，但不支持 Alpha 通道。

(6) PDF 格式：是一种灵活的，跨平台的，跨应用程序的文件格式。PDF 文件精确地显示并保留字体、页面板式以及矢量图形和位图图像。PDF 文件支持电子文档搜索和超链接功能。Photoshop PDF 格式支持标准 Photoshop 格式所支持的所有颜色模式和功能，还支持 JPEG 和 ZIP 压缩。

(7) EPS 格式：是一种通用的行业标准格式。EPS 格式同时可以包含矢量图形和位图图像，并且几乎所有的图形、图表和页面排版程序都支持该格式。EPS 格式用于在应用程序之间传递 PostScript 语言图片。当打开包含矢量图形的 EPS 文件时，Photoshop 栅格化图像，将矢量图形转换为像素。

3. 色彩的属性

(1) 色光三原色(RGB)：荧幕显示的色彩是由 R、G、B(红、绿、蓝)三种色光所合成的，必须利用减色法来计算混合后的色彩，色光越多越接近白色，如图 9-4 所示。

(2) 印刷三原色(CMYK)：印刷色彩由 C(青色)、M(洋红)、Y(黄色)三种油墨产生，不同与电子影像，利用加色法混合三色，理论上可以得到纯黑色和纯白色之间的所有颜色。加入 K(黑色)印刷纯黑色和纯灰色，可节省大量彩墨，如图 9-5 所示。

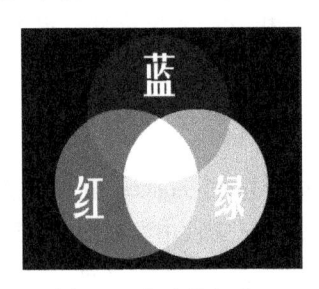

图 9-4 色光的混合　　　　图 9-5 色彩的混合

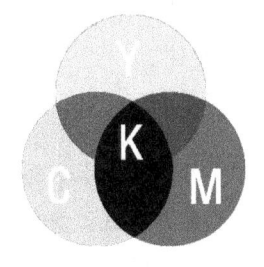

(3) 色彩属性：色彩具有三个基本的属性：色相、明度和彩度。
色相：是指红、橙、黄、绿、蓝、紫等色彩，而黑、白以及各种灰色是属于无色系的。
明度：是指色彩的明暗程度。
彩度：是指色彩的纯度，也可以称为色彩的饱和度。

4. 图像色彩模式

色彩模式决定了一幅数码图像以什么样的方式在计算机中显示或打印输出。不同的色彩模式除了影响图像色彩的显示，还影响图像的文件大小。

(1) 位图模式：位图模式的图像只有黑色和白色的像素。只有双色调模式和灰度模式可以转换为位图模式，如果要将位图图像转换为其他模式，需要先将其转换为灰度模式。

(2) 灰度模式：通常是 8 位的图像，包含 256 个灰阶，即用 256 种不同灰度值来表示图像，0 表示黑色，255 表示白色。任何模式的图像都可转换为灰度模式，但原来图像中的彩色信息将被丢失。

(3) 双色调模式：通过 2～4 种自定油墨创建双色调的灰度图像。双色调模式不是一个单独的图像模式，它包含四种不同的图像模式：单色调、双色调(两种颜色)、三色调(三种颜色)和四色调(四种颜色)。

(4) 索引颜色模式：使用 0～256 种颜色来表示图像，索引颜色的图像占硬盘空间较小，但是图像质量不高，适用于多媒体动画和网页图像制作。

(5) RGB 模式：图像通过 R(红)、G(绿)、B(蓝)三个颜色通道，为每个像素的 RGB 分量指定一个介于 0(黑色)到 255(白色)之间的强度值。通过 R、G、B 三个颜色通道，RGB 色彩模式的图像可以在屏幕上生成多达 1670 万种颜色，RGB 模式下的每个像素包含 24(8×3)位颜色信息。

(6) CMYK 模式：是针对印刷而设计出的一种颜色模式，由青色、洋红、黄色、黑色四种颜色组成。在 CMYK 模式的图像中，每像素包含 32 位(8×4)位颜色信息。

(7) Lab 模式：通过两个色调参数(a，b)和一个光强度参数(L)来控制色彩。

(8) 多通道模式：可以将任何图像的多个通道转变为单个的专色通道，所产生的通道是 8 位灰度并能表现出原来通道的灰度值。

9.2.3 视频信息

1. 视频

视频是活动的图像，一幅幅静止图像按照一定的规则和时间顺序连续播放，就形成了视频。图像是视频的最小和最基本的单元。在电视和计算机动画中把每幅图像称为一帧，在电影中每幅图像称为一格。我们看到的电影、电视、DVD、VCD 等都属于视频的范畴。

与静止图像不同，视频是活动的图像。当以一定的速率将一幅幅画面投射到屏幕上时，由于人眼的视觉暂留效应，人们的视觉就会产生动态画面的感觉，这就是电影和电视的由来。

2. 视频的划分

从视频信号的组成和存储方式来讲分为模拟视频和数字视频，模拟视频简单地说就是由连续的模拟信号组成的视频图像，我们看到的电影、电视、VHS 录像带上的画面通常都是以模拟视频的形式出现的，数字视频是区别于模拟视频的数字式视频，它把图像中的每一个点(称为像素)都用二进制数字组成的编码来表示，可对图像中的任何地方进行修改。

视频信号往往是和音频信号相伴的，作为一个完整的信息需要将音频和视频结合起来形成一个整体。人们经常使用的录像带就是将磁带分为两个区域，分别用来记录视频信息和音频信息，在播放时，将视、音频信号同时播放。

3. 模拟视频

人们以前所接触的视频信号大多是模拟信号。之所以称为模拟信号，是因为它用电流的变化模拟了表示声音、图像信息的物理量。模拟信号就是用电流的变化来代表或模拟所摄取的图像，记录下它们的光学特征。然后通过调制和解调，将信号传输给接收机，显示在显示屏上，还原成原来的光学图像。这就是电视广播的基本原理与过程。

为了记录模拟视频信号，一般采用磁带作为记录载体。利用磁带的磁滞回线特性将音视频信号记录在磁带上。完成记录与重放的设备就是录像机，录像机中有磁头，按一定的规律运动，将随时间变化的音视频信号记录在磁带上。在重放时，磁带上表现音视频信号的磁感应强度信号被磁头感应成电信号，再经过处理还原成视频信号。

随着技术的发展，目前一般家用摄像机也都可以用硬盘存储的方式直接保存采集和压缩后的数字视频，磁带基本处于淘汰趋势。

4. 电视制式

电视信号采用编码标准的不同，形成了不同的电视制式。电视制式是指一个国家的电视系统所采用的特定制度和技术标准。具体来说现在世界上共有三种电视制式，目前全世界大部分国家(包括欧洲多数国家，非洲、澳洲的国家和中国)采用 PAL 制，采用 25f/s 帧率；美国、日本、加拿大等国家采用的是由美国国家电视标准委员会(NTSC)制定的 NTSC 制，采用 30f/s 帧率(精确地讲为 29.97f/s)；另一种制式 SECAM 制主要用于法国、前苏联及东欧国家。

9.2.4 多媒体压缩技术

多媒体系统主要采用数字化方式，对声音、文字、图形、图像、视频等媒体进行处理。数字化处理面临的主要问题是巨大的数据量，尤其对动态图形和视频图像。所以数据的高效表示和压缩技术就成为多媒体系统的关键技术。

1. 数据压缩方法分类

(1) 无失真压缩：利用数据的冗余进行压缩，可完全恢复原始数据而不引入任何失真，但压缩率受到统计冗余度的理论限制，一般为 2∶1～5∶1。

(2) 有失真压缩：利用了人类视觉和听觉器官对图像或声音中某些频率成分不敏感的特性，允许在压缩过程中损失一定信息。

2. 压缩的国际标准

(1) 静止图像压缩标准 JPEG 是联合图片专家小组的缩写。该小组提出了一个适用于彩色和单色多灰度或连续色调静止图像的数字压缩国际标准，简称 JPEG 标准。它可将图像数据压缩到 1/10～1/30，并可实行实时再生。

(2) 动态图像压缩标准 MPEG 是动态图像专家小组的缩写。该小组提出了一个适用于动态图像数据压缩的国际标准，简称 MPEG 标准。该标准包括 MPEG 视频、MPEG 音频和视频音频同步。

由于多媒体涉及的素材领域较宽，种类较多，因此要学习和应用好多媒体技术，就必须拓宽知识面，掌握相关技术和工具。同时，多媒体作品一般要具有一定的创意设计、美工表现能力和艺术表现手法，因此，提高自己的审美境界，让自己的作品更具艺术表现力和感染力，也是进入多媒体领域必须具备的基本素质之一。

习 题

1. 选择题

(1) 不属于图像文件格式的是(　　)。

　　① CIF　　　　② GIF　　　　③ TIF　　　　④ BMP

(2) 取决于声音振幅大小的是(　　)。

　　① 音调　　　　② 音色　　　　③ 音量　　　　④ 音频

2. 简答题

(1) 什么是媒体？媒体有哪些分类？
(2) 什么是多媒体？什么是多媒体技术？
(3) 多媒体的信息类型有哪些？
(4) 多媒体有哪些特性？
(5) 声音信息如何进行数字化？
(6) 色彩有哪些属性？
(7) 简述你对"视频"这个概念的理解。
(8) 谈谈你对媒体压缩国际标准的认识。

参 考 文 献

卞诚君，常京丽. 2012. 电脑办公 Windows 7+Office 2010 完全学习手册[M]. 北京：清华大学出版社
蔡克中，沈亚楠，朱芳. 2012. Office 办公秘技 360 招[M]. 北京：中国青年出版社
常保平，段新昱. 2009. 大学计算机基础[M]. 北京：科学出版社
李健苹，敖开云，陈郑军. 2011. 计算机应用基础教程[M]. 北京：人民邮电出版社
马龙工作室. 2011. Office 2010 完全自学手册[M]. 北京：人民邮电出版社
彭爱华，刘晖. 2012. Windows 7 使用详解(修订版)[M]. 北京：人民邮电出版社
王欣欣. 2012. 文档之美——打造优秀的 Word 文档[M]. 北京：电子工业出版社
Bryant E R，O'Hallaron D R. 2010. 深入理解计算机系统[M]. 龚奕利，雷迎春，译. 北京：机械工业出版社
Excel Home. 2012. Word 2010 实战技巧精粹[M]. 北京：人民邮电出版社

附　　录

实验 1　计算机基础知识

1.1　实验目的

(1) 了解计算机的发展历程。
(2) 掌握微型计算机的组成。
(3) 熟练掌握计算机的输入方法。
说明：本实验为验证性实验。

1.2　基本实验

(1) 观察主机、显示器、键盘、鼠标等硬件设备，了解计算机硬件系统的主要部件。
(2) 打开外设(显示器、音箱等)的电源开关，再打开主机的电源开关，观察计算机的启动过程。
(3) 认真观察键盘，了解主键区、编辑键区、小键盘区、功能键区以及状态指示灯区的分布情况。
(4) 单击"开始"菜单，执行"所有程序"→"附件"→"写字板"命令启动写字板程序，在写字板中录入下面的内容(在录入过程中注意指法，并体会 Backspace、Delete、Enter、Shift、Caps Lock、Num Lock 等键的作用)。
① 内容一：

Computer and Man

　　Computer and Man It is believed that the computer can do almost every thing. At the time the computer was invented, scientists, carried away by its calculating speed, felt that they had created a miracle. It was gradually used not only in mathematics, physics, chemistry and astronomy, but in places like the library, hospital and military army to replace the work of man. For the work of man. For this reason, the computer was entitled "Electronic Brain" in terms of appreciation.

　　Can man be controlled by computers? The answer is negative. Although a computer works much faster and accurately than man, a fact is undeniable; it is designed, manufactured and programmed by man, and therefore by human beings. Of course, science fictions have made up many fascinating stories about a computer, or rather robot, who conquers man and the earth, even the whole universe; however, they are only unrealistic imagination. A horse helps man a lot runs much faster than we, but it is only a slave.

The future for the computer is very promising. With the help of it, we can do things that could not be done before. Conquering the universe, discovering new things, explaining mysteries phenomena puzzling us at present are all made possible by computer.

② 内容二：

　　计算机是一种能够自动、高速、精确地存储和加工信息的电子设备。它是 20 世纪人类最伟大的发明之一，它的出现和发展使人类文明向前迈进了一大步。随着社会的发展和科技的进步，计算机已经成为现代人类社会活动中不可或缺的工具。

　　计算机对人类的生产活动和社会活动产生了极其重要的影响，并以强大的生命力飞速发展。它的应用领域从最初的军事科研应用扩展到社会的各个领域，已形成了规模巨大的计算机产业，带动了全球范围的技术进步，由此引发了深刻的社会变革。计算机已遍及学校、企事业单位，进入寻常百姓家，成为信息社会中必不可少的工具。它是人类进入信息时代的重要标志之一。

(5) 在指法正确的基础上逐步提高击键的准确性和速度(可以借助某种打字练习软件进行练习)。

(6) 单击"开始"菜单，在弹出的菜单中单击"关闭计算机"命令，就会弹出"关闭计算机"对话框。单击对话框中的"关闭"按钮，观察计算机的关闭过程。等主机关闭之后再关闭显示器等外设的电源开关。

1.3　进阶实验

深入了解计算机的各项性能指标。假如自己要购买一台计算机，从 CPU 速度、RAM 型号、显示器质量、硬盘容量、价格等方面做出自己的选择。

实验 2　操作系统的使用

2.1　实验目的

(1) 理解 Windows 7 系统中的常见概念。
(2) 熟悉 Windows 7 系统的安装。
(3) 掌握 Windows 7 系统中的常用桌面操作。
(4) 熟练掌握 Windows 7 系统中的文件、文件夹管理。
(5) 掌握 Windows 7 系统中的应用程序管理。
(6) 了解 Windows 7 系统的配置和维护。

说明：本实验为验证性实验。

2.2　基本实验

1. Windows 7 的安装和配置

Windows 7 的安装方式分为两种：升级安装和全新安装，前者在原有 Windows 操作系统的旧版本基础上升级为 Windows 7，从而能够保留原有的系统配置和已经安装的应用程序等。而后者则是全新安装一个新版本的操作系统，从而不会保留原有系统里面已有的配置，应用程序也需要重新安装。

在安装之前，需要准备好 Windows 7 系统光盘，或者从官方网站下载的系统文件。

1) 升级安装方法(来源于微软官方网站)

（1）运行安装文件。

如果已下载 Windows 7，则找到所下载的安装文件，然后双击它。

如果有 Windows 7 安装光盘，则将该光盘插入计算机光驱中。安装过程应自动开始。如果没有自动开始安装，则依次单击"开始"按钮和"电脑"选项，再双击 DVD 驱动器以打开 Windows 7 安装光盘，然后双击 setup.exe。

如果已将 Windows 7 安装文件下载到 USB 闪存驱动器上，则将该驱动器插入计算机。安装过程应自动开始。如果没有自动开始安装，则依次单击"开始"按钮和"电脑"选项，然后依次双击该驱动器和 setup.exe。

（2）在"安装 Windows"页面上，单击"立即安装"按钮。

（3）在"您想进行何种类型的安装？"页面上(附图 1)，单击"升级"选项开始升级。可能会显示兼容性报告。

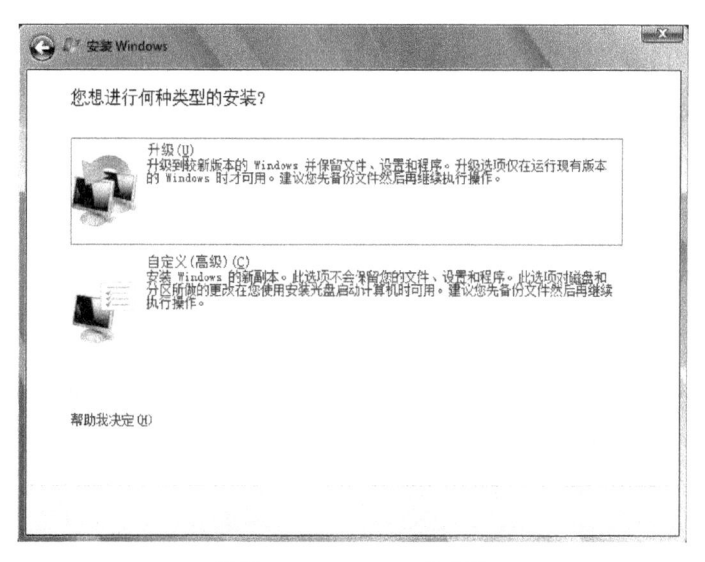

附图 1　Windows 7 的安装

2) 全新安装方法

如果计算机上已经安装操作系统，则在上面描述的第（3）步中，单击"自定义"选项，开始下面的安装。可以在安装过程中选择是否格式化磁盘。

如果在没有安装操作系统的计算机上安装 Windows 7，步骤如下：

（1）需要使用 Windows 7 安装光盘或 USB 闪存驱动器启动或引导计算机。

（2）打开计算机，插入 Windows 7 安装光盘或 USB 闪存驱动器，然后关闭计算机。

（3）重新启动计算机。

（4）收到提示时按任意键，然后按照显示的说明进行操作。

（5）在"安装 Windows"页面上，输入语言和其他首选项，然后单击"下一步"按钮。

(6) 在"您想进行何种类型的安装?"页面上,单击"自定义"选项。

(7) 在"您想将 Windows 安装在何处?"页面上,选择要用来安装 Windows 7 分区,或如果未列出任何分区,则单击"未分配空间"选项,然后单击"下一步"按钮。

(8) 如果出现对话框,说明 Windows 可能会为系统文件创建其他分区,或选择的分区可能包含有恢复文件或计算机制造商的其他类型文件,单击"确定"按钮。

(9) 按照说明完成 Windows 7 的安装,包括为计算机命名以及设置初始用户账户。

2. 桌面设置

(1) 主题的设置。选取一种方法,为计算机设置一个新的主题,对比主题之间的不同,理解什么是主题。

(2) 背景的设置。从网上下载一幅分辨率和本机分辨率相同的图片,然后将该图片设置为计算机桌面的背景图片;继续从网上下载多幅分辨率相同的图片,设置桌面背景以幻灯片方式播放所下载的这些图片。

(3) 关闭或开启透明特效。执行关闭、开启窗口透明特效,体验二者之间的不同。

(4) 电源计划设置。为计算机设置电源计划,使得半小时之内不操作计算机,则计算机自动进入休眠状态。

(5) Aero 3D 窗口切换。使用 Win+Tab 组合键,体验 Windows 7 中进行窗口切换的 3D 效果。

3. 文件、文件夹管理

(1) 打开"我的电脑"窗口,进入 F 盘。

(2) 新建文件夹,文件夹重命名为"学号+姓名",如"10010001 李明",打开该文件夹。

(3) 在该文件夹下,新建两个文件夹,分别命名为"图片"、"PPT"。

(4) 下载三幅你喜欢的动物的图片,大小为 1024×768,存放在"图片"文件夹下。分别给这三幅图片命名 001、002、003。

(5) 使用搜索引擎,下载介绍该动物的幻灯片到桌面,然后,剪切到"PPT"文件夹(注:① 幻灯片文件扩展名为 ppt。② 搜索指定类型的文件,在搜索关键字后面加"空格 filetype:扩展名",比如"关键字 filetype:ppt")。

(6) 进入"图片"文件夹,新建文本文件,重命名为"文字描述",在该文件中,撰写文字描述你所喜欢的动物。字数不少于 300 字,并保存。

(7) 设定第(6)步所建的文件为"只读"、"隐藏",然后右击,在弹出的菜单中执行"刷新"命令。

(8) 选择"组织"→"文件夹和搜索选项"命令,选择"显示隐藏的文件、文件夹和驱动器"选项。

2.3 进阶实验

1. 应用程序管理

卸载计算机上的 QQ 软件,并安装最新版,操作步骤如下。

(1) 单击"开始"菜单,打开"控制面板"窗口,选择"程序(程序和功能)"选项,选择"腾讯QQ"选项,单击"卸载"按钮。

(2) 使用搜索引擎,搜索"QQ下载"、"QQ下载 天空"或"QQ下载 华军"等。

(3) 根据提示一步步下载,双击开始安装(注:把软件安装到D盘)。

2. Windows 7系统的配置和维护

1) 用户账户的添加和修改

(1) 单击"开始"菜单,进入"控制面板"窗口。

(2) 单击"用户账户和家庭安全"选项,可对系统的账户进行设置。可以添加或删除原有的账户,也可以对现有账户的密码进行修改。

2) 磁盘碎片整理程序的使用

(1) 单击"开始"菜单,进入"控制面板"窗口。

(2) 单击"系统和安全"选项,在"管理工具"的位置单击"对硬盘进行碎片整理"命令,调出磁盘整理程序,选择磁盘驱动器盘符后,单击"磁盘碎片整理"命令,开始整理磁盘。

3) 硬件驱动程序的安装

在桌面上右击"计算机"图标,在弹出的快捷菜单中选择"设备管理"命令,打开"设备管理器"窗口,单击"扫描检测硬件改动"按钮。在接下来的提示中,选择设备的驱动程序进行安装。

实验3 计算机网络应用

3.1 实验目的

(1) 熟练掌握浏览器的使用方法。

(2) 熟练使用搜索引擎在网络上查找所需的信息。

(3) 熟练使用电子邮箱收发电子邮件。

(4) 了解TCP/TP的使用方法。

说明:本实验为验证性实验。

3.2 基本实验

1. 浏览器的使用

(1) 启动Internet Explorer访问中国研究生招生信息网(yz.chsi.com.cn),并浏览网页,如附图2所示。

(2) 在浏览中国研究生招生信息网的过程中,尝试保存整个网页或只保存网页中的图片。

(3) 将中国研究生招生信息网的首页设置为主页。

(4) 将中国研究生招生信息网的首页添加到收藏夹。

(5) 安装其他浏览器,如360安全浏览器、搜狗浏览器、谷歌浏览器等,并使用它们浏览网页。

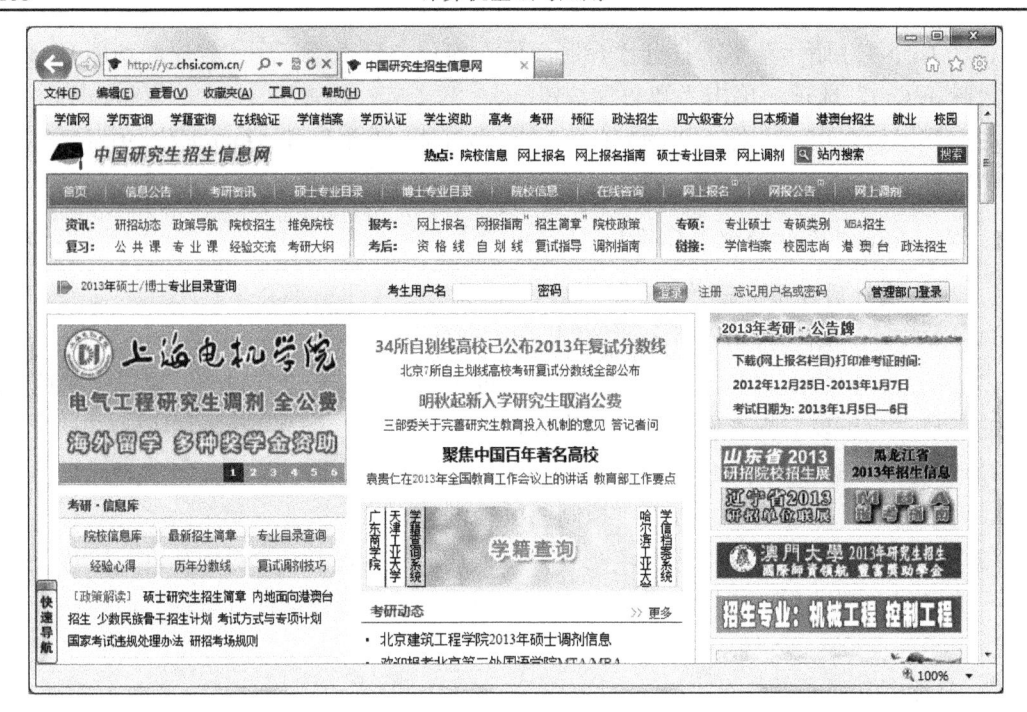

附图2　浏览器的使用

2. 使用搜索引擎查找信息

(1) 使用百度在网络上搜索"专业学位"的相关信息(附图3)，并将找到的信息保存在一个文本文档中。

附图3　搜索引擎使用

(2) 使用其他搜索引擎如谷歌、搜狗、雅虎等搜索所需的信息。

3. 电子邮箱的使用

(1) 申请一个免费的 163 邮箱，如附图 4 所示。

附图 4　电子邮箱的申请

(2) 写一封电子邮件，将创建的文本文档作为附件添加其中，然后把这封电子邮件发送给自己和你的好友，如附图 5 所示。

附图 5　发送附件

(3) 查看发给自己的电子邮件，把其中的附件下载到本地计算机中，如附图 6 所示。

附图 6 下载附件

(4) 使用其他的电子邮箱，如 QQ 邮箱、搜狐邮箱、新浪邮箱收发电子邮件。

3.3 进阶实验

1. 添加/删除网络协议、服务或客户端

1) 添加网络协议、服务或客户端

安装 Windows 7 时，TCP/IP 协议将自动与 Windows 一起安装，可以根据需要添加其他协议、服务或客户端。方法如下：

(1) 打开"控制面板"窗口，在其中单击"网络和共享中心"选项。

(2) 单击"网络和共享中心"选项左侧的"更改适配器设置"，打开"网络连接"窗口。

(3) 右击"本地连接"图标，在弹出的快捷菜单中选择"属性"命令，弹出"本地连接 属性"对话框，如附图 7 所示。

(4) 单击"安装"按钮，弹出"选择网络功能类型"对话框，如附图 8 所示。

(5) 在"选择网络功能类型"对话框中，选择要安装的网络功能类型，然后单击"添加"按钮。

(6) 在弹出的对话框中，选择要添加的项目，然后单击"确定"按钮。

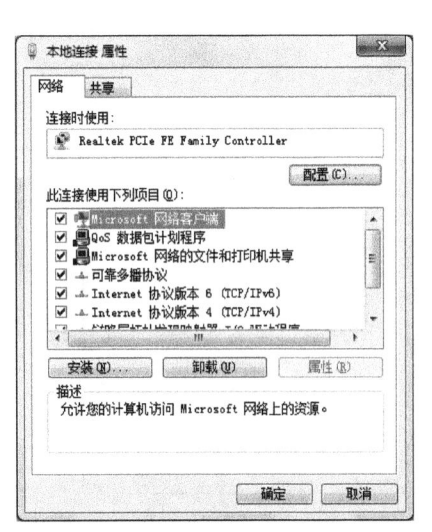

附图 7 "本地连接 属性"对话框

安装协议、服务或客户端时，将会为所有连接安装。如果不想为某一特定连接安装协议、服务或客户端，可以右击该连接，在弹出的快捷菜单中选择"属性"命令，在弹出的"本地连接 属性"对话框的"网络"选项卡下，清除相应项目前边的复选框，然后单击"确定"按钮。

2) 删除网络协议、服务或客户端

在"本地连接 属性"对话框中，选择要删除的项目，单击"卸载"按钮，弹出提示信息："卸载一个功能会将其从所有网络连接上删除。你确定要卸载……吗？"单击"是"按钮即可卸载，单击"否"按钮可以取消卸载。

附图 8 "选择网络功能类型"对话框

2. 查看/设置 IP 地址

1) 查看 IP 地址

右击要查看 IP 地址的连接，在弹出的快捷菜单中选择"属性"命令，弹出"本地连接 属性"对话框，选择"网络"选项卡，若要查看 IPv4 IP 地址，可双击"Internet 协议版本 4(TCP/IPv4)"，弹出"Internet 协议版本 4(TCP/IPv4)属性"对话框，如附图 9 所示，在对话框中即可查看 IPv4 IP 地址。若要查看 IPv6 IP 地址，可双击"Internet 协议版本 6(TCP/IPv6)"，弹出"Internet 协议版本 6(TCP/IPv6)属性"对话框，如附图 10 所示，在对话框中即可查看 IPv6 IP 地址。

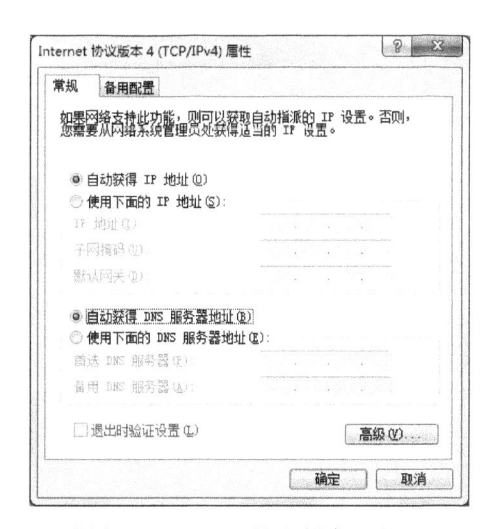

2) 设置 IP 地址

右击要设置 IP 地址的连接，在弹出的快捷菜单中选择"属性"命令，弹出"本地连接 属性"对话框，选择"网络"选项卡，若要设置 IPv4 IP 地址，可双击"Internet 协议版本 4(TCP/IPv4)"，弹出"Internet 协议版本 4(TCP/IPv4)属性"对话框，如附图 9 所示，在对话框中选择"使用下面的 IP 地址"，然后分别在"IP 地址"、"子网掩码"、"默认网关"、"首选

附图 9 "Internet 协议版本 4(TCP/IPv4)属性"对话框

DNS 服务器"和"备用 DNS 服务器"文本框中键入 IP 地址、子网掩码、默认网关地址、首选 DNS 服务器地址和备用 DNS 服务器地址。若要设置 IPv6 IP 地址，可双击"Internet 协议版本 6(TCP/IPv6)"，弹出"Internet 协议版本 6(TCP/IPv6)属性"对话框，如附图 10 所示，在对话框中选择"使用下面的 IPv6 地址"，然后分别在"IPv6 地址"、"子网前缀长度"、"默认网关"、"首选 DNS 服务器"和"备用 DNS 服务器"文本框中键入 IPv6 地址等。

附图 10 "Internet 协议版本 6(TCP/IPv6)属性"对话框

3. 检测网络是否连通

如果计算机不能访问网络上的资源，可能是由于网络不通，可用以下方法检测网络是否连通：

（1）打开"开始"菜单，输入"cmd"，按 Enter 键，打开命令提示符窗口，如附图 11 所示。

（2）在命令提示符窗口中，用 ping 命令 ping 其他主机的 IP，根据 ping 命令的执行情况可以判断是否与其他主机连通。

附图 11 命令提示符窗口

例如，要检测本地计算机是否与局域网中其他计算机连通，可在命令提示符窗口中输入：ping "局域网中某台主机的 IP 地址"，然后按 Enter 键；要检测本地计算机是否与 Internet 连接，可在命令提示符窗口中输入：ping "某台主机的 IP 地址"（引号中表示具体的 IP 地址，如 202.102.224.68），然后按 Enter 键。也可在命令提示符窗口中输入：ping "Internet 中某台主机的域名"，按 Enter 键来检测本地计算机是否与 Internet 连接。附图 12 所示的情况表示本地计算机与 Internet 连通。

附图 12 本地计算机与 Internet 连通

实验 4 常用软件的使用

4.1 实验目的

（1）熟练使用下载软件在网络上下载资源。
（2）熟练使用压缩解压缩软件。
（3）熟练使用播放软件播放影音文件。
（4）熟练使用阅读软件阅读电子图书。
（5）熟练使用翻译软件。
（6）熟练使用杀毒软件。

说明：本实验为验证性实验。

4.2 基本实验

1. 下载软件的使用

（1）使用迅雷下载 WinRAR、千千静听、暴风影音、CAJViewer、金山词霸、瑞星杀毒软件。
（2）使用其他下载软件如网际快车(FlashGet)、比特彗星(BitComet)、电驴(eMule)、Vagaa 哇嘎等下载需要的资源。

2. 压缩解压缩软件的使用

（1）安装 WinRAR，练习压缩文件和解压缩文件操作。
（2）安装其他压缩解压缩软件如 WinZip、7-Zip、2345 好压等，使用它们压缩文件、解压缩压缩文件。

3. 播放软件的使用

（1）使用千千静听在线播放音乐。
（2）使用暴风影音在线播放影视。
（3）使用其他影音播放软件，如播放音乐、影视。

4. 阅读软件的使用

（1）使用 CAJViewer 阅读电子图书。
（2）使用其他阅读软件如 Adobe Reader、福昕 PDF 阅读器(Foxit Reader)等阅读电子图书。

5. 翻译软件的使用

（1）使用金山词霸查词或翻译句子。
（2）使用其他翻译软件如灵格斯词霸、有道词典等查词或翻译句子。

6. 杀毒软件的使用

（1）使用 360 杀毒软件全盘扫描病毒。
（2）使用其他杀毒软件如瑞星杀毒软件等进行全盘扫描病毒。

实验 5　文字处理系统 Word 2010

5.1　实验目的

（1）熟练掌握 Word 2010 文档管理的基本操作。
（2）熟练掌握 Word 2010 文档基本编辑排版操作。
（3）熟练掌握 Word 2010 表格制作。
（4）掌握 Word 2010 图文混排操作。
说明：本实验为验证性、综合性、设计性实验。

5.2　基本实验

1．创建书法字帖

（1）在 Word 中新建一个书法字帖，保存到 D 盘，文件名为：学号+姓名_书法字帖.docx，如 121651001 张小亮_书法字帖.docx。

（2）书法字帖中选择的是系统字体"方正魏碑简体"，网格样式为"田回格"，字体颜色为"蓝色"，样例如附图 13 所示。

2．文字录入与编辑操作

（1）在 Word 中新建一个文档，保存到 D 盘，文件名为：学号+姓名_文字处理.docx。
（2）输入如下文本及特殊符号：

　　学分制不同于学年制，是一种以学生个体为中心，以课程选修机制为基础的教学方式。其弱化了原有的班级概念，使得教学信息的传输不再以班级为单位，而是以学生个体为单位。研究学分制背景下的教学信息分享机制，对于教学工作来说，改变了原有的教学信息传播和分享模式，可提升课堂之外的教学信息传播和分享效率。☺

（3）将上一段文字复制两份，形成文档的第二、三段文字并添加一种项目符号。
（4）查找"学生"两字，并替换为四号红色黑体格式的"学生"两字。样例如附图 14 所示。

附图 13　书法字帖示例　　　　　　附图 14　文字处理示例

3. 表格排版操作

(1) 新建一个文档，保存到 D 盘，文件名为：学号+姓名_表格排版.docx。

(2) 在文档中制作如附图 15 所示的表格，其中合计一行需要用表格中的公式计算出来。

生产、出口能力比较

	生产（万美元）		出口（万美元）	
	1994 年	1995 年	1994 年	1995 年
电子元器件	20,028	24,657	17,451	21,918
消费类电子产品	10,410	11,439	7,356	8,075
投资类电子设备	7,978	9,736	5,670	6,262
合计	38,416	45,832	30,477	36,255

附图 15 表格示例

4. 公式的编辑操作

(1) 新建一个文档，保存到 D 盘，文件名为：学号+姓名_公式排版.docx。

(2) 在文档中制作如下公式。

$$\alpha = \frac{K}{K-1}\left(1 - \frac{\sum_{i=1}^{K}\sigma_{Y_i}^2}{\sigma_X^2}\right)$$

5. 图文混排操作

(1) 在网上查找一篇文章，将其纯文本内容复制到一个新的文档中，保存到 D 盘，文件名为：学号+姓名_图文混排.docx。

(2) 设置纸张为自定义，宽度为 20 厘米，高度为 29 厘米；页边距为上 2.6 厘米，下 3.6 厘米，左、右各 3.5 厘米。

(3) 全文字体为五号楷体，行间距为最小值 20 磅，首行缩进为 2 字符。

(4) 标题为艺术字格式，正文第 2~4 段分为两栏，加分隔线。

(5) 设置正文最后一段底纹，图案样式为 10%。

(6) 插入一幅宽 6.1 厘米，高 1.4 厘米的图片并设置一些图片效果。

(7) 设置正文第 4 段前三个字加下划线，并添加尾注，内容自定。

(8) 在页眉区左侧添加页眉内容，右侧添加页码，页码为 2。

(9) 整篇文档的格式设置必须完成以上基本设置项目要求，但可以根据所选文章内容、意境，局部调整一下设置的参数，或增加一些可以令文章生色的元素。样例如附图 16 所示。

5.3 进阶实验

1. 电子杂志制作

选择一本杂志，在其中挑选一个版式精美的页面(附图 17)，综合运用自己掌握的 Word 2010 的相关知识，模仿其排版。

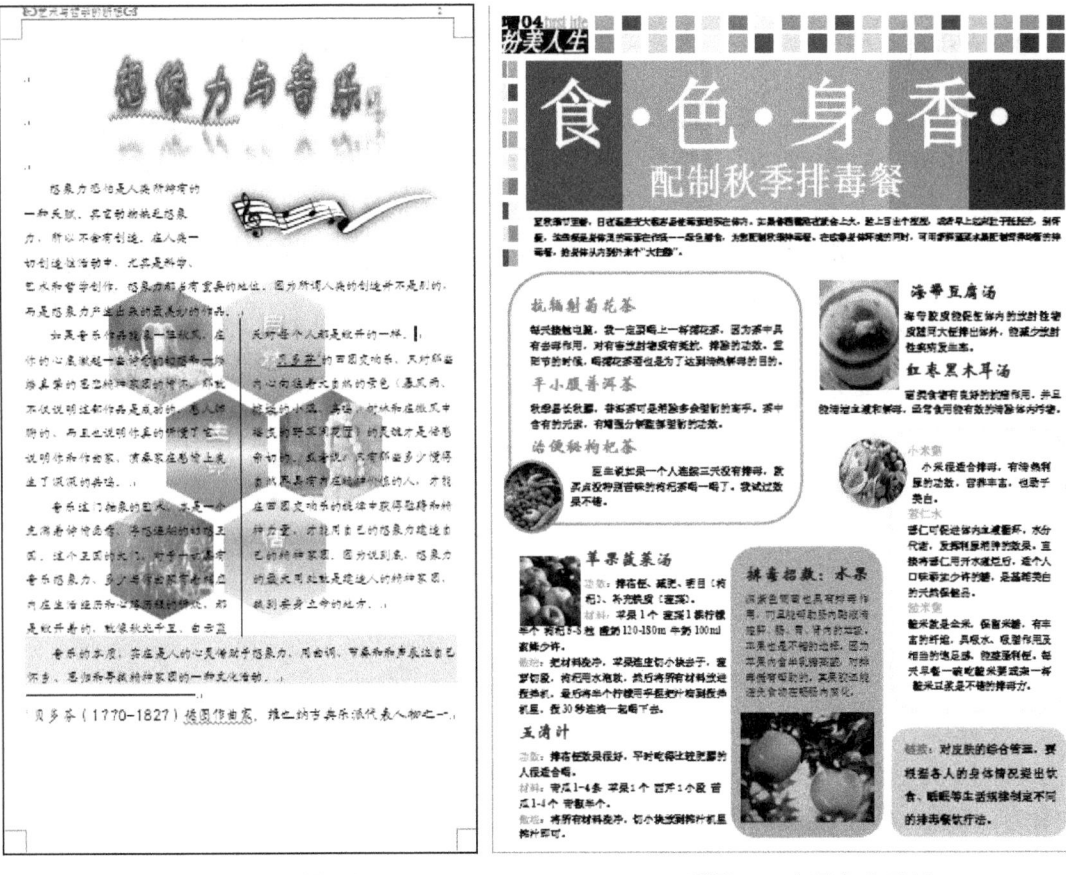

附图 16　图文混排示例　　　　　　　　附图 17　电子杂志示例

2．自主设计——我的成长

以自己的成长为主线，分时期、分阶段地介绍一下自己的成长心路，综合运用 Word 排版技能，如可以引用封面、目录、样式、SmartArt 图形等元素，整体文稿要图文并茂、生动、协调。

实验 6　电子表格处理系统 Excel 2010

6.1　实验目的

（1）熟练掌握 Excel 2010 创建工作薄的方法。
（2）熟练掌握工作表的基本操作。
（3）熟练掌握工作表中不同类型数据的输入和数据的自动填充。
（4）掌握基本的单元格格式设置方法。
（5）熟练掌握公式和函数的基本使用方法。
（6）掌握工作表中数据排序与筛选的方法。
（7）掌握创建图表的基本方法。

说明：本实验为验证性、设计性实验。

6.2 基本实验

启动 Excel 2010，观察其窗口的组成。

（1）新建一个工作簿并保存在磁盘上，文件名为"学号+姓名_上机练习.xlsx"，保存位置自定。

（2）按照附图 18 输入数据。

	A	B	C	D	E	F	G	H
1	姓　名	语文	数学	英语	物理	化学	生物	总分
2	滕　飞	112	105	115	79	82	75	
3	梁佳嘉	125	140	120	90	88	79	
4	王　蓉	132	120	119	82	79	72	
5	沈琳琳	115	118	109	85	83	81	
6	陈施微	109	123	105	89	85	84	
7	钮敏明	93	95	91	67	70	65	
8	杨　薇	87	96	85	59	71	57	
9	张莹翡	76	77	92	54	65	48	
10	沈东霞	121	135	120	91	84	84	
11	王玉琴	123	126	125	85	83	76	
12	沈　敏	126	139	121	89	85	84	
13	高晓萍	140	128	118	79	75	77	
14	金　科	144	145	130	95	90	89	
15	瞿华峰	132	140	98	91	88	81	
16								

附图 18　数据的输入

（3）在第一列前插入一列，单元格 A1 填充"学号"。以文本的形式输入学号，从"1"开始，自动填充所有学号。

（4）在第一行前插入一行，合并 A1:J1 单元格，输入"振华中学高三理科班期中成绩表"黑体，居中，20。

（5）使用自动求和计算总分。

（6）分别给标题栏"语文"、"数学"、"英语"添加批注"满分 150　优秀 120～150　及格 90～120　不及格 0～90"，"物理"、"化学"、"生物"添加批注"满分 100　优秀 80～100　及格 60～80　不及格 0～60"，"总分"添加批注"满分 750"。

（7）在 J2 单元格输入"简评"，添加批注"优秀 600～750　一般 500～600　及格 450～500　不及格 0～450"，用 IF 函数完成各个简评具体信息的填充，如附图 19 所示。

	A	B	C	D	E	F	G	H	I	J
1				振华中学高三理科班期中成绩						
2	学号	姓　名	语文	数学	英语	物理	化学	生物	总分	简评
3	1	滕　飞	112	105	115	79	82	75	568	一般
4	2	梁佳嘉	125	140	120	90	88	79	642	优秀
5	3	王　蓉	132	120	119	82	79	72	604	优秀
6	4	沈琳琳	115	118	109	85	83	81	591	一般
7	5	陈施微	109	123	105	89	85	84	595	一般
8	6	钮敏明	93	95	91	67	70	65	481	及格
9	7	杨　薇	87	96	85	59	71	57	455	及格
10	8	张莹翡	76	77	92	54	65	48	412	不及格
11	9	沈东霞	121	135	120	91	84	84	635	优秀
12	10	王玉琴	123	126	125	85	83	76	618	优秀
13	11	沈　敏	126	139	121	89	85	84	644	优秀
14	12	高晓萍	140	128	118	79	75	77	617	优秀
15	13	金　科	144	145	130	95	90	89	693	优秀
16	14	瞿华峰	132	140	98	91	88	81	630	优秀
17										

附图 19　数据的处理

(8) 给表格添加附图 20 所示的边框。

学号	姓名	语文	数学	英语	物理	化学	生物	总分	简评
				振华中学高三理科班期中成绩					
1	滕 飞	112	105	115	79	82	75	568	一般
2	梁佳嘉	125	140	120	90	88	79	642	优秀
3	王 蓉	132	120	119	82	79	72	604	优秀
4	沈琳琳	115	118	109	85	83	81	591	一般
5	陈施微	109	123	105	89	85	84	595	一般
6	钮敏明	93	95	91	67	70	65	481	及格
7	杨 薇	87	96	85	59	71	57	455	及格
8	张莹翡	76	77	92	54	65	48	412	不及格
9	沈东霞	121	135	120	91	84	84	635	优秀
10	王玉琴	123	126	125	85	83	76	618	优秀
11	沈 敏	126	139	121	89	85	84	644	优秀
12	高晓萍	140	128	118	79	75	77	617	优秀
13	金 科	144	145	130	95	90	89	693	优秀
14	瞿华峰	132	140	98	91	88	81	630	优秀

附图 20 添加边框

(9) 将当前工作表命名为"期中成绩表"。

(10) 复制单元格区域 A2:I16 到工作表 Sheet2、Sheet3、Sheet4 中。

(11) 在 Sheet2 工作表中"姓名"列后添加"性别"列，具体数据如附图 21 所示，对"总分"按"性别"进行分类求和。

(12) 在 Sheet3 工作表中"姓名"列后添加"性别"列，筛选出"总分"在 550 以上的男学生。

(13) 在 Sheet4 工作表中按"姓名"的升序排序。

(14) 在"期中成绩表"工作表中以"姓名"和"总分"两列数据创建一个簇状柱形图，系列产生在列上，显示图表标题及图例。

	A	B	C	D	E	F	G	H	I	J
1	学号	姓名	性别	语文	数学	英语	物理	化学	生物	总分
2	1	滕 飞	男	112	105	115	79	82	75	568
3	2	梁佳嘉	男	125	140	120	90	88	79	642
4	3	王 蓉	女	132	120	119	82	79	72	604
5	4	沈琳琳	女	115	118	109	85	83	81	591
6	5	陈施微	女	109	123	105	89	85	84	595
7	6	钮敏明	男	93	95	91	67	70	65	481
8	7	杨 薇	女	87	96	85	59	71	57	455
9	8	张莹翡	女	76	77	92	54	65	48	412
10	9	沈东霞	女	121	135	120	91	84	84	635
11	10	王玉琴	女	123	126	125	85	83	76	618
12	11	沈 敏	女	126	139	121	89	85	84	644
13	12	高晓萍	女	140	128	118	79	75	77	617
14	13	金 科	男	144	145	130	95	90	89	693
15	14	瞿华峰	男	132	140	98	91	88	81	630

附图 21 数据列表

6.3 进阶实验

Excel 具有强大的数据管理与分析功能，因而在决策支持领域也有着很广泛地应用。试用 Excel 为下面陈述的商业问题建立表格模型，并求解。

某公司要生产新类型门窗。目前公司有三个工厂，据调查，工厂 1 的生产设备每周可用时间为 4h(其他时间工厂 1 要继续生产当前的产品)，工厂 2 的生产设备每周可用时间为 12h，工厂 3 的生产设备每周可用时间为 18h。据估计，每扇门需要工厂 1 生产时间 1h 和工厂 3 生产时间 3h；每扇窗需要工厂 2 和工厂 3 生产时间均为 2h。经过对成本数据和产品定价的分析，会计部门估计了生产两种产品的利润，预测一扇门的利润为 300 美元，一扇窗的利润为 500 美元。为了使利润最大，请决定每周生产门和窗的数量。

实验 7　演示文稿系统 PowerPoint 2010

7.1　实验目的

（1）熟练掌握 PowerPoint 2010 创建演示文稿的基本方法。
（2）熟练掌握 PowerPoint 2010 幻灯片编辑的基本功能。
（3）掌握 PowerPoint 2010 动画效果及幻灯片切换效果的设置方法。
（4）掌握 PowerPoint 2010 设置超链接的方法。
说明：本实验为验证性、设计性实验。

7.2　基本实验

（1）创建 PowerPoint 空演示文稿，保存在磁盘上，文件名为"学号+姓名(基本实验).pptx"，保存位置自定。
（2）新建幻灯片，按附图 22 完成文字和表格内容的填充。
（3）第一张幻灯片设置背景音乐，音乐内容自选，设置如附图 23 所示。
（4）根据需要添加页脚、编号和时间。
（5）为每张幻灯片设置不同的切换方式。
（6）为幻灯片上的文字设置不同的动画效果和路径。
（7）在第(2)、(3)、(8)张幻灯片上根据文字内容对应的幻灯片位置设置超链接，并设置相应的返回按钮。

附图 22　幻灯片图例

附图22 幻灯片图例(续)

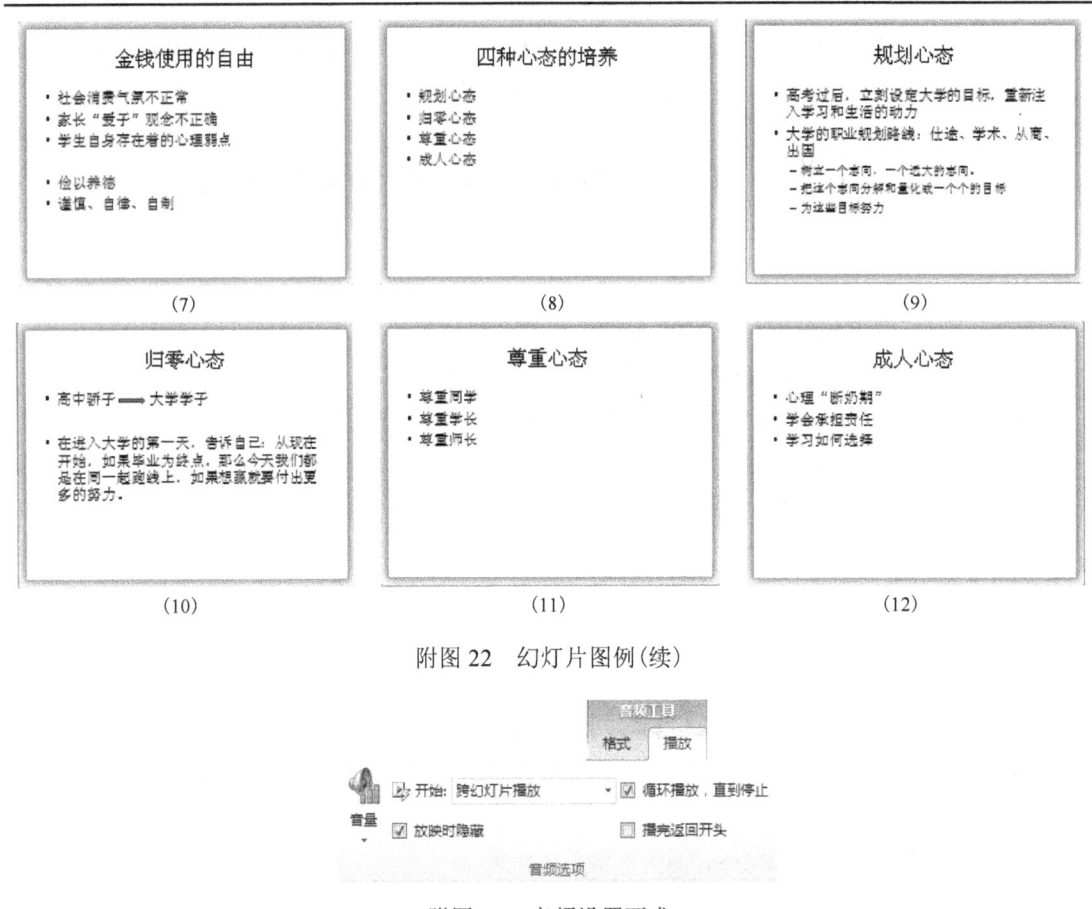

附图23 音频设置要求

7.3 进阶实验

（1）进入母版视图，为母版标题绘制一个漂亮的双线外框（附图24），并为幻灯片设置渐变填充效果，应用到全部幻灯片上。

（2）为母版添加个性Logo标志。

（3）在母版上进行格式设置，美化文本内容。

（4）用第7章学过的内容，进一步对幻灯片进行美化，如附图25所示。

（5）打包演示文稿。

附图24 带有双线外框的母版　　　附图25 母版的个性化设计

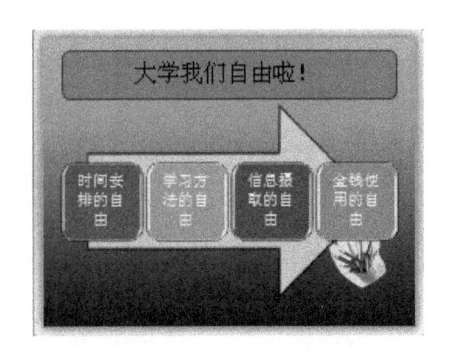